**教育部哲学社会科学发展报告**
教育部人文社会科学重点研究基地中国海洋大学海洋发展研究院
中国海洋大学"985工程"海洋发展哲学社会科学研究基地建设经费资助

# 北极地区发展报告
## (2015)

## REPORT ON ARCTIC REGION DEVELOPMENT (2015)

主　编／刘惠荣
副主编／孙　凯　董　跃

社会科学文献出版社
SOCIAL SCIENCES ACADEMIC PRESS (CHINA)

# 《北极地区发展报告 (2015)》编辑委员会

主　　　编　刘惠荣

副　主　编　孙　凯　董　跃

参加编写人员　（按姓名首字母拼音排列）：

　　　　　　　白佳玉　曹　圆　陈奕彤　董　跃　郭培清
　　　　　　　胡小明　李浩梅　李静雯　李俊瑶　李小涵
　　　　　　　刘惠荣　马炎秋　宋　馨　孙　凯　王文良
　　　　　　　杨凌志　杨松霖　张　瑜

# 摘　要

《北极地区发展报告（2015）》是教育部哲学社会科学发展报告项目"北极地区发展报告"系列的第二卷。

本卷报告共分为三部分：第一部分是总论，以主要国家的北极战略与政策发展为主要内容。在这一部分中，主要关注美国、加拿大、俄罗斯以及其他对北极事务感兴趣的国家（如英国、日本等国家）的北极战略与政策的发展。第二部分作为分论一，主要论述北极航道法律政策的发展及其对中国的意义。这一部分阐释了北极航道法律政策最新发展，重点介绍国际海事组织发布的极地规则及其对北极航运的影响，在这一部分中也论述了这些法律发展对中国及其他利益攸关方的影响。第三部分作为分论二，以北极治理中的新议题为主要内容。随着北极地区的快速变化，一些新的议题和挑战不断涌现，这些问题对北极治理带来了机遇和挑战。在这一部分中，重点论述了北极海洋保护区的建设、北极原住民保护问题、北极核心区渔业问题以及北极地区的非生物资源保护等问题。

2015年对北极地区的发展非常重要，《北极地区发展报告（2015）》在编写的过程中力图平衡学术性与政策性，对北极地区重要的现实问题进行学术的思考和研究，在此基础上提出应对之策。我们希望对北极事务感兴趣的研究者、学者和政策制定者都能够从本卷报告中获得自己所需。

# Abstract

Arctic Region Development Report (2015) is the second yearly report dedicated to Arctic lawand policy, and is sponsored by Philosophy and Social Science Development Report Project "Arctic Region Development Report" from Ministry of Education.

There are three major parts inArctic Region Development Report (2015): (1) National Arctic Strategy and Policy Development. In this part, the authors not only focused on policy and strategy changes in the United States, Canada and Russia, also focused on other major Arctic stakeholders such as the United Kingdom and Japan to probe their newly developed Arctic policy and strategies. (2) Development of Arctic Passage Law and Policy and implications for China. In this part, the authors traced the current development of Arctic passage law and policy, and researched on the newly issued Polar Code by International Maritime Organization, and also touched on its implications to China which is a major stakeholder and near-Arctic State. (3) New Issues in the Arctic and Their Governance. With the rapid changes happening in the Arctic, many new issues emerge and pose challenges to the governance system in the Arctic. In this part, the authors dealt with Arctic Marine Protected Areas, The Protection of Arctic Aboriginals, Fishing governance in Center Arctic Ocean, and oil, gas and non-living resources development issues.

Year of 2015 is very important for the region, and Arctic Region Development Report (2015) strives to balance policy-relevance and academicrigor. The authors try to catch the most important development in those new issues, and provide innovative research to the readers. We hope that the publication of this new report will be of interest to researchers, students, and policy-makers in this field.

# 序　言

继《北极地区发展报告（2014）》出版后，我们又迎来了 2015 卷的问世。北极地区发展报告是我国第一部主要由高校研究团队承担完成的对于北极事务发展动态进行年度跟踪研究的学术成果，系教育部哲学社会科学发展报告培育项目"北极地区发展报告"的阶段性成果，每年一卷，连续出版。《北极地区发展报告（2014）》的主题是各国北极政策与北极治理，分别从域内国家北极战略与政策走向、主要域外国家的北极政策、北极治理动向三个方面进行了深入的专题研究；报告最后还对北极近两年来的重大事件进行了系统的梳理。2015 卷延续 2014 卷跟踪北极事务年度发展重要动态的主题定位和写作风格，设计了三大板块，分别是国别北极战略与政策、北极航道法律政策的发展与中国、北极新兴议题及其治理。在三大板块的内容安排上，"国别北极战略与政策"聚焦北极地区美国、俄罗斯和加拿大三个大国的北极战略与规划新变化；与此同时，放眼北极域外，选择研究政府制定有关北极事务政策、表明拥有明确的北极利益、强调自身的北极贡献及参与能力、重视北极科学考察的北极理事会观察员国，对以英国、日本为典型的北极考察大国的北极战略和政策进行深入研究。"北极航道法律政策的发展与中国"板块以北极航道开发利用为主题，深入细致地扫描北极航道沿岸国的航道管理法律与制度，解读国际海事组织制定的《极地规则》的内容，分析中国作为"近北极国家"面临北极航道商业性开发利用的战略考量。近年来，由于北极冰融加速的气候变化因素，北极地区迎来了前所未有的资源能源开发的历史新机遇，"北极新兴议题及其治理"选取北冰洋海洋保护区建设、北极地区原住民的保护问题、北冰洋核心区渔业资源利用与管制问题、油气资源和非生物资源合作开发等新兴议题，分析研究这些新议题以及由此引发的国际治理机制。

2015年是北极地区政治、经济、地区安全和社会发展极其关键的时期。俄罗斯的北极政策逐渐呈现出明显的"向东看"的发展新特点。这一年美国接任北极理事会轮值主席国,得以主导之后两年的北极理事会相关事务。在面临国际、国内多种复杂因素影响的战略环境的情况下,奥巴马政府加大了对北极事务的关注程度,采取多种措施加强对《北极战略》的实施。不仅提高了美国北极行动能力,还对未来美国北极政策的走向产生影响。越来越多的北极域外国家开始或者更加关注北极事务,2015年10月,美国主持的北极理事会可持续发展工作组在阿拉斯加召开会议,议题围绕北极固体废弃物处理、可更新能源技术、能源培训项目等展开。韩国、德国、荷兰、波兰以及部分涉北极国际组织积极参会。日本等北极考察国专门制定本国的北极战略,表明本国参与北极事务的政策立场。

自2013年中国取得北极理事会观察员国身份之后,又一个具有里程碑意义的事件是2015年10月16~18日在冰岛雷克雅未克召开的第三届北极圈论坛大会上中国代表团的官方发言。在大会开幕式上,外交部部长王毅指出:"北极作为'全球变化的指示器'和全球发展的新亮点,受到国际社会越来越多的关注。中国是北极的重要利益攸关方,参与北极事务秉承尊重、合作与共赢三大政策理念。"[①] 王毅部长的致辞和张明副部长在国别专题会议上以"中国的北极活动与政策主张"为题所做的大会发言共同明确地阐述了中国关于北极事务的基本政策立场。首先,相比于之前我国在涉及北极事务时所使用的"近北极国家"的模糊概念,第一次鲜明表达出中国是"北极重要利益攸关方"的立场。位于北半球的中国,地理上的"近北极国家"身份导致北极地区的自然变化和资源开发直接影响中国的气候、环境、农业、航运、贸易和社会经济发展,这就是中国何以称为"北极重要利益攸关方"的缘由所在。所谓重要利益,既包括中国作为国际社会大家庭成

---

① 王毅:《中国秉承尊重、合作与共赢三大政策理念参与北极事务》,外交部网站,http://www.fmprc.gov.cn/web/wjbzhd/t1306851.shtml,登录时间:2015年10月17日。

序　言

员应当尊重的北极的整体利益，也包括中国根据国际法通过合作方式与有关各方在气候变化、科研、环保、航运等领域所享有的利益。其次，第一次系统地提出了中国参与北极事务应当秉承的"尊重、合作与共赢"三大政策理念，其中，尊重是中国参与北极事务的重要基础。北极域内外国家依据国际法享有的权利和国际社会在北极的整体利益均应得到尊重。合作是中国参与北极事务的根本途径。中国愿同有关各方在气候变化、科研、环保、航运等广泛领域加强合作，取得务实成果。共赢是中国参与北极事务的最终目标。北极未来发展关乎人类共同命运。中方愿建设性参与北极事务，与各方一道共享机遇，共迎挑战，追求共赢，为促进北极的发展作出更多贡献。最后，进一步阐述了中国在北极问题上坚持的六项具体政策主张，包括：推进探索和认知北极；倡导保护与合理利用北极；尊重北极国家和北极土著人的固有权利；尊重北极域外国家的权利和国际社会的整体利益；构建以共赢为目标的多层次北极合作框架；维护以现有国际法为基础的北极治理体系。

　　在冰岛首都雷克雅未克召开的一年一度的北极圈论坛大会已经成为非北极国家和政府展示它们的北极政策和介绍发展北极利益计划的平台。挪威国际事务研究所高级研究员 Marc Lanteigne 认为，"中国作为领土面积最大的北极理事会观察员国，在北极圈论坛大会上一直都有重要表现，此次由习近平主席授权的高级别代表团勾勒出了中国参与北极地区发展的现在和未来的计划。"他还指出，"中国的学界和政策制定者将中国定义为'近北极国家'，这一概念引起了西方国家对于中国是否要采取实际行动挑战北极现状的恐慌。尽管如此，但中国在过去五年中一直在努力寻求降低国际对于中国的北极政策的关注，着重强调在北极的科学考察外交和同北极国家发展的多边外交关系。中国代表团在今年的北极圈论坛大会的发言也是基于这些思想，但同时又赋予了新的特征。"[①]

---

① 中文译文《挪威学者解读中国的北极政策理念——"尊重、合作、共赢"》，摘自国际极地与海洋门户，http：//www.polaroceanportal.com/article/530，2015年10月29日。英文原文来源：*Arctic Journal*，http：//arcticjournal.com/opinion/1911/respect - co - operation - and - win - win，登录时间：2016年6月5日。

在 2015 卷的编纂过程中，我们坚持以服务国家战略、满足社会需求为导向，兼顾性与学术性相结合，力求全面了解和把握北极事务的新变化、新发展，聚焦核心问题和热点问题，确保研究报告的权威性、严谨性和原创性。我们希望《北极地区发展报告（2015）》的问世，将进一步推动我国北极社会科学研究的发展与国际交流，为提升国家在北极事务的话语权和影响力做出应有的贡献。

刘惠荣

2016 年 2 月

# 目 录

## 总论 国别北极战略与政策

俄罗斯北极政策的基本原则与最新发展 …………… 郭培清 曹 圆 / 003
美国北极政策的新发展与影响分析 ……………… 孙 凯 杨松霖 / 030
加拿大北极法律政策的进展和实践 ………………………… 李浩梅 / 050
北极考察大国北极政策发展情况 …………………………… 李小涵 / 053

## 分论一 北极航道法律政策的发展与中国

"一带一路"视阈下的北极航线开发利用 …………… 刘惠荣 马炎秋 / 083
《极地规则》的生效与北极航道沿岸国法律规制
　发展 ……………………………………………… 白佳玉 李俊瑶 / 114
中国参与北极航道的国际治理 ……………………………… 杨凌志 / 135
北极航线通航背景下的中国战略举措研究 ………………… 张 瑜 / 156

## 分论二 北极新兴议题及其治理

北极核心区渔业法律规制问题研究 ………………… 刘惠荣 宋 馨 / 175

中国北极事务参与方式研究 ·················· 刘惠荣　胡小明 / 200

北极海洋保护区法律问题研究 ·················· 董　跃　李静雯 / 216

北极原住民
　　——现代国际法发展进程中的孤独特例 ·················· 陈奕彤 / 244

中国参与国际合作开发北极油气资源法律问题
　研究 ·················· 董　跃　王文良 / 257

附录　北极地区发展大事记（2015） ·················· / 289

# CONTENTS

## Pandect: National Arctic Strategy and Policy

Principles of Russian Arctic Policy and Development

*Guo Peiqing, Cao Yuan* / 003

Analysis of US Arctic Policy Development and Impacts

*Sun Kai, Yang Songlin* / 030

Development and Practice of Canadian Arctic Law and Policy

*Li Haomei* / 050

Arctic Policy Development of Major Arctic Research Nations

*Li Xiaohan* / 063

## Sub-pandect Ⅰ: Development of Arctic Passage Law and Implications for China

Arctic Passage Development under the Background of
"One Belt, One Road" Initiative      *Liu Huirong, Ma Yanqiu* / 083

The Effect of Polar Code and Legal Development of Arctic Coastal State

*Bai Jiayu, Li Junyao* / 114

China's Participation in the Governance of Arctic Passages      *Yang Lingzhi* / 135

China's Strategy under the Background of Arctic Passage Transportation

*Zhang Yu* / 156

# Sub-pandect II: Emerging Arctic Issues and Their Governance

Legal Regulation on Fishing in the Central Arctic

*Liu Huirong, Song Xin* / 175

Approaches of China's Participation in Arctic Affairs

*Liu Huirong, Hu Xiaoming* / 200

Legal Issues on Marine Protected Zones in the Arctic

*Dong Yue, Li Jingwen* / 216

Arctic Aborigionals: Special Case in the Development of International Law

*Chen Yitong* / 244

China's Participation on the Development of Arctic Oil and Gas

*Dong Yue, Wang Wenliang* / 257

Appendix: List of Major Events in the Arctic of 2015 / 289

# 总论
## 国别北极战略与政策

# 俄罗斯北极政策的基本原则与最新发展

郭培清　曹　圆\*

俄罗斯是最大的北极国家，在北极地区国际法的创制和北极治理方面发挥着重要作用。近年来，俄罗斯联邦制定了多部北极政策文件。2008 年，俄罗斯发布了《2020 年前俄罗斯联邦北极地区国家政策原则及远景规划》，① 这是俄罗斯第一部关于北极地区的全面综合规划，也是迄今最重要的官方政策文件。2013 年俄罗斯又通过了《2020 年前俄联邦北极地区发展和国家安全保障战略》，② 对俄联邦的北极战略的执行做了更为详细的补充。此外，俄政府还于 2014 年 4 月批准了《2020 年前北极地区社会经济发展国家规划》。目前正在审议的文件还有《关于俄联邦北极地区》的方案草案。这些文件涉及俄罗斯北极主权权利、资源能源利益、领土和军事安全以及北极经济社会发展等重要内容，是构成俄罗斯联邦北极战略的主要专门性文件。除此之外，俄罗斯还在诸多领域作出了有关北极地区的特别规定。如何穿越这些纷繁复杂的文件条款，把握其中实质的、灵魂性的内容，提取它们遵循的一些基本原则，就成为学术研究的重要使命。鉴于近年来上述俄罗斯文件已经得到学术界的多次剖析，很多内容也为学术界熟知，本文拟在此基础上对体现这些基本原则的其他文件进行分析。

---

\*　郭培清，男，博士，中国海洋大学法政学院教授，极地法律与政治研究所执行所长；曹圆，女，中国海洋大学法政学院国际关系专业 2014 级硕士研究生。
①　《2020 年前俄罗斯联邦北极地区国家政策原则及远景规划》于 2008 年 9 月 18 日由俄罗斯联邦总统令批准，http://www.rg.ru/2009/03/30/arktika - osnovy - dok.html，登录时间：2016 年 1 月 20 日。
②　《2020 年前俄联邦北极地区发展和国家安全保障战略》于 2013 年 2 月 8 日由俄联邦总统令批准，http://minec.gov - murmar.ru/files/Strategy_ azrf.pdf，登录时间：2016 年 1 月 20 日。

通过分析俄罗斯联邦出台的一系列政策文件可以看出,北极地区环境保护原则、北极地区国家安全原则和北极地区社会经济发展原则共同构成了俄罗斯北极政策的基础和依据。

# 一 俄罗斯北极地区环境保护原则

俄罗斯北极地区的环境是北极生态系统的重要组成部分,也是地球生态系统的重要组成部分。北极植物和动物种类约有90%生活在俄罗斯北极地区(弗兰格尔岛、朗格岛、巴伦支海等),使得这里成为自然遗产地。俄罗斯北极地区面积约620万平方千米,俄属北极地区的生态系统对维护全球生态平衡的贡献率约为12%。[①] 北极冻土地带约占俄罗斯总面积的60%,是全球最易受气候变暖影响的地区。自古以来,在俄罗斯联邦北极地区自然环境条件下开展的经济活动不仅历史悠久,而且为当前条件下保障北极生态安全积累了丰富经验。被称为俄罗斯"北极宪法"的《2020年前俄罗斯联邦北极地区国家政策原则及远景规划》即把保护"北极地区独特的生态系统"作为其核心理念之一。《2020年前俄联邦北极地区发展和国家安全保障战略》也将"生态体系和自然资源的合理利用"列为保障俄罗斯联邦国家安全的重要内容。除了这些基本文件,俄罗斯北极地区环境保护原则还大量体现在以下文件中:《俄罗斯联邦可持续发展基本构想》《俄罗斯联邦气候学说》《2030年前俄罗斯生态发展国家政策原则》。

## (一)《俄罗斯联邦可持续发展基本构想》

《俄罗斯联邦可持续发展基本构想》是俄联邦总统在1996年4月1日批

---

[①] ГОЛДИН В И, ТАМИЦКИЙ А М, "ТЕОРЕТИКО – МЕТОДОЛОГИЧЕСКИЙ СЕМИНАР «ФУНДАМЕНТАЛЬНЫЕ ПРОБЛЕМЫ МЕЖДУНАРОДНЫХ ОТНОШЕНИЙ И ГЕОПОЛИТИКИ В КОНТЕКСТЕ ОСВОЕНИЯ АРКТИЧЕСКОГО ПРОСТРАНСТВА В XX – XXI ВЕКАХ»." *Вестник Северного（Арктического）федерального университета*，*Серия*：*Гуманитарные и социальные науки*，2011.

准的第 440 号法令,① 直接关系到北极地区环保领域,指明了俄罗斯国际活动的基本方向。该文件主要内容包括生物多样性保护、臭氧层保护、预防人为的气候变化、森林保护和造林、防治荒漠化、发展和完善自然保护区系统、确保化学武器和核武器的安全处置,以及解决世界海洋和跨国区域环境问题。其中,该文件还特别关注了波罗的海、黑海、亚速海、里海和北极地区海域的跨国界污染和环境正常化问题。

## (二)《俄罗斯联邦气候学说》

《俄罗斯联邦气候学说》是 2009 年俄联邦总统批准的第 861 号法令,② 该文件是反映俄罗斯在气候变化方面长期立场的公开文件,明确了在面对气候变化问题时俄联邦的以下态度:首先,气候变化是影响俄罗斯联邦北极地区的最重要的因素;其次,正在进行的和预期的气候变化的后果对俄罗斯联邦社会经济发展和本国公民的生命及健康有重大影响,且主要是负面影响。

持续的气候变暖对俄罗斯北极地区的负面影响包括:增加某些社会群体的健康风险,即增加发病率和死亡率;造成一些地区极端天气频率、强度和持续时间的增加;增加森林火灾隐患;北方地区冻土融化导致建筑和设施的损坏;改变物种类别、破坏生态平衡;传染病和寄生虫病的传播;原住民居住地点空调用电成本增加等。

此外,对于北极地区来说,气候变化可能也会产生一定潜在的积极影响,主要包括:在供暖季节减少能源消耗;改善北极冰情和在北极海域的运输及开发北极大陆架的条件;改善农作物结构和扩大种植面积,促进畜牧业发展;提高寒带森林的生产率等。

---

① 《俄罗斯联邦可持续发展基本构想》于 1996 年 1 月 4 日由俄联邦总统令批准,http://base.consultant.ru/cons/cgi/online.cgi?req=doc;base=EXP;n=233558,登录时间:2016 年 1 月 20 日。
② 《俄罗斯联邦气候学说》于 2009 年 12 月 17 日由俄联邦总统令批准,http://climatechange.ru/files/Climate_Doctrine.doc,登录时间:2016 年 1 月 20 日。

俄罗斯联邦北极地区与其他国家和地区相比的优势在于其有较强的适应能力。作为一个整体,俄罗斯具有广阔的领土、存在大量的水资源、具有多样性的气候条件,且特别易受气候变化影响的在北极地区生活的人口比例相对较小。

实施《俄罗斯联邦气候学说》的一揽子计划已于2011年由联邦政府批准实施。

### (三)《2030年前俄罗斯生态发展国家政策原则》

《2030年前俄罗斯生态发展国家政策原则》于2012年4月发布,[①]确定了俄联邦生态发展政策的目标和主要任务、原则和实施机制。文件指出,在经济现代化和科技创新发展的过程中,必须确保环境安全。

《2030年前俄罗斯生态发展国家政策原则》提出的战略目标是完成绿色经济增长的社会和经济任务;为满足当代人和后代人的需求,保持有利的环境、保护生物多样性和自然资源;实现每个人都拥有健康环境的权利,加强环境保护和生态安全领域的法制建设。具体而言,该文件包括16项实施的原则,主要有公众和其他非营利组织参与完成保护环境和保障生态安全的任务,在决策和进行经济及其他活动时考虑它们的意见;在解决全球环境问题时开展国际合作,在环境保护和保障生态安全等领域应用国际标准。该文件还特别确定了北极相关议题,提出了要解决贝加尔湖固有领土、北方和北极地区、西伯利亚和远东地区等原住民族传统地区的环境问题。在包括北极地区的环境保护和生态安全领域中,优先发展与科学技术和生态工程相关的国际项目。

综上,可以看出,俄罗斯相关的生态环境法律法规都特别突出了北极地区的环境问题,也针对北极地区特殊的环境条件提出了应对策略,成为俄罗斯联邦北极地区环境保护原则的重要组成部分。

---

① 《2030年前俄罗斯生态发展国家政策原则》于2012年4月30日由俄联邦政府发布,http://kremlin.ru/events/president/news/15177,登录时间:2016年1月20日。

## 二 俄罗斯北极地区国家安全原则

国家安全原则是俄罗斯北极政策文件的另一核心价值观。国家安全是国家的基本利益所在，俄罗斯联邦北极地区的军事、经济、文化、环境、社会及人道主义安全，对于确保俄罗斯的北极主权和经济社会发展具有战略意义。这一原则突出体现在《2020年前俄罗斯联邦北极地区国家政策原则及远景规划》中，该文件重点强调了俄罗斯北极地区的边界安全，提出要在2011～2015年完成北极地区的边界确认，确保俄罗斯在北极能源资源开发和运输方面的竞争优势。2015年7月，俄联邦议会起草了《关于俄联邦北极地区》草案，目标是从法律上巩固俄联邦在北极地区的地位，确定其边界和组成部分，为实现俄罗斯在北极地区国家政策的主要目标提供法律机制。①

具体而言，俄罗斯北极地区国家安全原则主要体现于以下6个文件：

(1)《2020年前俄联邦海军活动政策原则》；

(2)《2020年前俄罗斯联邦海洋学说》；

(3)《2020年前俄罗斯联邦国家安全战略》；

(4)《2030年前俄罗斯联邦海洋活动发展战略》；

(5)《北方航道水域航行规则》；

(6)《关于批准俄联邦教育和科学部提供关于发放给外国和俄罗斯申请者在俄联邦内水、领海、专属经济区和大陆架进行海洋科学研究的许可的公共服务管理条例（草案）》。

### （一）《2020年前俄联邦海军活动政策原则》

2000年，俄总统批准了《2020年前俄联邦海军活动政策原则》，该文

---

① 《俄联邦委员会起草〈关于俄联邦北极地区〉的法律方案》，国际极地与海洋门户，http://www.polaroceanportal.com/article/266，登录时间：2015年1月22日。

件规定了俄罗斯海军活动的主要目标、原则和优先事项，以确保俄罗斯在世界海洋中的国家利益和安全。海军是俄罗斯海洋潜力的主要组成部分和基础，用以防御他方对俄罗斯使用武力或威胁使用武力，保护内水及领海、专属经济区和大陆架的主权。该"原则"提出俄联邦对外经济活动涉及五个海洋活动区域，分别是大西洋、北冰洋、太平洋、印度洋和里海，北冰洋赫然列入其中。

俄罗斯联邦专属经济区和大陆架的矿产资源、在保卫国家海洋方面起决定性作用的北方舰队以及对俄联邦可持续发展日益重要的北方航道，这三者共同决定了俄罗斯联邦北极地区的国家海军政策。该政策在北极地区的主要原则表现为为俄罗斯海军在巴伦支海、白海和其他北极海域、北方海航道以及北大西洋的活动创造条件。

有关北极地区的利益，该文件确定了以下长期目标，包括：研究和开发北极地区，重点是发展出口产业、优先解决社会问题；保护俄联邦在北极地区的利益；为海洋运输、特种捕鱼、科学研究和其他专业船队建造破冰船；明确在勘探和开发俄联邦专属经济区和大陆架的生物资源和矿产资源时的国防利益；为部署和利用海洋潜力创造条件，包括创造参与的机会；保卫俄联邦在北极地区的主权权利和国际权利；在双边和多边协定的基础上于商定的地区和区域与海洋强国联合开展军事活动；确保俄联邦在北方航道的国家利益，国家集中管理该交通系统、提供破冰服务和为包括外国运营商在内的有兴趣的运营商提供平等的机会；更新和安全运行核动力破冰船队；维护与北极国家划定的俄联邦北冰洋海域和海底的利益；发展北极航运、海港和河港，整合俄联邦中央和地方的条件和资源，实现北方运输，建设保障指定活动的信息系统等。

### （二）《2020年前俄罗斯联邦海洋学说》

《2020年前俄罗斯联邦海洋学说》于2001年由俄联邦总统批准，[①] 补充

---

[①] 《2020年前俄罗斯联邦海洋学说》于2001年7月由俄联邦总统令批准，http：//archive.kremlin.ru/text/docs/2001/07/58035，登录时间：2016年1月20日。

了确保俄罗斯舰队通往大西洋的出口自由这一主题。北方舰队在北极地区的海洋国防方面发挥着至关重要的作用，因此，为俄罗斯舰队在巴伦支海、白海和其他北极海域、北方航道以及北大西洋的活动创造条件的国家政策，不仅是海军内政的优先事项，也是俄罗斯联邦海洋政策发展的优先事项。

2015年7月26日俄罗斯海军日当天，普京总统批准颁布了新版海洋学说。俄罗斯修改海洋学说的原因是国际环境、世界局势的变化和巩固俄海洋强国地位的需要。把海军发展的重点放在大西洋和北极方向是出于应对北约的需要，北约东扩和在与俄毗邻的地区建设军事基础设施引起了俄罗斯的关注，俄罗斯必须采取措施予以应对。① 新版海洋学说首次指出，北极对于促进俄罗斯国民经济和社会发展、保障国家安全极为重要，俄罗斯将巩固其作为北极地区领导国家的地位。②

2015年新版海洋学说强调要"加强俄罗斯海军能力，发展北方舰队的作战力量和技术装备"，以"降低国家安全威胁水平，保持北极地区战略稳定"，同时"同主要海军大国达成双边和多边协议限制外国海军在协议划定地区的活动"。③ 俄罗斯副总理罗戈津还表示，为方便海军自由出入大西洋和太平洋，北极是俄罗斯海军活动的优先方向，随着北方航道的意义凸显，俄罗斯有必要重建核动力破冰船舰队，新版海洋学说为此详细规定了俄罗斯在北极地区的任务。④

## （三）《2020年前俄罗斯联邦国家安全战略》

《2020年前俄罗斯联邦国家安全战略》于2009年5月由俄罗斯联邦总

---

① 《俄新版海洋学说：北极将成俄武装力量优先发展方向》，国际极地与海洋门户，http://www.polaroceanportal.com/article/348，2015-07-28，登录时间：2016年1月22日。
② 《俄新版海洋学说重视北极显示重建强大海军决心》，新华网，http://news.xinhuanet.com/mil/2015-08/07/c_128103620.htm，登录时间：2016年1月22日。
③ 易鑫磊：《俄罗斯北极战略及中俄北极合作》，《西伯利亚研究》2015年第5期，第37~44页。
④ 《俄罗斯出台新版海洋学说》，人民网，http://world.people.com.cn/n/2015/0728/c1002-27369372.html，登录时间：2016年1月18日。

统令批准,①该文件提出优先发展与独联体和上合组织成员国关系;强调俄将竭力保持与美国和北约的战略平衡,捍卫俄在北极利益;加强俄能源安全,避免因能源争夺引发边界冲突;改善俄经济发展上的原料出口模式和严重依赖国际市场的状况;努力提高俄罗斯公民生活质量等。强调将重点放在能源占有地区的外交政策上,包括近东、巴伦支海、北极地区、里海地区和中亚地区。该战略指出严守俄联邦边界是确保国家安全的条件之一。因此,要依靠建立高技术和多功能边防综合设施以及提高边防的有效性,特别是俄联邦北极地区、远东和里海方面边防的有效性,完成确保俄联邦边防安全的任务。在经济与科学技术方面,"战略"还提出为了确保未来的国家安全,要发展优势产业,提高俄罗斯产品的市场占有率,提高燃料和能源综合效率,更广泛地利用公 – 私合作机制以发展经济,建立运输、能源、信息、军事等基础设施,特别是解决北极、东西伯利亚和远东等地区基础设施战略问题。

"战略"明确指出:"在中东、白令海、北极、里海和中亚的能源争夺将成为国际政治斗争的焦点。在争夺资源的背景下,不排除动用军事力量解决出现的问题,从而有可能打破俄罗斯边境及其盟国边境的军事力量平衡。因此,俄罗斯要随时做好应对由能源战争引发的核战争的准备。"②

2015年12月31日,俄罗斯总统普京签署了新版《2020年前俄罗斯联邦国家安全战略》,取代了2009年由时任总统梅德韦杰夫签署的版本,对俄外交政策优先方向、军事力量发展以及经济能源安全等作出规定。在新版的"战略"中,普京首次将美国及其盟友称为俄罗斯的"政治对手",并称北约东扩是俄国家安全的威胁。③

## (四)《2030年前俄罗斯联邦海洋活动发展战略》

2010年12月8日,时任俄政府总理普京批准了《2030年前俄罗斯联邦

---

① 《2020年前俄罗斯联邦国家安全战略》于2009年5月19日由俄罗斯联邦总统令批准,http://m.rg.ru/2009/05/19/strategia – dok.html,登录时间:2016年1月22日。
② 左凤荣:《俄罗斯海洋战略初探》,《外交评论》(外交学院学报)2012年第5期,第129页。
③ 《俄罗斯出台新版国家安全战略》,国际极地与海洋门户,http://www.polaroceanportal.com/article/674,登录时间:2016年1月21日。

海洋活动发展战略》，① 该战略旨在进一步落实《2020 年前俄罗斯联邦海洋学说》规定的任务，维护俄罗斯的海洋权益，提高海洋活动的效率，保证俄专业化海洋舰队的平稳发展。② 该文件中涉及北极地区的主要内容包括"在北极和南极进行勘察活动""提高联邦海上搜救系统的效率""发展沿海地区和沿海水域"等。

### （五）《北方航道水域航行规则》

1932 年，苏联政府首次在官方文件中使用"北方航道"的表述。1991 年，俄罗斯政府颁布了 1990 年制定的《北方海航道水域航行规则》，主要内容是强制性破冰领航。2013 年 4 月，俄罗斯联邦运输部发布了《北方海航道水域航行规则》修正案。③ 该文件的意义在于对北方航道的范围做了清晰化界定，与内水、领海及毗连区和 200 海里专属经济区水域相一致，消除了北方航道可能延伸到公海的长期争议。在规则层面上将破冰船强制领航制度改变为许可证制度，尤其是给出了具体的、可操作和可预期的独立航行许可条件，使得外国船只独立航行成为可能。④ 该文件于 2013 年 4 月 30 日正式生效。

### （六）《关于批准俄联邦教育和科学部提供关于发放给外国和俄罗斯申请者在俄联邦内水、领海、专属经济区和大陆架进行海洋科学研究的许可的公共服务管理条例（草案）》

该草案由俄联邦教育和科学部于 2011 年发布，⑤ 是允许在俄罗斯联邦内

---

① 《2030 年前俄罗斯联邦海洋活动发展战略》于 2010 年 12 月 8 日由俄罗斯联邦总统令批准，详见：http://lawsforall.ru/index.php?ds=40828，登录时间 2016 年 1 月 21 日。
② 王雯婷：《他国掠影》，《人民日报》（海外版）2014 年 6 月 28 日，第 3 版。
③ 《北方海航道水域航行规则》 于 2013 年 4 月 19 日由俄罗斯联邦运输部发布，http://rg.ru/printable/2013/04/19/pravila-dok.html，登录时间：2016 年 1 月 21 日。
④ 张侠、屠景芳、钱宗旗等：《从破冰船强制领航到许可证制度——俄罗斯北方航道法律新变化分析》，《极地研究》2014 年第 2 期，第 268~275 页。
⑤ 《关于批准俄联邦教育和科学部提供关于发放给外国和俄罗斯申请者在俄联邦内水、领海、专属经济区和大陆架进行海洋科学研究的许可的公共服务管理条例（草案）》于 2011 年 12 月 28 日由俄罗斯联邦教育和科学部发布，http://base.garart.ru/70143446/#friends，登录时间：2016 年 1 月 21 日。

部海域、领海及其专属经济区和大陆架进行海洋科学研究的法律基础。俄联邦教育和科学部主管国内和国外研究机构在海上进行科学勘察的工作。在相关行政章程草案的指导下，俄联邦教育和科学部给国内外申请单位颁发许可证，允许其科学勘察俄联邦内水、领海、专属经济区和大陆架，其中特别包含了北极地区。这一文件为保障俄罗斯北极地区的科学安全勘察提供了实施方案。

## 三 俄罗斯北极地区社会－经济发展原则

俄罗斯北极地区拥有丰富的油气和矿产资源、渔业资源及便利的北极航道，特别是随着气候变暖、冰川消融，俄罗斯联邦北极地区的经济社会发展潜力不断增强，越来越成为俄罗斯北极战略的重要一环。

《2020年前俄罗斯联邦北极地区国家政策原则及远景规划》提出到2020年最终把北极地区建设成俄罗斯主要的"自然资源战略基地"。俄罗斯联邦宣布将北极地区作为"战略能源基地"，并作为"世界合作地区"，为国家社会经济发展做出贡献。这部基本法提出俄罗斯将充分开发北方航道，使其成为"国家统一交通线"。

2013年出台的《2020年前俄联邦北极地区发展和国家安全保障战略》被视为2008年"原则"文件的执行方案，统领北极地区的开发方向，旨在提高俄联邦北极地区所有经济部门的活动效率。"战略"提出了实施有效的国家北极政策、专注于人力资本以及使北极所有政治实体（政府、研究所、民间社会、商业界、科学界和原住民）相互协作三个方针。该文件规定了北极地区优先发展方向，并对诸多方面的主要措施做了具体安排。其目的是将北极地区转变为社会经济增长稳定的地区；积极引入技术、组织、制度创新支持，在全球劳动分工系统中提高俄联邦在北极地区的竞争力。

为了增强执行力，2014年俄罗斯政府批准了《2020年前北极地区社会经济发展国家规划》，这项规划具有分析性质，同时包含俄联邦在北极地区实施的国家部门计划，是实施北极战略规划的具体指南。俄罗斯地区发展部是在北极地区实施国家政策时负责协调的国家机构，负责制定、执行该项规划。其他参与部门还有远东发展部、运输部、工贸部和外交部。俄罗斯将同时实施北极地区发展国家计划、国家部门计划和联邦专项计划，预计将对北极社会经济发展、保障国家安全产生积极影响。①《关于俄联邦北极地区》方案则提出要建立法律机制，允许把北方原住民的经济和文化潜力列入俄罗斯北极稳定发展的过程中。② 原住民代表还提出应积极建立北极国有企业，国有企业能参与到开发北方、西伯利亚和远东的进程中。

除此之外，俄罗斯北极地区社会-经济发展原则还具体体现在下列文件中：

(1)《俄罗斯联邦2020年前社会经济长期发展战略构想》；

(2)《俄罗斯联邦2030年前能源战略》；

(3)《俄罗斯地质部门2030年前发展战略》；

(4)《俄罗斯联邦有关北方地区、西伯利亚地区和远东地区原住民的法律》；

(5)《俄罗斯联邦地方自治一般组织原则法》；

(6)《关于私人与国家的伙伴关系（公私合营）的原则》。

## （一）《俄罗斯联邦2020年前社会经济长期发展战略构想》

2008年2月，俄罗斯政府批准了《俄罗斯联邦2020年前社会经济长期发展战略构想》，③为之后12年俄罗斯联邦的基本经济社会发展提供了政策指导。在该文件中，特别提出了建立新的区域经济发展中心——俄罗斯北极扇形区。有关北极地区经济社会发展的具体内容包括：开发石油和天然气等资源能源，即北极大陆架未开采的地下资源；提升北极大陆架科研水平，保

---

① 《俄政府批准北极地区发展规划》，驻俄罗斯联邦经商参处，http：//ru.mofcom.gov.cn/article/jmxw/201404/20140400565395.shtml，登录时间：2016年1月22日。

② 《俄联邦委员会起草〈关于俄联邦北极地区〉的法律方案》，国际极地与海洋门户，http：//www.polaroceanportal.com/article/266，2015-07-02，登录时间：2016年1月22日。

③ 《俄罗斯联邦2020年前社会经济长期发展战略构想》于2008年11月17日由俄联邦政府发布，http：//www.economy.gov.ru/minec/activity/sections/fcp/rasp_2008_n1662_red_08.08.2009#，登录时间：2016年1月22日。

障到2020年资源储备持续增加——海洋石油增长到30亿吨,天然气增长到5万亿立方米;到2011年,为俄联邦北冰洋大陆架界限划定提供地理-地球物理理论论据;到2017年,北极生物资源开采量占俄罗斯总体水下生物资源开采量的20%,未来将更加充分地分享水下生物资源带来的好处;发展加工鱼类和其他海产品的能力,同时,到2015年,将产品加工生产量提高30%,以便在俄罗斯和国外市场销售;提高北方航道的竞争能力,为将来成为运输走廊建立规则,使其能够连接西欧港口、东南亚港口、北美港口和俄联邦自己的港口;创立了到2015年有关安全航行、管理运输通量的统一系统,以及在北极船只来往活跃的区域为进行现代化活动建立新的导航系统和子系统;降低俄联邦北极领土上经济活动对周围环境的损害,并能将周围环境从过去活动的破坏中恢复;在扩大利用北极资源的同时保障北极地区国家安全;调节常设的气候变化预报基地,降低劳动力的损失和北极地区居民过早死亡概率;加强信息交流技术保障,到2015年能建立可靠的通信体系,移动通信、无线广播、地球远距离探测、面状冰面探测、控制船只和飞机移动、极地高纬度航行测定、自然环境监控、合理使用极地自然资源等活动都要基于对空间通信和观测方式等最新技术的利用;对北极地区的水文气象危险、地质灾害征兆以及环境的严重污染做出及时预警。

### (二)《俄罗斯联邦2030年前能源战略》

《俄罗斯联邦2030年前能源战略》于2009年8月经俄罗斯联邦政府会议讨论通过,11月被正式批准。[①] 该战略是俄罗斯未来发展能源产业、维护能源安全和开展对外能源合作的指导性文件。[②] "战略"指出,燃料能源部门将按三个阶段发展,主要目标是从常规的石油、天然气、煤炭等能源转向

---

[①] 《俄罗斯联邦2030年前能源战略》于2009年11月13日由俄罗斯联邦政府令批准,http://www.bestpravo.ru/federalnoje/hj-akty/q3g.htm,登录时间:2016年1月25日。

[②] 陈小沁:《解析〈2030年前俄罗斯能源战略〉》,《国际石油经济》2010年第10期,第41~45页。

非常规的核能、太阳能和风能等。① 该文件是能源革新和高能化发展路线的具体表现，改变了能源生产的结构和规模，创造了市场竞争环境，使建立世界能源体系一体化成为可能。特别需要注意的是，该文件指出，在有效利用现有能源储备的同时，还要注重寻找新的能源来源，俄罗斯计划在东西伯利亚、远东和北极地区建立新的油气综合体，未来俄罗斯油气出口量的增长将主要取决于东部地区和北极地区的发展速度。②

2014年，俄罗斯能源部发布了《俄罗斯2035年前能源战略草案》，对《俄罗斯联邦2030年前能源战略》的落实情况进行了总结，提出了对俄罗斯能源战略主要内容进行修改的建议，确定了未来20年俄罗斯能源工业发展和对外能源政策的战略目标。《俄罗斯2035年前能源战略草案》提出，北极航道的发展有助于北极大陆架和俄罗斯北方地区资源潜力的开发，弥补俄罗斯传统油气开采区开采量下降的损失。预计到2035年，北极大陆架在俄罗斯石油开采中的贡献将占5%，在天然气开采中占10%。③

### （三）《俄罗斯地质部门2030年前发展战略》

《俄罗斯地质部门2030年前发展战略》于2010年由俄联邦政府令通过，④该战略主要包括以下四个方面内容。①更清楚地界定俄政府和私营企业的责任范围。一般来讲，俄政府应在初始阶段对地质勘探进行资助，放权给私营企业进行详细研究，开发特定区域的矿藏。②保证最大程度地获取公共信息资源，特别是数字化的地质资料。③消除过多的行政障碍，以促使小型和中型企业能够进入这一领域，对一些大型企业不感兴趣的小型和中型矿藏进行开发。④当前俄罗斯的地质勘探面临以下巨大挑战：大陆架的大规模调查、超深矿藏的开发、偏远地区矿产资源的开发。因此，需要特别关注改进地质

---

① 孙永祥：《俄罗斯：2030年前的能源战略》，《中国石油石化》2009年第18期，第52～53页。
② 张雪冬：《俄罗斯北极战略下的能源政策与航道政策》，中国海洋大学硕士学位论文，2012。
③ 刘乾：《俄罗斯能源战略与对外能源政策调整解析》，《国际石油经济》2014年第4期，第30～38页。
④ 《俄罗斯地质部门2030年前发展战略》于2010年6月21日由俄罗斯联邦政府令批准，http://www.mnr.gov.ru/upload/iblock/d26/strategija.doc，登录时间：2016年1月25日。

勘探技术的方法，利用创新的方法和先进设备，以及推出先进的人才培养方案。① 该文件还确立了优先发展路线，提出利用联邦预算进行区域地质研究，范围包括大陆架、国内海域、水上飞行区、大洋底部、北极和南极。

根据俄罗斯自然资源部的文件，2011 年俄罗斯北极地区开放石油矿 594 个，天然气矿 159 个，镍矿 2 个，金矿多达 350 个。②

## （四）《俄罗斯联邦有关北方地区、西伯利亚地区、远东地区原住民的法律》

俄罗斯文件中的术语"北方、西伯利亚、远东原住民族"所指超过 40 个原住民族，每个民族的人数都少于 5 万人，居住在俄罗斯北极和亚洲区域的原住民总人口超过 25 万人。③ 传统的原住民以渔业、狩猎、养鹿、采集业为生，其中超过 2/3 的原住民生活在农村地区，上述活动仍然是他们唯一的食物和收入来源。《俄罗斯联邦宪法》第 69 条规定，要"按照普遍认可的原则、国际法准则和国际条约，保证俄联邦原住少数民族的权利"。2009 年，俄联邦政府批准了《俄罗斯联邦北方、西伯利亚和远东地区的原住民族可持续发展的方案》。2012 年通过了《2012～2015 年，为实现〈俄罗斯联邦北方、西伯利亚和远东地区的原住民族可持续发展的方案〉的行动计划》。2013 年俄罗斯联邦政府给予 28 个俄罗斯联邦主体以经济和社会发展援助，用以支持北方、西伯利亚和远东的原住民发展。

早些时候，俄联邦还通过了一个带有争议的法律——《关于俄罗斯联邦北方、西伯利亚和远东地区的原住民传统领土》，该文件调整了关于利用

---

① 赵纪东：《俄罗斯地质部门 2030 年前发展战略简介》，《地球科学进展》2010 年第 7 期，第 722 页。
② Трутнев Ю. П, "Вопросы освоения минерально - сырьевой базы и обеспечения экологической безопасности Арктической зоны", Архангельск: Выступление на II Международном Арктическом форуме, 2011.
③ Богоявленский Д, "Последние данные о численности народов Севера", http://www.raipon.info/component/content/article/1 - novosti/2637 - 2011 - 12 - 27 - 11 - 54 - 03.html, Accessed on 22 Jan. 2016.

原住民传统领土和合理使用天然资源的规定；《关于北方驯鹿业》法律草案则建立了在自然资源基地工作的权利机制，承认北方驯鹿业是北极地区原住民的传统经济基础。此外，俄联邦还通过了《保障俄罗斯联邦原住民的权利》和《关于捕鱼业》等一些有待完善的法律。

### （五）《俄罗斯联邦地方自治一般组织原则法》

俄罗斯联邦政府非常注重俄地方自治机构在北极地区经济发展活动中的引导作用，根据《俄罗斯联邦宪法》第八章第132条，"自治机构独立管理市政财产，采纳和实施地方预算，建立地方税费制度，维护社会治安秩序，并解决其他的地方性重要问题"，为实现有效的地方管理，2003年，俄罗斯颁布了《俄罗斯联邦地方自治一般组织原则法》。该法律规定"地方自治在俄联邦全境内实行"。这表明俄罗斯联邦主体以下的各级区划都实行地方自治，由地方居民共同管理地方公共事务。[①] 根据该法律，北极地区机构有权在一定范围内实现自治：可以与其他国家类似的机构合作和联合；积极讨论与欧洲紧密合作的问题；研究大洋沿岸地区的合作模式；积极与原住少数民族共同合作等。主要的合作主题是为实现投资计划获得援助，并且不损害该地区的环境；引进现代化经济系统；在寒冷地区创造良好的居住条件，提高俄联邦北极地区居民的福利。

当前，俄罗斯北极地方自治还处于起步阶段。

### （六）《关于私人与国家的伙伴关系（公私合营）的原则》

2013年3月，俄政府批准《关于私人与国家的伙伴关系（公私合营）的原则》，[②] 该文件的制定源于"公私合营经济实体为俄罗斯经济吸引资金，

---

[①] 《俄罗斯多部法律"护航"地方自治》，民主与法制时报网．http://e.rnzyfz.com/paper/paper_1988_1305.html，登录时间：2016年1月25日。

[②] 《关于私人与国家的伙伴关系（公私合营）的原则》于2013年由俄罗斯联邦政府发布，http://asozd2.duma.gov.ru/work/dz.nsf/ByID/F4658F5A44AEFE1E43257B5C00023ODE5/MYMFile/3.htmlrtf?，登录时间：2016年1月25日。

提升质量和保障为居民提供服务"。法案允许国家和地方政府与私人投资者签订各种形式的合同，为私人投资、外资进入俄垄断行业、公共服务，并参与政府采购奠定了法律基础，这是俄改善投资环境的重大举措。该文件的主要内容包括确定公私合营的概念；明确俄联邦、俄联邦主体和市政机构的职权；保障私人企业的权利与合法利益；更改税法、土地法、法律文件《关于为国家和地方实现货品供应、完成工作、提供服务的布局》和法律文件《关于保护竞争》等。

该文件的制定，有助于发挥私人投资者或外资的优势，改善俄罗斯北极地区的投资环境，促进北极地区社会经济的繁荣。

## 四 俄罗斯北极政策的新发展

通过分析可以看出，上述俄联邦政策文件都针对北极地区的特性做出了安排，也对俄罗斯北极政策的发展产生了深刻影响，为北极地区的良好发展提供了可靠路径。有关俄罗斯北极政策的发展也值得关注。近年来，在北极变暖、俄罗斯全球战略和国际新形势多重因素影响下，俄罗斯将北极事务的重点放在了北极环境保护、防务建设和社会经济发展等方面。

### （一）环境保护领域

近年来，俄政府越来越重视北极地区的环保和生态安全，在相关政策法规的指导下，俄罗斯积极行动，使得北极地区生态环境状况基本保持在稳定状态。

自然保护区是生态、科学、文化与美学的不可替代的自然综合体，建立该制度旨在限制对保护物种构成威胁的各种经济活动，自然保护区制度也成为维护北极动植物生存生长的关键。2013年底，在世界自然基金会（WWF）的协助下，俄联邦在摩尔曼斯克地区建立了新的自然保护区，这一地区包含了未被破坏的原始杉木林、松树林和沼泽，其独特之处在于该地区还是目前唯一已知的七种地衣的生长地。植物与植被实验室负责人康斯坦丁·诺娃（Nadezhda Konstantinova）表示，"我们希望这些保护区的建立将有助于摩尔曼斯克地区植物多样性和地衣的保护"。①

国家公园是保护区的另一种形式。近年来，俄罗斯也在北极地区建立了多个国家公园。例如，2013年2月俄罗斯批准了一项法令，在白海沿岸的奥涅加半岛建立新的国家公园。奥涅加半岛有独特原始森林和丰富的植物、动物以及许多稀有物种。该地区在北极气候调节中起着重要作用。同时，当地的环境价值与沿海居民生活方式相结合。国家公园的建立将有助于保护奥涅加半岛宝贵的自然生态系统以及白海沿岸居民的传统生活方式。如今，俄北极自然保护区面积为32.2万平方千米，占俄境内北极地区总面积的6%。俄罗斯总统普京表示，俄罗斯计划将北极自然保护区的面积扩大几倍。此外，俄将加强保护北极野生动物的工作，特别是对各种鲸鱼、海豚和珍稀禽类的保护。②

全球变暖导致大量北极冰川融化，使北极熊丧失了栖息地。因此，俄罗斯在北极地区的生态保护中重点关注了北极熊的保护。自苏联时期起，俄罗斯就出台了北极熊狩猎禁令，当前，相关禁令仍然有效，其目的在于解决北极熊栖息地丧失的问题和打击非法偷猎行为。2010年4月，俄罗斯科学院制订了"北极熊计划"，③该计划旨在研究、保护和恢复俄罗斯北极地区的北极熊种群。2000年10月，俄罗斯与美国签署《俄罗斯与美国关于楚科奇海北极熊种群双边协议》，双方都认为在楚科奇海域北极熊的保护与管理中有着共同的利益和责任，为保护北极熊制定了一系列切实可行的措施。2015年12月，俄罗斯－挪威联合环境保护委员会宣布联手保护北极熊和大西洋鲑鱼资源，双方同意继续在管理、监控和研究巴伦支海的北极熊种群工作中

---

① WWF, "A New Protected Area Was Established in the Murmansk Region", http://www.wwf.ru/resources/news/article/eng/12104, Accessed on 25 Jan. 2016.
② 《俄罗斯：北极石油的企业需环保为先》，http://www.igea-un.org/a/lvsezixun/guojishiye/2015/1112/1468.html，登录时间：2016年1月25日。
③ 即ПРОГРАММА«БЕЛЫЙ МЕДВЕДЬ», http://programmes.putin.kremlin.ru/bear/，登录时间：2016年1月25日。

进行合作。①

此外，虽然由于受到西方国家制裁，俄罗斯经济持续衰退，但令人钦佩的是，在经济发展与环境保护的关系上，俄总统普京仍强调保护环境是开发北极的基本原则。在亚马尔－涅涅茨自治区首府萨列哈尔德市举行的第三届"北极——对话之地"国际论坛上，普京发表讲话时谈到了俄罗斯在开发北极问题上的基本政策。他表示："对我们来说，保护环境、维持经济活动和人类生存之间的平衡是开发北极的基本原则和优先任务。"他认为，掌握这种平衡对生态系统脆弱的北极来说非常重要。②

### （二）国家安全领域

对俄罗斯联邦来说，北极地区具有巨大的经济和地缘战略价值。历史上，北极地区就是各国军事力量部署的重点，因其独特的地缘特征，北极不仅成为东西方对抗的前沿阵地，更是具有防卫功能的天然堡垒。苏联解体后，北约东扩，不断在俄周围部署军事力量，而乌克兰危机更使得俄罗斯与西方关系降至冰点，俄罗斯安全面临威胁。此外，随着全球气候变暖，北极地区丰富的自然资源价值更加凸显。在这种背景下，近年来俄罗斯不断加大对北极地区的安全投入，加速强化在北极地区的军事存在，扩大北极领土要求，以捍卫俄罗斯在北极地区的利益和国家安全。

2015 年度，俄罗斯北极政策实践方面最为突出的表现是在军事建设上的加速。自从俄罗斯准备全面建设北极后，除了加大各方面基础设施建设的投入外，对于北极的安保也进行了极大的投入。早在 2013 年，普京总统宣称，加强俄罗斯在北极地区的军事存在是其最优先考虑的问题。为达到这一目的，近年来俄罗斯海军加大了北方舰队的建设力度，具体动作包括：2013

---

① МИНИСТЕРСТВО ПРИРОДНЫХ РЕСУРСОВ И ЭКОЛОГИИ РОССИЙСКОЙ ФЕДЕРАЦИИ，"Россияи Норвегия будут развивать сотрудничество по сохранению атлантического лосося и белого медведя"，http：//www.mnr.gov.ru/news/detail.php? ID = 142517&sphrase _ id = 735019，Accessed on 25 Jan. 2016.

② 《俄罗斯：北极石油的企业需环保为先》，http：//www.igea-un.org/a/lvsezixun/guojishiye/2015/1112/1468.html，登录时间：2016 年 1 月 25 日。

年初,俄罗斯最新研制的北风之神级弹道导弹核潜艇首艇"尤里·多尔戈鲁基"号加入北方舰队,而到 2020 年前,俄计划建造的 8 艘该级核潜艇,半数将配属给北方舰队;① 2013 年年底,位于北方航道中段新西伯利亚群岛上的捷姆普军用机场的恢复和扩建工作完成,并投入使用;② 2014 年末,俄罗斯依托北方舰队组建的北极战略司令部正式开始运作,北极战略司令部主要管辖俄罗斯在北极地区部署的所有部队,涉及俄现有的所有兵种,旨在保护俄罗斯在北极地区的利益。这事实上相当于在北极设立了拥有陆海空部队的第五军区(其他 4 个军区分别为西方军区、南方军区、中央军区和东方军区,总部分别设在圣彼得堡、顿河畔罗斯托夫、叶卡捷琳堡和哈巴罗夫斯克)。③ 该军区由北方舰队、空天军和陆军部队组成,目前共建成了 6 座军事基地。之后,俄罗斯国防部宣布,按照计划,将于 2015 年底前完成在北极的战略性军事项目的建设工作,于 2016 年完成在北极地区的 400 多个军事设施项目的建设、改造和部署工作,于 2017 年完成该地区的机场建设,于 2018 年开始部署机动部队集群。俄罗斯国防部副部长布尔加科夫称,恢复和发展在北极地区的军事设施是俄罗斯国防部工作的优先方向之一,也是一项包括许多措施和内容的系统工程。

2013 年后,俄罗斯北极军队进行了多次军事演习,提高了部队在极地作战的能力和效率。预计,俄罗斯军队在 2016 年将举行创纪录的 4000 次军事演习。这是俄罗斯"1900 亿美元重整军备计划"的一部分,该计划会使俄罗斯成为全世界资金最充足的军事大国之一。④

2015 年,俄罗斯派驻了导弹部队进入北极。俄罗斯北方舰队发言人表示,舰队所属的配备 S-300 防空系统的导弹部队目前已在北极地区开始战

---

① 唐明军:《俄罗斯加强北极军力部署为哪般?》,《中国航天报》2015 年 2 月 14 日,第 3 版。
② 钱宗旗:《俄罗斯:加快维护北极新利益步伐》,《中国海洋报》2014 年 5 月 27 日,第 4 版。
③ 《进军北极:俄罗斯在行动》,参考消息网,http://www.cankaoxiaoxi.com/s/military/beiji/,登录时间:2016 年 1 月 26 日。
④ 《俄计划明年军演 4000 次》,新华网,http://news.xinhuanet.com/world/2015-12/15/c_128532094.htm,登录时间:2016 年 1 月 26 日。

斗值勤，俄北方舰队的"新防空导弹团"目前已经开始旨在"保卫俄罗斯国家领空的战斗值勤"，该团配备了现代化的 S-300 防空系统，可确保在数百千米半径内击中敌方空中打击设备。有观点认为，俄罗斯在北极重建驻军基地首先是出于领土安全的考虑，显然是针对美国核潜艇在北冰洋的活动。北极是俄现有防空体系的软肋，在北极冰层下游弋的美国核潜艇如果发射"战斧"巡航导弹，可以摧毁俄部署在西伯利亚地区的导弹发射井，俄罗斯根本无法拦截，对俄威胁极大。所以，随着俄、美战略对峙程度的不断加深，俄罗斯有必要在北极圈构建新的防空体系，将美军在北极圈里的活动置于自己的监控之下。

俄国防部于 2016 年 1 月 7 日在圣彼得堡举办了"北极的现在与未来"国际论坛，讨论俄北极地区的社会经济发展、运输潜力、技术保障、生态安全和卫生保障等一系列问题。俄罗斯边防局西北局局长科夏琴科在圣彼得堡论坛上透露，俄计划投入大约 20 亿卢布用于北极站的修复和建设，将进一步完善北极地区的基础设施。[①] 另外，通过大量新闻也可以看出，俄罗斯在最近一两年，大量增加了在北极地区军演的科目和频次，同时还将建立一套覆盖俄北部东西海岸的完备的军事雷达系统并部署北极专用直升机等各种军事设施。

俄罗斯官方和学者对于强化北极军事存在普遍采取淡化的态度。俄罗斯部分学者表示，俄罗斯在北极的相关军事设施和基地的建设和改造，主要是为满足官兵战斗值勤和生活的需要，俄罗斯无意将北极进一步军事化。俄罗斯国防部官员也指出，俄罗斯不是对北极进一步军事化，而是改善在极地地区服役的官兵及其家庭成员的工作和生活条件。俄罗斯国防部副部长布尔加科夫强调，此前一段时间的基本工作是建设服务于战斗值勤和安置人员的项目，如建设和布置安装设备的场所、建设停车场和仓库等，目前这些工作已结束。他强调，施工过程中运用了最先进的技术和工艺来完成设计、规划和

---

① 《俄罗斯加快北极地区军事设施建设》，新华网，http://news.xinhuanet.com/2015-12/08/c_1117389615.htm，登录时间：2016 年 1 月 22 日。

建设工作。此外，在军事项目中还包含了宗教用地的建设，供部队使用的东正教教堂已经投入使用。据介绍，为保障2015年建设任务的完成，俄罗斯共向该地区运送了10万吨建筑材料，这几乎是2014年的3倍，同时还运送了14万吨各类设备。①

另外，俄罗斯还扩大了对北极主权的要求。俄罗斯将北冰洋外大陆架的主权权利诉求作为其对外政策的主要任务目标之一。在2013年颁布的《俄罗斯联邦对外政策构想》中提出要"努力完成俄罗斯联邦国家边界以及俄罗斯行使主权权利和管辖权的海洋空间界限的国际法确认工作，无条件确保俄罗斯国家利益"。此外，俄罗斯在外国利用俄罗斯北极地区的北部航线和穿越北极极点的空中航线问题上，要求对方首先承认俄罗斯对上述相关海域的主权权利和管辖权。②2015年8月4日，俄罗斯向联合国大陆架界限委员会提交了关于扩大俄罗斯在北冰洋海域外大陆架划界的申请，这是继2001年后的第二次申请，申请增加的面积约120万平方千米。

无论俄罗斯出台北极政策的动机是什么，俄罗斯明显加强了在北极的军事建设和国家安全相关工作是不争的事实。按照俄罗斯国防部官员的表述，这是因为在当前国际环境下，为保障俄罗斯的长远发展和国家安全，北极的地位和作用明显提升，因此为应对各类潜在威胁和挑战，俄罗斯必须加强在该地区的经常性军事存在。国防部专家表示，俄罗斯应加强对该地区社会经济发展的关注和掌控，通过提升运输潜力、加强技术保障、做好俄罗斯北极地区的生态保护等方式，促进该地区的总体发展。

2016年1月12日，俄罗斯国防部部长谢尔盖·绍伊古表示，国防部计划在2016年完成北极岛屿的军事设施建设，以及在千岛群岛的基础设施建设。③绍伊古提出："总体上，必须完成所有与北极岛屿有关的工作。接下

---

① 《俄罗斯北极战略将去向何处？》，中国网，http://news.china.com.cn/live/2015-12/14/content_34813328.htm，登录时间：2015年12月14日。
② 易鑫磊：《俄罗斯北极战略及中俄北极合作》，《西伯利亚研究》2015年第5期，第37~44页。
③ 《俄防长：俄今年将完成北极岛屿上的军事设施工程》，俄罗斯卫星网，http://sputniknews.cn/russia/20160112/1017668860.html#ixzz3x5cKoG1B，登录时间：2016年1月26日。

来我们将进入北极基地建设的第二阶段（机场建设阶段）。"2020～2025年，俄罗斯将会建成一套包括大型无人机、卫星和水下传感器在内的北极监测系统。①

### （三）社会经济领域

俄罗斯是北极地区最大的国家，也是北冰洋海岸线最长的国家，北极地区约一半的领土和人口都在俄罗斯。俄罗斯拥有巨大的黄金、镍、锡、钻石等矿产储量，同时北极地区蕴藏大量未被开采的石油、天然气等矿产资源。而北极航道作为连接北美与欧亚大陆之间的桥梁，极具经济与战略价值。

开发北极地区天然气和石油资源是俄罗斯北极国家战略的一个主要目标。2008年时任俄罗斯总统梅德韦杰夫称，俄罗斯的首要任务是使北极成为"俄罗斯在21世纪的资源基地"。尽管俄罗斯已将开发北极资源上升到国家战略层面，但实际工作面临重重困难，特别是北极大陆架的开发。受制于西方制裁，有资质的俄罗斯国企面临重大财务问题，同时缺乏相关技术和经验。因此，俄政府北极能源开发的重点是吸引外国投资。如果没有外国企业参与，北极地区巨大的石油和天然气储量将很难被开发出来，但乌克兰危机的持久化已迫使许多欧美国家重新评估其与俄罗斯的合作，其中也包括在北极地区的合作。

2014年7月，美国开始针对俄罗斯实行第二轮制裁，制裁内容进一步扩展到俄罗斯能源企业的融资领域，限制俄罗斯银行和公司进入美国债券市场，其中包括俄罗斯石油公司和诺瓦泰克公司。同月，欧盟和美国又实行了第三轮针对俄罗斯特定公司和行业的制裁。由于制裁活动禁止国际社会向俄罗斯出口北极深海开发和页岩开采项目所需的高科技石油装备，因此已经直接影响到俄罗斯北极项目的进程。

---

① 《俄罗斯将研发监控北极新型无人机》，中国海洋在线，http：//www.oceanol.com/gjhy/ptsy/yaowen/2015－09－15/50520.html，登录时间：2016年1月26日。

俄罗斯在北极地区投资巨大。据俄罗斯副总理罗戈津表示，2015~2020年，俄罗斯将投资约44亿欧元在北极地区石油和天然气等重大基础设施项目上。① 联邦政府选择亚马尔·涅涅茨自治区作为俄北极油气、矿产资源开发和输出的重要地区。为此，俄联邦政府启动了亚马尔液化天然气和萨别塔新港建设等大型项目，试图将该地区打造成俄罗斯北部地区未来对外贸易的海陆枢纽站。亚马尔项目也成为俄罗斯北极能源国际合作的旗舰项目。2014年法国道达尔公司 CEO 克里斯托弗·德·马哲睿在莫斯科机场遇难，一度影响了项目进度。但随着中国的深度参与，该项目又重新按照预定进度顺利进行。2013 年，中国石油天然气集团公司获得亚马尔液化天然气项目 20% 的股权，俄罗斯本国企业诺瓦泰克与法国道达尔公司各掌握 60% 和 20% 的股权。2015 年 12 月 17 日，中国丝路基金与俄罗斯诺瓦泰克公司在北京签署了关于亚马尔液化天然气一体化项目的股权转让及贷款相关协议。根据股权转让协议，丝路基金将从诺瓦泰克公司手中购买亚马尔项目 9.9% 的股权。该 9.9% 股权的最终交割将取决于中俄两国政府间协议的修订和生效。双方还签署了贷款协议：由丝路基金提供为期 15 年、总额约 7.3 亿欧元的贷款，以支持亚马尔项目建设。中方在亚马尔项目中涉及材料及设备供给、生产加工、融资等多个方面的工作。中方保证项目大部分融资，并已进入最后阶段，将在近期完成。据新闻报道，亚马尔液化天然气项目整体进度已接近 40%，首批模块已从中国运抵俄罗斯并在施工现场完成安装。项目中三条天然气液化工艺线年产液化天然气 1650 万吨，将于 2017~2019 年依次投产。项目已针对 96% 的液化天然气签订了长期供货合同，大部分天然气计划供往亚太地区。其中，每年向中国稳定供应 300 万吨。②

2014 年 9 月 28 日，俄罗斯石油公司宣布，在北冰洋喀拉海与埃克森美孚石油公司共同开发的一口钻井开始出油，这表明该地区有望成为世界最重

---

① "4.4 Billion for Russian Arctic Development", http://barentsobserver.com/en/arctic/2015/04/eu44-billion-russian-arctic-development-15-04, Accessed on 25 Jan. 2016.
② 《俄方：亚马尔液化天然气项目为中俄合作开辟新航道》，凤凰网，http://news.ifeng.com/a/20151019/45660933_0.shtml，登录时间：2016 年 1 月 22 日。

要原油产区之一。① 虽然俄罗斯经济遭到西方国家制裁，但在北极地区埃克森美孚石油公司仍然与俄罗斯进行着合作。俄罗斯石油公司副总裁米哈伊尔·列昂季耶夫说："我们在北极地区有很多合资企业，在那里我们没有更换参与者。而事实证明我们这样的做法是正确的——公司之间的合作取得了'梦幻般'的效果：我们在'胜利'油田钻出第一眼钻井后，又开始了新的天然气开发计划。从技术层面上来看，这些资源的开发都不成问题。而在制裁的背景下，我们的合作框架也没有改变。"②

在基础设施方面，作为亚马尔液化天然气项目的重要组成部分，萨别塔机场于 2015 年 2 月 11 日开始运作，这使得乘客和货物可以进入一个曾经冰封的地区，这将有助于资源丰富的亚马尔半岛的发展，具有里程碑式的意义。目前，以服务亚马尔液化天然气运输为目的的 16 艘液化天然气船正在制造中，总价超过 50 亿美元。日本商船三井、加拿大 Teekay 与韩国大宇造船签订了建造 9 艘 17 万立方米 Arc7 冰级液化天然气船的订单，其中 3 艘由商船三井与中海发展股份有限公司合资订造，Teekay 订造 6 艘，而剩余 7 艘液化天然气船将由俄罗斯船东 Sovcomflot（SCF）订造。③ 同时，萨别塔港也正在建设中，建成后将成为俄罗斯北极地区最大的港口。随着海上交通量的增加，该地区需要更多的陆上安全基础设施保障航行安全，特别是在该地区存在核电站以及储存危险化学品和爆炸物的设施的情况下。俄罗斯已投入 2060 万欧元在摩尔曼斯克到普罗维杰尼亚地区建立了 10 个搜救和急救中心。④

2015 年夏，我国中远航运公司"永盛轮"双向穿越北极东北航道并实现往返盈利，成为该年度北极重要新闻，越来越多的国家和企业开始认识到

---

① 《独家探秘全球最大液化天然气项目中石油持股 20%》，环球网，http：//finance.huanqiu.com/cjrd/2015-06/6694023.html，登录时间：2016 年 1 月 25 日。
② 《俄石油和埃克森美孚在北极合作取得"梦幻般"效果》，国际极地与海洋门户，http：//polaroceanportal.com/article/259，登录时间：2016 年 1 月 22 日。
③ 《大宇造船将获 9 艘 LNG 船订单》，百度文库，http：//wenku.baidu.com/view/9a9d3878ed630b1c59eeb5ce.html，登录时间：2016 年 1 月 22 日。
④ "The Voice of Russia. Russia Opens First Arctic Search and Rescue Center"，http：//barentsobserver.com/en/arctic/2013/08/russia-opens-first-arctic-search-and-rescue-center-27-08，Accessed on 25 Jan. 2016.

北方航道的巨大潜力。作为"黄金水道",北方航道对于俄罗斯的战略意义不言而喻。根据《2020年前后俄罗斯联邦北极地区国家政策基础》,俄罗斯在北极地区的主要战略目标之一是将北方航道建设成一条新的俄联邦在北极地区可与苏伊士运河航线匹敌的国际综合交通运输干线。2015年7月,俄罗斯总理梅德韦杰夫签署了一项命令,要求北方航道在未来15年的发展中,将运输量从目前的400万吨增加到8000万吨,这意味着运输量要提高近20倍,将超过整个苏联时代的海洋运输量。为此,俄罗斯需要加强监管,建立一个运行良好的海上交通管制系统,以及治理海洋污染。①

俄罗斯总统普京提出将增加国际航运作为俄罗斯北极政策的首要任务之一,使该航线成为具有全球意义的重大商业通道。但俄罗斯政府始终强调,开放北方航道并不意味着放弃国家主权,北方航道将继续由俄罗斯管辖。2013年,俄罗斯修订了北方航道管理法规——《关于北方航道水域商业航运相关政府规章的俄罗斯联邦特别法律条款修正案》,它是目前俄罗斯关于北方航道的主要法律。②虽然在法律层面上,俄罗斯对于北方航道法律地位的立场没有改变(最大的变化是进一步明确了航道的外部边界),但在实施层面上,俄罗斯将以核动力破冰船强制领航为核心的强制领航制度改变为许可证制度,尤其是给出了具体的、可操作和可预期的独立航行许可条件,包括允许拥有冰区30天航行经验的船舶可以不必接受强制性破冰服务的规定,标志着俄罗斯北方航道政策出现了松动,有进一步向国际海运商界开放北方航道的政策倾向,这符合普京提出的北方航道要与苏伊士运河形成竞争的目标。

在北方航道的国际合作方面,2015年8月,俄罗斯外交部长拉夫罗夫表示,中国是俄罗斯在北极开发领域的优先合作伙伴。中国拥有资源、技术和科研力量,在北极开发领域具有优势。同年12月,俄罗斯副总理罗戈津

---

① "Russian PM Orders Plan to Increase Northern Sea Route Capacity by 20 Times", https://www.rt.com/business/265756-northern-sea-route-medvedev/, Accessed on 25 Jan. 2016.
② 陆俊元:《近几年来俄罗斯北极战略举措分析》,《极地研究》2015年第3期,第298~306页。

表示，俄方已建议中国伙伴参与建设可运输货物至北方航道港口的铁路项目。北方航道的系统开发将保障俄罗斯及合作伙伴的货物在全年四季得以安全运输，而不受外部政治局势影响。① 2015 年 12 月，中俄总理第二十次定期会晤发表联合公报，指出要"加强北方航道开发利用合作，开展北极航运研究"。从实际情况看，北方航道的国际航运量短期内不会出现大幅度上升，但随着北极冰融现象的加剧，不排除北极航道商业化运营将逐渐常态化的可能。美国国家海洋与大气管理局（NOAA）于 2015 年 12 月 15 日发表报告称，2015 年北极的平均气温创下 115 年以来的最高温度纪录。②

2013 年，俄罗斯开始组织北极旅游，其初期实验性海上旅游路线主要是斯匹茨卑尔根（群岛）—法兰士约瑟夫地群岛—斯匹茨卑尔根（群岛）一线。外国游客将在挪威斯匹茨卑尔根的朗吉耶尔比耶涅市港口登上游客考察船，游客签证由俄罗斯联邦驻巴伦支堡市（斯匹茨卑尔根）的总领馆签发。依靠在世界上首屈一指的破冰能力，俄罗斯北极旅游产品中的北极点旅游颇具特色。2015 年，世界上最大的核动力破冰船"胜利 50 年"号多次开往北极，几乎每次都乘客爆满，"实际上，上座率总能达到 100%"，其中来自中国的游客占了很大比例。③

2015 年 12 月 10 日，俄罗斯联邦议会上院主席马特维延科提议，考虑制定俄罗斯北极地区旅游的发展规划。他表示俄罗斯制定了国内旅游发展规划，但几乎没有提及北极地区，因此需要制定专门的规划。据报道，2015 年到俄罗斯北极国际自然保护区的游客增加了 70%，但存在的突出问题是旅游价格昂贵和服务设施缺乏。马特维延科强调，研究制定中的北极法草案应对该地区旅游发展问题有所反映，并采取措施吸引更多的外国人赴北极

---

① 《中俄将联手开发北极航道　未来或改变世界海洋航运格局》，中华航运网，http://info.chineseshipping.com.cn/cninfo/News/201512/t20151224_1265827.shtml，登录时间：2016 年 1 月 25 日。
② 《NOAA 发布报告称北极气温达到百年来最高》，国际极地与海洋门户，http://www.polaroceanportal.com/article/667，登录时间：2016 年 1 月 26 日。
③ 《中国游客乘坐"胜利 50 年"号核动力船到北极旅行》，国际极地与海洋门户，http://polaroceanportal.com/article/317，登录时间：2016 年 1 月 26 日。

旅游。

当前，面对西方国家的孤立和国内经济下滑的态势，北极地区的矿产、航道和旅游资源或可成为俄罗斯复兴的希望。

## 小　结

北极地区环境保护原则、国家安全原则和社会-经济发展原则是俄罗斯北极政策价值和精神的集中体现，是俄罗斯北极战略和政策文件的灵魂，也是俄罗斯北极政策内容协调、一以贯之的根本保障。环保、国家安全及社会-经济发展原则在俄罗斯联邦"专门性"北极文件中起到协调和统率作用，具有普遍指导意义，使得俄罗斯众多北极规范成为一个有机整体。另外，俄罗斯联邦北极政策基本原则不仅仅是停留在理论层面的问题，通过上述原则的贯彻，还可以为俄属北极地区的生态环境保护、安全维护以及经济社会发展提供保障，有助于加强俄罗斯对北极地区的管辖和治理，同时增强俄罗斯在地缘政治和国际事务中的影响力。总体而言，俄罗斯北极政策的新发展呈现明显的"向东看"的特点，油气资源开采的资金和市场依赖东北亚中日韩三国，防务设施建设也集中在以新西伯利亚群岛为核心的北亚地区，航道利用的客户也主要来自中国，至于方兴未艾的北极旅游，中国客户早已成为北欧国家和美加两国争夺的对象。概而言之，俄罗斯北极地区的开发和安全都同东方密不可分。

中国作为北极地区的利益攸关方，了解俄罗斯北极政策的原则，明确俄罗斯在北极地区的战略重点和主要目标，有助于进一步加强对北极事务的参与，为国际北极治理做出应有贡献。

# 美国北极政策的新发展与影响分析

孙 凯　杨松霖*

随着北极地缘态势的变迁，北极事务逐渐得到奥巴马政府的重视和参与。2009 年 1 月 20 日，奥巴马正式宣誓就任美国总统，开启了奥巴马政府参与北极事务的日程。2013 年 5 月，美国第一份正式的北极战略文件——《北极地区国家战略》（以下简称《北极战略》）发布。《北极战略》阐述了奥巴马政府北极政策的优先议程和指导原则以及如何实现美国北极利益的政策途径。2015 年 4 月，美国接任北极理事会轮值主席国，得以主导之后两年的北极理事会相关事务。2015 年 8 月，美国在阿拉斯加安克雷奇主办名为"北极事务全球领导力大会：合作、创新、参与和韧性"[1]的北极问题国际会议，奥巴马也因此成为第一位登上阿拉斯加北极地区的在任美国总统。在面临国际、国内多种复杂因素影响的战略环境下，奥巴马政府加大了对北极事务的关注程度，采取多种措施加强对《北极战略》的实施，不仅提高了美国北极行动能力，还对未来美国北极政策的走向产生影响。

本文试图梳理奥巴马政府的北极举措，运用战略管理中广泛使用的 SWOT 分析法，对奥巴马政府参与北极事务的内部环境和外部环境进行分析，并在此基础上，对美国未来北极政策走向进行评估。

---

\* 孙凯，男，博士，中国海洋大学法政学院副教授；杨松霖，男，中国海洋大学法政学院国际关系专业 2014 级硕士研究生。

[1] 《北极问题国际会议重视北极升温对全球影响》，新华网，http://news.xinhuanet.com/tech/2015-09/01/c1116442445.htm，登录时间：2016 年 3 月 23 日。

## 一 奥巴马政府北极政策的演变

奥巴马上任以来,面对国内外复杂的政治环境,加大了美国对北极事务的参与力度,力图通过提升美国北极行动能力,有效地维护和实现美国的北极利益,稳固美国的全球霸主地位。奥巴马政府主要在以下三个方面开展工作,加大北极事务参与力度。

第一,维护美国在北极地区安全利益。俄罗斯 2007 年在北冰洋底插旗事件标志着北极地缘政治竞争进入了新的发展阶段。[①]"乌克兰危机"的持续与升级,更导致了北极地区地缘形势加速恶化。复杂的北极地缘态势成为奥巴马政府关注北极事务的重要原因。北极因此成为美俄战略竞争的博弈场。2015 年 8 月,美国战略与国际问题研究中心(Center for Strategic and International Studies)出台研究报告《新铁幕的降临:俄罗斯的北极战略分析》[②] 将俄罗斯与美国及西方的北极对抗称为"新铁幕"。

面对不断恶化的北极地缘形势,维护美国在北极的安全利益已成为奥巴马政府的迫切任务。《北极战略》将维护北极地区的国家安全作为美国北极政策的最优先议程之一。同时,还对美国在北极的安全利益进行了拓展,强调要利用北极地区丰富的能源资源,通过负责任的开发管理以维护美国未来的能源安全。奥巴马政府对北极安全的重视得到联邦强力部门的积极响应,海军、海岸警卫队、国防部积极出台本部门北极政策规划,配合联邦政府的行动。2009 年 11 月,美国海军对外公布了"北极路线图",指导海军在北极地区的政策制定、资源投入和行动。2013 年 5 月,美国海岸警卫队发布了《海岸警卫队北极战略》,同年 11 月,美国国防部也颁布了《国防部北极战略》。在实践层面,奥巴马政府频频出手,向国际社会

---

[①] "Russia's Race for the Arctic and the New Geopolitics of the North Pole", http://www.jamestown.org/uploads/media/Jamestown – BaevRussiaArctic01.pdf, Accessed on 9 Nov. 2013.

[②] The New Ice Curtain: Russia's Strategic Reach to the Arctic, http://csis.org/files/publication/150826_ Conley_ NewIceCurtain_ Web. pdf, Accessed on 11 Mar. 2016.

展示其捍卫北极安全利益的战略决心。2015年9月,《洛杉矶时报》报道称,为获取北极战略博弈的主动权,美国多个情报机构都加强了北极方向的情报搜集和分析工作。美国国家情报总监办公室成立战略委员会协调上述情报机构的工作。情报部门修复了加拿大境内的监听站,并着手升级"马尔加塔"号间谍船。① 美国对北极安全问题十分忧虑,尤其对俄罗斯军事力量在北极地区的日益强盛感到不安。② 为增强在北极地区的战略存在,增加与俄罗斯对抗的筹码,美国国会正在大力资助海岸警卫队建造第九艘国家安全舰。新注资的第九艘国家安全舰将可以满足美国在北极地区常驻一艘现代化巡航舰的迫切需求。根据当前的建造情况,第九艘国家安全舰预计将于2021~2022年进行试水。加强与北约成员国以及其他同盟国在北极地区的军事合作也是美国维护北极安全利益的重要手段。2016年2月中旬,北约部分成员国以及瑞典在挪威举行"寒冷反应-2016"(Cold Response-2016)北极联合军演。③ 此次军演,美国派出了核潜艇、B52轰炸机以及海军陆战队参与其中。尽管军演声称不针对任何国家,但其战略指向性不言而喻。

第二,推动北极气候治理。气候变化问题一直是美国政府关注的重要北极事务议题,在2010年5月份的美国《国家安全战略》中,奥巴马将"气候变化"定义为美国"核心安全利益"。④ 在2013年《北极战略》中,将对北极地区负责任的管理纳入其中,"保护北极地区独特的环境是美国北极政策的核心内容,美国将采取一系列措施以维持和完善北极地区的生态系统"。奥巴马政府重视北极气候问题,并将北极气候治理提到国家战略高

---

① "U. S. Builds up Arctic Spy Network as Russia and China Increase Presence", http://www.latimes.com/world/europe/la-fg-arctic-spy-20150907-story.html, Accessed on 29 Apr. 2016.
② "This Week in the Arctic: The Navy Looks North", http://www.adn.com/article/20160401/week-arctic-navy-looks-north, Accessed on 17 Apr. 2016.
③ 《挪威:北约举行"寒冷反应-2016"军演》,中国社会科学网,http://www.cssn.cn/jsx/jsyx_jsx/201603/t20160310_2915857.shtml,登录时间:2016年3月25日。
④ National Security Strategy, May 2010, http://www.whitehouse.gov/sites/default/files/rss_viewer/national_security_strategy.pdf, Accessed on 15 Nov. 2015.

度。一方面,加大对北极气候问题的科学研究和政策关注。2013 年 2 月,"跨部门北极政策小组"出台北极五年研究计划——《北极研究计划:2013~2017》。① 该计划设定了包括海冰、海洋、陆地生态系统在内的未来美国北极研究的七大领域。白宫、国家海洋委员会、跨部门北极研究政策委员会、美国北极研究委员会、海军、海军战争学院、国家大气与海洋管理局等部门和科研机构纷纷加强北极研究,相继出台了包括《国家安全:变化的气候》②《跨部门北极研究政策委员会 2015 年报告》③《气候变化对阿拉斯加意味着什么?》④《北极地区的变化、战略行动计划、纲要》⑤《NOAA 北极远景与战略》⑥ 等在内的多份报告文件,加强对北极气候问题的关注,为北极决策提供科学支持。另一方面,气候变化作为非传统安全议题,对美国而言具有开放性,美国积极倡导多边治理与国际合作,⑦ 尤其是借助北极理事会的国际平台大力推进北极气候治理国际合作。2015 年 10 月,美国首次以北极理事会轮值主席国的名义召集 8 个北极国家、原住民组织以及相关观察员在安克雷奇召开会议,对即将到来的巴黎气候大会、生物多样性问题、石油泄漏预防、黑炭和甲烷问题以及其他气候变化议题进行了讨

---

① Arctic Research Plan, FY2013 – 2017, http://www.whitehouse.gov/sites/default/files/microsites/ostp/2013_ arctic_ research_ plan. pdf.
② Findings from Select Federal Reports: The National Security Implications of a Changing Climate, https://www.whitehouse.gov/sites/default/files/docs/National_ Security_ Implications_ of_ Changing_ Climate_ Final_ 051915. pdf, Accessed on 29 Apr. 2016.
③ Interagency Arctic Research Policy Committee 2015 Biennial Report, https://www.whitehouse.gov/sites/default/files/microsites/ostp/NSTC/iarpc – biennial – final – 2015 – low. pdf, Accessed on 29 Apr. 2016.
④ Fact Sheet: What Climate Change Means for Alaska, https://www.whitehouse.gov/sites/default/files/docs/state – reports/ALASKA_ NCA_ 2014. pdf, Accessed on 29 Apr. 2016.
⑤ Changing Conditions in the Arctic Strategic Action Plan Full Content Outline, https://www.whitehouse.gov/sites/default/files/microsites/ceq/sap_ 8_ arctic_ full_ content_ outline_ 06 – 02 – 11_ clean. pdf, Accessed on 29 Apr. 2016.
⑥ NOAA's Arctic Vision & Strategy, http://www.arctic.noaa.gov/docs/NOAAArctic_ V_ S_ 2011. pdf, Accessed on 14 Mar. 2016.
⑦ 杨剑等:《北极治理新论》,时事出版社,2014,第 204 页。

论，以促进该领域的国际合作。① 2015年12月巴黎气候变化协议达成后，美国愈加积极借助北极理事会推动北极地区气候治理的国际合作。2016年3月，北极理事会高级官员会议在阿拉斯加召开。会议最后一天，北极理事会高级官员会议主席大卫·巴尔顿（David Balton）展示了美国在应对气候变化方面所做出的努力，呼吁所有参与者转变北极理事会轮值主席国只承担两年主席国责任的短期心态，更加关注气候变化、北极资源开采以及原住民的健康问题。②

第三，加强涉北极事务机构的整合和决策机制的优化。协调和优化现有北极决策体系内各决策行为体之间的关系，形成合力，是美国北极战略实施迫切需要解决的问题。奥巴马政府通过涉北极事务机构和人员两个层面的整合开展工作，提高美国北极行动能力。

一方面，加强涉北极事务机构的协调，升级或新设北极事务协调机构，以提高效率。2011年7月12日，奥巴马签署了第13580号总统令，宣布成立协调阿拉斯加州国内能源开发和许可的部门间工作小组，由内政部统领，主要职责是监管和协调与阿拉斯加陆上和近海能源开发及基础设施建设相关的联邦政府各部门的活动。③ 2012年，奥巴马政府通过决议，把2010年成立的阿拉斯加北方水域工作组正式升级为阿拉斯加北极政策委员会。④ 该委员会由来自美国多个政府部门、原住民团体、科研机构等北极利益相关方的26名委员组成，这对于回应来自利益攸关方的政策诉求、协调美国北极决

---

① "In Anchorage, U.S. Holds First Meeting as Chair of Arctic Council", http://www.adn.com/article/20151023/anchorage-us-holds-first-meeting-chair-arctic-council, Accessed on 25 Mar. 2016.

② "U.S. Official Urges Arctic Council Group to Adopt Long-Term Approach to Climate Change", http://fm.kuac.org/post/us-official-urges-arctic-council-group-adopt-long-term-approach-climate-change, Accessed on 17 Apr. 2016.

③ Executive Order 13580—Interagency Working Group on Coordination of Domestic Energy Development and Permitting in Alaska, https://www.whitehouse.gov/the-press-office/2011/07/12/executive-order-13580-inter agency-working-group-coordination-domestic-en, Accessed on 15 Mar. 2016.

④ "Members of Alaska Arctic Policy Commission", http://www.akarctic.com/members/, Accessed on 16 Mar. 2016.

策部门起到积极作用。① 2014 年 8 月，共和党议员邓恩·杨（Dong Young）和民主党议员瑞克·拉森（Rick Larson）发起并成立了国会北极工作组（Congressional Arctic Working Group）。其成员来源涉及原住民群体、环保人士、国家安全领域专家等，负责向国会议员提供涉及北极事务的政策咨询。② 2015 年 1 月，奥巴马签署第 13689 号总统令，③ 成立推进联邦政府各部门在北极事务中的协作的"北极事务行政指导委员会（Arctic Executive Steering Committee，AESC）。④ AESC 成立了 6 个跨部门工作组，加强对北极事务处理的协调。AESC 由白宫科学和技术政策办公室主任（或其指定人员）担任主席，总统国家安全事务助理（或其指定人员）担任副主席，成员来源几乎包括了涉北极事务的全部上述部门。AESC 的职责主要包括：为实现美国《北极战略》文件所提及的政策目标而协调各部门的活动并提供指导；在美国担任北极理事会轮值主席国期间，为各行政部门的优先事项与活动提供指导，并对可用资源提供建议。⑤ 另一方面，加强涉北极事务人员的整合，任命熟悉北极事务和专门领域的优秀人才担任高级别北极事务官。2014 年 7 月，国务卿克里宣布任命前海岸警卫队司令罗伯特·帕普（Robert J. Papp Jr.）担任美国北极特别代表。⑥ 同日，克里还宣布任命美国

---

① "Retired Admiral Robert Papp to Serve as U. S. Special Representative for the Arctic", http://www.state.gov/secretary/remarks/2014/07/229317.htm, Accessed on 16 Mar. 2016.

② "The United States Needs to Turn Its Attention to the Arctic Ocean", https://www.washingtonpost.com/opinions/the-united-states-needs-to-turn-its-attention-to-the-arctic-ocean/2014/07/30/1255c866-1753-11e4-9e3b-7f2f110c6265_story.html, Accessed on 16 Mar. 2016.

③ Executive Order—Enhancing Coordination of National Efforts in the Arctic, https://www.whitehouse.gov/the-press-office/2015/01/21/executive-order-enhancing-coordination-national-efforts-arctic, Accessed on 15 Mar. 2016.

④ Section 2 of Executive Order, Enhancing Coordination of National Efforts in the Arctic, https://www.whitehouse.gov/the-press-office/2015/01/21/executive-order-enhancing-coordination-national-efforts-arctic, Accessed on 15 Mar. 2016.

⑤ Executive Order—Enhancing Coordination of National Efforts in the Arctic, https://www.whitehouse.gov/the-press-office/2015/01/21/executive-order-enhancing-coordination-national-efforts-arctic, Accessed on 15 Mar. 2016.

⑥ "Retired Admiral Robert Papp to Serve as U. S. Special Representative for the Arctic", http://www.state.gov/secretary/remarks/2014/07/229317.htm, Accessed on 16 Mar. 2016.

北极研究委员会主席弗兰·乌尔姆（Fran Ulmer）担任国务院北极科学与政策特别顾问。① 2015年8月，白宫任命曾担任美国驻瑞典大使的马克·布热津斯基（Mark Brzezinski）为AESC执行主任。② 2016年2月，奥巴马宣布任命曾担任海洋保护协会执行总裁和北太平洋管理委员会主席的戴维·本顿（David Benton）为北极研究委员会海洋资源顾问。戴维·本顿还曾在阿拉斯加州政府担任一系列职位，③ 戴维·本顿的加盟有利于协调阿拉斯加州、联邦政府以及北极渔业事务方面的合作，维护美国北极利益。

## 二 SWOT分析视角下的奥巴马政府北极政策

SWOT分析法最早是由哈佛商学院的肯尼斯·安德鲁斯（Kenneth R. Andrews）于1971年在《公司战略概念》一书中提出的。这一方法是企业在战略管理过程中寻找和识别组织机会的主要分析技术。④ 组织所面临的环境分为内部环境和外部环境。内部环境的分析结果通过S（strengths）和W（weaknesses）来记录，外部环境的分析结果通过O（opportunities）和T（threats）来记录。SWOT"涉及的优势、劣势、机会、威胁的问题实际上是一切领域战略研究永恒的主题"。⑤ SWOT将与组织密切相关的内外部环境优势、劣势、机会和威胁等各种影响要素列举出来，进而对组织未来的发展

---

① "Retired Admiral Robert Papp to Serve as U. S. Special Representative for the Arctic", http：//www. state. gov/secretary/remarks/2014/07/229317. htm, Accessed on 16 Mar. 2016.
② "Ambassador Mark Brzezinski Appointed Executive Director of the Arctic Executive Steering Committee", https：//www. whitehouse. gov/blog/2015/08/13/ambassador – mark – brzezinski – appointed – executive – officer – arctic – executive – steering, Accessed on 28 Apr. 2016.
③ "President Obama Announces More Key Administration Posts", https：//www. whitehouse. gov/the – press – of fice/2016/02/19/president – obama – announces – more – key – administration – posts, Accessed on 28 Apr. 2016.
④ 谭力文、李燕萍主编《管理学》，武汉大学出版社，2004，第135~136页。
⑤ 刘新华：《中国发展海权的战略选择——基于战略管理的SWOT分析视角》，《世界经济与政治》2013年第10期，第96~117页。

方向提供科学的行动策略。本文试图对奥巴马政府参与北极事务所面临的内外部环境（内部优势、内部劣势、外部机会、外部威胁）进行分析。

## （一）内部优势分析

首先，濒临北极的地理位置。1867年3月30日，美国正式从俄国手中购得阿拉斯加，得以跻身北极国家①的行列。美国在1996年9月以北极八国之一的身份成为北极理事会成员国，得以在北极事务中享有更多的发言权，使其政治、安全与经济利益与北极密切关联在一起。阿拉斯加的面积为1717854平方千米，是美国最大的州，接近美国本土面积的1/5。阿拉斯加是北极地区的一个"聚宝盆"：约221万亿立方英尺（1立方英尺≈0.028立方米）的天然气和229亿桶石油聚集在这里，锌、铅、铜、金、铀、铁矿石等矿物资源储量也十分丰富。②奥巴马上台后，将确保美国能源安全确立为其执政的首要目标之一。阿拉斯加丰富的自然资源成为美国落实其北极政策的重要保证。阿拉斯加位于美洲大陆西北角，隔白令海峡与亚欧大陆相望，濒临太平洋与北冰洋，地理位置十分重要，不仅在北极航道的管控上占有地利之便，还是美国在北极军事行动的战略基地。早在冷战时期，阿拉斯加就是美国与苏联进行军事对抗的前沿基地，部署有大量导弹阵地、战略核潜艇等军事设施和装备。如今，阿拉斯加是美国陆军和空军重要的寒区作战训练和实验中心、美国在亚太地区的军事基地群组成部分，也是美国全球战略实现的重要保证。

其次，奥巴马政府对北极事务的重视。奥巴马政府对北极事务的认识经历了从"议程边陲"到"议程核心"的转变，北极议题在政府议程中的

---

① 一般认为，在北极圈内拥有领土的国家可称为北极国家，加拿大、丹麦、芬兰、冰岛、挪威、俄罗斯、瑞典和美国8个国家均属此类。
② 阿拉斯加的锌、铅、铜、煤产量丰富，在美国资源总量中占有相当比重。参见Heather A. Conley, "Arctic Economics in the 21$^{st}$ Century: The Benefits and Costs of Cold", CISI European Programme, Jul. 2013, p. 61, http://csis.org/files/publication/130710_ Conley_ ArcticEconomics_ WEB.pdf, 登录时间：2016年5月1日。

优先位置逐渐凸显。①《北极战略》详细阐述了奥巴马政府北极政策的三项优先议程和四项指导原则,用以指导实现美国北极利益。其设定的北极事务优先议程分别为:维护国土安全利益、负责任的北极管理、加强北极事务的国际合作。指导原则为:确保北极地区的和平与稳定、完善丰富信息基础之上的北极决策、寻求达成具有创新性的协议、加强与阿拉斯加原住民的合作。②《北极战略》为奥巴马政府参与北极事务设定了明确和清晰的政策目标和实施途径。

奥巴马政府对北极事务的重视还体现在政策落实上。2014年初,《北极地区国家战略实施计划》③(以下简称《实施计划》)发布,着重对《北极战略》所设定的目标予以分工,明确各项工作的完成时限。2015年1月,《北极地区国家战略执行报告》④(以下简称《2015执行报告》)发布,开篇即强调"北极是美国的敏感地区,在全球环境和经济格局中,北极对美国而言具有关键性影响"。2016年3月,白宫公布《2015年北极地区国家战略实施报告》⑤(以下简称《2015回顾》),对《北极战略》的实施状况进行回顾,强调美国北极政策的落实要继续增进美国在北极地区的安全利益、促进对北极负责任的管理、加强北极事务的国际合作。同时发布的还有其附件A《2016年北极战略实施框架》(以下简称附件A),⑥该文件着重对2016年

---

① 孙凯:《奥巴马政府的北极政策及其走向》,《国际论坛》2013年第5期,第58页。
② National Strategy for the Arctic Region,http://www.whitehouse.gov/sites/default/files/docs/nat_arctic_strat egy.pdf,Accessed on 12 Mar. 2016.
③ Implementation Plan for The National Strategy for the Arctic Region,https://www.whitehouse.gov/sites/default/files/docs/implementation_plan_for_the_national_strategy_for_the_arctic_region_-_fi.pdf,Accessed on 17 Mar. 2016.
④ National Strategy for the Arctic Region Implementation Report,http://www.cmts.gov/downloads/National_Strategy_for_the_Arctic_Region_Implementation_Report.pdf,pp3 - 8,Accessed on 29 Apr. 2016.
⑤ 2015 Year in Review—Progress Report on the Implementation of the National Strategy for the Arctic Region, https://www.whitehouse.gov/sites/whitehouse.gov/files/documents/Progress%20Report%20on%20the%20Implementation%20of%20the%20National%20Strategy%20for%20the%20Arctic%20Region.pdf. pp22 - 26,Accessed on 29 Mar. 2016.
⑥ 该附件由根据13689号总统令成立的"北极事务行政指导委员会"发布。

如何有效落实《北极战略》进行了科学规划，为 2016 年美国北极政策落实指出了继续努力的方向。

### （二）内部劣势分析

首先，涉北极事务机构繁多、效率低下。目前，美国参与北极决策的行为体大致分为三类：参与北极政策、法律制定的国会，具体进行北极事务管理的行政部门，北极科学研究的相关机构。种类繁多的北极决策行为体决定了北极决策体制鲜明的特点：行为体复杂繁多、决策体制协调性差、北极事务决策低效与滞后、优先议程难以形成共识、执行缺乏保障。[1] 美国北极政策的制定和执行不具有权威性的单一组织机构，致使各部门缺少协作、权限重叠、各自为政。[2] 获得部分利益团体支持的北极政策可能得不到其他利益团体的支持，甚至可能受到极力的反对和阻挠。各部门、利益团体和机构在应对北极事务时不仅无法形成合力，反而相互拆台。联邦政府不得不尽力协调各方的利益诉求，但仍常常顾此失彼，疲惫不堪。在这样的环境下出台的美国北极政策，其执行与落实都将面临巨大的困难，无法保障政策的有效执行。[3] 如何协调和优化现有北极决策体系内各决策行为体之间的关系，形成合力，从而有效落实北极战略成为摆在奥巴马政府面前的一道难题。

其次，美国总统大选。美国总统大选是奥巴马政府北极政策最大的不可控因素。奥巴马第二任期即将结束，其在任期间对美国北极政策所做的调整是否能够得到下一届政府的继承和发展，存在不确定性。无论谁当选下任总统，都将中断奥巴马对美国现有北极政策的调整和布局，何况能否继承奥巴马政府的北极政策本身就存在疑问。从这个意义出发，总统大选为奥巴马政府的北极政策注入了一股负能量。此外，由于受到党派、宗教、利益集团等

---

[1] 孙凯、潘敏：《美国政府的北极观与北极事务决策体制研究》，《美国研究》2015 年第 5 期，第 19~22 页。
[2] 丁煌主编《极地国家政策研究报告（2014—2015）》，科学出版社，2016，第 12~13 页。
[3] 孙凯、潘敏：《美国政府的北极观与北极事务决策体制研究》，《美国研究》2015 年第 5 期，第 20 页。

诸多因素的干扰，不同的领导者对待北极问题的态度也不一样，就在奥巴马急于推动壳牌石油公司在北极地区的资源勘探时，同属民主党派的前国务卿、2016年美国总统大选热门人选希拉里却明确表示她反对在北冰洋进行石油钻探。如果希拉里当选总统，在北极能源开发问题上未必会延续奥巴马执政时期的政策路线。

### （三）外部机会分析

首先，在气候变化问题上的国际合作稳步推进。在包括美国在内的有关各方的推动下，近年来有关北极气候变化问题的国际合作进展顺利，为美国落实《北极战略》提供了契机。2015年8月，美国主办的名为"北极事务全球领导力大会：合作、创新、参与和韧性"的国际会议在阿拉斯加安克雷奇市举行。[①] 北极理事会成员国、欧盟、中国、印度、日本等多个国家参与其中，多数议题围绕北极地区气候变化而展开，会后有关国家发表联合声明表示应加强北极气候治理。奥巴马也因此成为第一位登上阿拉斯加北极地区的在任美国总统，成功地提升了国内外对北极气候变化问题的关注。2015年12月，在包括美国在内的国际社会的共同努力下，《巴黎协议》顺利通过。各方商定将全球平均气温较工业化前水平升高幅度控制在2摄氏度之内，并为把升温幅度控制在1.5摄氏度之内而努力。[②] 巴黎气候变化大会达成协议也成为奥巴马政治遗产中亮丽的一笔。[③] 除积极推动气候变化问题领域的多边合作外，奥巴马政府还积极推动该领域的双边合作。2016年3月，美国和加拿大共同发表《美加两国关于北极、气候及能源问题的联合声明》。[④]

---

[①] 《北极问题国际会议重视北极升温对全球影响》，新华网，http://news.xinhuanet.com/tech/2015-09/01/c_1116442445.htm，登录时间：2016年3月23日。

[②] 《巴黎气候变化大会通过全球气候新协议》，新华网，http://news.xinhuanet.com/2015-12/13/c_128524107.htm，登录时间：2016年3月23日。

[③] 吴心伯：《奥巴马：全力打造政治遗产》，载《旧秩序与新常态：复旦国际战略报告2015》，复旦大学国际问题研究院，第16页。

[④] U.S.-Canada Joint Statement on Climate, Energy, and Arctic Leadership, https://www.whitehouse.gov/the-press-office/2016/03/10/us-canada-joint-statement-climate-energy-and-arctic-leadership, Accessed on 23 Mar. 2016.

为应对日益严峻的北极气候挑战，双方商定了共同努力的四大目标：科学决策以保护北极生物多样性；将原住民的科学和传统知识纳入决策过程；促进北极经济可持续发展；支持北极社区发展。无论是发展经济还是加强北极社区的建设，声明中都强调了可持续发展和负责任管理，以保护北极地区独特而脆弱的环境。声明同时还强调，将在气候和能源方面加强与墨西哥的密切合作，提升北美地区应对气候变化的整体协调能力。

其次，担任北极理事会轮值主席国的历史机遇。2015年4月，在北极理事会第九次部长级会议上美国接任2015～2017年北极理事会轮值主席国的职务，为奥巴马政府参与北极事务提供了绝佳的舞台。"美国希望借此重塑在北极事务中的领导地位。"[1] 2015年10月，北极理事会可持续发展工作组在阿拉斯加召开会议，会议讨论围绕北极固体废弃物处理、可更新能源技术、能源培训项目等议题展开，暗合美国推动制定的北极理事会优先议程之一——改善北极地区的经济和生活条件。韩国、德国、荷兰、波兰以及部分涉北极国际组织参与了此次会议。[2] 2015年11月12日，在美国的推动下，北极理事会发布2015～2017年工作计划[3]：促进北冰洋安全和管理、改善北极地区的经济和生活条件、应对气候变化的影响。2016年3月15～17日，北极理事会高级官员会议在阿拉斯加州费尔班克斯举行。议题主要集中在气候变化和恢复力领域（climate change and resilience），具体包括黑炭与甲烷专家组、旨在增强北极社区恢复力的大量项目、"共同健康"倡议等，在2015年巴黎气候大会达成气候协议的大背景下，北极理事会的总体工作重心更是放在了气候变化领域。北极理事会6个工作组在这次会议上就其工作进展做了报告，包括：环北极地区环境观察者网络的发展情况、发布北极淡水系统新报告、预防外来物种入侵、增强北极地区搜救能力、增强环北极保护区

---

[1] 孙凯：《主导北极议程：美国的机遇与挑战》，《国际论坛》2015年第4期，第39页。
[2] "SDWG Meets in Alaska to Discuss Ongoing and Upcoming Projects"，http：//www.arctic‐council.org/index.Php/en/our‐work2/8‐news‐and‐events/364‐sdwg‐chena‐2015，Accessed on 29 Apr. 2016.
[3] Chairmanship Projects，http：// www. state. gov/e/oes /ocns/ opa/ arc/ uschair/ 24895 7. htm，Accessed on 31 Mar. 2016.

的支持能力、促进以社区为基础的可再生能源微型电网的建设。① 美国抓住担任北极理事会轮值主席国的有利契机,推动有利于实现美国北极利益的北极理事会议事日程,取得良好效果,不仅有效推进北极理事会工作的开展,履行了美国国际道义责任,同时也加速了美国北极利益的实现和政策落实,可谓一举两得。

### (四)外部威胁分析

首先,"乌克兰危机"的持续发酵恶化了北极地缘态势。"乌克兰危机"爆发后,俄罗斯与西方展开了冷战结束以来最为激烈的战略博弈,与美欧的紧张局势向北极外扩。② 2015年7月,普京批准了新版海洋学说,将北极方向作为海军发展的两大重点之一,以应对国际局势的变化。当年12月,普京签署了《2020年前俄罗斯国家安全战略》,首次将美国及其盟友称为俄罗斯的"政治对手"。③ 2016年3月,俄罗斯国防部宣布,将在2016~2020年大力加强北极地区和千岛群岛上军事基础设施的建设。同年4月,俄海军总司令弗拉基米尔·科罗廖夫对外透露,俄海军在北极和世界大洋中部署军舰和船只的数量约100艘,甚至更多。④ 俄罗斯作为北极大国,在北极拥有强大的战略行动能力,对美国形成战略威慑。但是,在北极地区对美国形成战略压力的并非只有俄罗斯,加拿大等北极国家与美国在渔业划界、航道利用、海洋自由等方面均不同程度地存在分歧。一旦美国制定的北极政策与上述国家的北极利益不一致,必将面临来自各方的政治、经济甚至军事方面的压力。

其次,域外国家的参与。随着北极地缘态势的变迁以及北极航道开通可

---

① "Arctic Council Advances Work on Arctic Issues", http://arctic-council.org/index.php/en/our-work2/8-news-and-events/388-sao-fairbanks-2016, Accessed on 17 Apr. 2016.
② 邓贝西、张侠:《俄美北极关系视角下的北极地缘政治发展分析》,《太平洋学报》2015年第11期,第42页。
③ 《俄新版国家安全战略:挑明美国是威胁,俄罗斯不想忍了》,环球网,http://world.huanqiu.com/hot/2016-01/8311516.html,登录时间:2016年3月25日。
④ 《俄国防部:2016~2020年将继续在北极部署俄军工作》,俄罗斯卫星网,http://sputniknews.cn/russia/20151030/1016825862.html,登录时间:2016年4月29日。

能性的提高，除北极八国外，不少北极域外国家也对北极事务表现出浓厚的兴趣。① 2013 年 5 月，中国、韩国、印度、意大利、日本和新加坡一起成为北极理事会正式观察员国。印度和韩国于当年 6 月和 7 月分别发布了本国北极政策文件《印度与北极》和《北极综合政策推进计划》，向国际社会阐述了本国北极利益。2015 年 4 月，韩国又公布了《2015 年北极政策执行计划》，加快韩国北极政策的落实与执行。日本早在 2012 年就公布了《北极治理与日本的外交战略》，为日本政府构建北极战略提供了整体框架。② 2015 年 10 月，中国外交部副部长张明在第三届北极圈论坛大会上宣布"尊重""合作""共赢"是中国参与北极事务的三大政策理念，③ 指导中国今后的北极行动。尽管欧盟没有获批进入北极理事会观察员国行列，但在北极八国中，欧盟成员国就有 3 个（芬兰、瑞典和丹麦）。如此巨大的体量，使得欧盟被视为一个"全球性的北极博弈者"。④ 2012 年 7 月，欧盟委员会正式发表《发展中的欧盟北极政策：2008 年以来的进展和未来的行动步骤》，标志欧盟北极政策正式出台。⑤ 域外国家积极参与北极事务已成趋势，将不可避免地影响或干扰美国试图在北极地区主导建立的治理秩序和地区霸权。

## 三 未来美国北极战略展望

通过上述分析，建立起奥巴马政府参与北极事务的 SWOT 组合矩阵

---

① 王晨光、孙凯：《域外国家参与北极事务及其对中国的启示》，《国际论坛》2015 年第 1 期，第 30 页。
② 肖洋：《日本的北极外交战略：参与困境与破解路径》，《国际论坛》2015 年第 4 期，第 72 页。
③ 《外交部副部长张明出席第三届北极圈论坛大会并发表主旨演讲》，外交部网站，http://www.fmprc.gov.cn/web/wjbxw_673019/t1306849.shtml，登录时间：2016 年 4 月 19 日。
④ 程保志：《欧盟的北极政策和与中国合作的可能性》，《和平与发展》2013 年第 3 期，第 53 页。
⑤ 夏立平：《规范性力量理论视阈下的欧盟北极政策》，《社会科学》2014 年第 1 期，第 17 页。

（见表1），横坐标为优势（S）和劣势（W），纵坐标为机遇（O）和挑战（T），表中矩阵部分为组合策略。战略选择是战略的核心，[①] 面临内外部环境所带来的优势、劣势、机会和威胁，奥巴马政府需要根据自身情况选择适合美国维护北极利益的发展战略。SWOT组合矩阵提供了四种可供选择的发展策略：SO是增长型战略，强调发挥自身优势来把握外部机会；WO是扭转型战略，目的在于利用外部机会来弥补自身劣势；ST是多元型战略，强调利用自身优势减少外部威胁的冲击；WT是防御型战略，规避外部威胁的同时，弥补内部劣势。

表1 奥巴马政府参与北极事务的SWOT战略矩阵

| 外部环境＼内部环境 | S（优势）<br>1. 濒临北极的地理位置<br>2. 对北极事务的重视 | W（劣势）<br>1. 涉北极事务机构有待整合<br>2. 国内总统大选 |
|---|---|---|
| O（机会）<br>1. 气候变化问题的国际合作稳步推进<br>2. 担任北极理事会轮值主席国 | SO 增长型战略<br>1. 加强《北极战略》落实<br>2. 推进北极气候治理<br>3. 发挥北极理事会作为议事平台的作用 | WO 扭转型战略<br>1. 整合涉北极事务机构<br>2. 抓住担任北极理事会轮值主席国的历史机遇<br>3. 推动气候问题的国际合作 |
| T（威胁）<br>1. "乌克兰危机"的持续发酵<br>2. 域外国家的参与 | ST 多元型战略<br>1. 维护北极安全利益<br>2. 回应国内外各方挑战<br>3. 加紧落实《北极战略》 | WT 防御型战略<br>1. 加强北极事务能力建设<br>2. 应对骤紧的北极地缘形势<br>3. 加强国际合作 |

总体来说，奥巴马政府参与北极事务喜忧参半、利弊共存。奥巴马政府参与北极事务的优势、劣势、机会、威胁并存，但优势、威胁尤为突出，应当采取多元型战略，即利用内部优势减少和避免外部威胁，实现美国北极利益。根据此前奥巴马政府的一系列战略文件和近期的政策实践，结合前文进行的SWOT战略分析，我们可以发现后奥巴马时代的美国北极战略动向有以下几个特点。

---

[①] 孙凯、王晨光：《中国参与北极事务的战略选择——基于战略管理的SWOT分析视角》，《国际论坛》2014年第3期，第53页。

首先，维护北极安全的目标将长期不变。美国作为全球超级大国，战略利益遍布全球，北极事务在其战略议程中占有独特地位。历届美国政府均十分重视北极安全事务。奥巴马政府在其《北极战略》中，将国家安全定位为美国北极政策的优先议程之一。① "乌克兰危机"爆发后美国接任北极理事会轮值主席国，俄罗斯与西方展开了冷战结束以来最为激烈的战略博弈。一个由美国主导的北极秩序显然不符合俄罗斯的国家利益，俄罗斯不会坐视美国独自主导北极事务和北极秩序的建立。② 2015 年 10 月，俄罗斯国防部长谢尔盖·绍伊古表示，俄罗斯即将在临近西伯利亚海岸的科捷利内岛上建成其最大的北极军事基地，以加强俄罗斯的北极行动能力。③ 2016 年 3 月，据俄新网报道，俄罗斯计划在北极地区进行 25 年来最大规模的核导弹发射试验，以此检验俄罗斯潜艇的战斗力和回应美国不久前试射 "民兵" 战略核导弹的行为。④ 未来一段时间，美、俄在北极地区的争夺将会更加激烈，美国自然不甘示弱。

奥巴马政府将利用担任北极理事会轮值主席国的有利时机，主导北极秩序的构建，巩固其超级大国地位。在 2013 年的《北极战略》和 2014 年的《实施计划》中，美国加强在北极地区安全利益的意图均得到体现。上述两份文件都要求 "发展北极地区基础设施建设和战略能力、提升北极领域的感知能力、保护北极地区海洋自由、为未来美国能源安全服务"。在《实施计划》中还强调 "美国最优先的事务就是保护美国人民、领土主权权利、自然资源和美国的其他利益"。

在奥巴马执政时期，美国对北极利益的重视是一贯的、不变的。在《2015 执行报告》里，维护美国北极安全利益的措施被细化为 8 项，更为具体，即加强海洋领域活动、加大对航空领域的支持、发展北极的通信基础设

---

① 孙凯：《奥巴马政府的北极政策及其走向》，《国际论坛》2013 年第 5 期，第 59 页。
② 郭培清、董利民：《美国的北极战略》，《美国研究》2015 年第 6 期，第 64 页。
③ "Russia Nearly Done Building Its Biggest Arctic Military Base", Russia Today TV, https://www.rt.com/news/319394 - arctic - military - base - islands/, Accessed on 24 Mar. 2016.
④ 《俄北极导弹齐射计划惊动百方，同时发射 16 枚十分罕见》，环球网，http://world.huanqiu.com/exclusive/2016 - 03/8674263.html, 登录时间：2016 年 3 月 25 日。

施、提升北极海域感知能力、确保联邦政府在冰封水域的海事活动、促进国际法适用和海洋自由、促进可再生能源的发展、保障非可再生能源的安全和负责任的发展。在《2015回顾》及其附件A当中,"维护美国在北极地区的安全利益"均被作为单独一部分得到强调。附件A中,"维护美国在北极地区的安全利益"被列为美国政府2016年努力的方向之一,并提出了2016年北极安全工作的具体要求:发展北极基础设施和战略能力、提高北极海域感知能力、维护北极地区海洋自由、为未来美国能源安全提供保障。维护北极安全利益始终是奥巴马政府北极政策的首要努力方向。奥巴马政府对美国北极安全利益的界定越来越细致,分类也更加完善和清晰。美国对北极安全利益的认识更加立体化和综合化,特别是将非传统安全、能源安全等新安全概念纳入其中,更加凸显其对北极安全利益的高度重视。可以预见,在今后相当长的一段时间内,对北极安全利益的关注是美国政府北极战略的重要特征。

其次,继续强调对北极地区负责任的管理。2015年12月,美国国家海洋与大气管理局发表报告称,北极2015年的年度平均气温上升了1.3摄氏度,是自1900年以来的最高纪录。[1] 北极气候变化问题的持续恶化,给北极沿岸国家乃至全球气候变化带来极大的负面影响。对美国而言,不仅北冰洋沿岸的阿拉斯加州将会因此受到巨大冲击、原住民生活形态遭到破坏,而且,位于北美洲的美国本土,因北美洲中央为平坦的大平原,也难以逃避北极气候变化所带来的不利影响。

北极不断恶化的气候环境再次提醒奥巴马政府要对北极地区进行负责任的开发管理。在2013年《北极战略》这份13页的报告中,"负责任的"一词出现11次,表明美国对北极地区管理模式的思考愈加客观与理性。[2]《北

---

[1] "Arctic Temperatures Reached 115 - year High", http://www.arctic-info.com/news/16-12-2015/v-arktike-zafiksirovana-samaa-visokaa-temperatyra-za-115-let, Accessed on 25 Mar. 2016.

[2] 季澄:《浅析美国〈北极地区国家战略报告〉》,《国际研究参考》2013年第8期,第43页。

极战略》认为，负责任的管理者要保护北极资源，平衡经济发展、文化价值之间的关系，利用科学与传统知识增强对北极的理解。为加强对北极野生动物的保护，平衡经济增长与可持续发展的关系，2015年4月，奥巴马亲自致信国会参、众两院，提议建立和完善北极国家野生动物保护区，"这是国家的财富，为下一代着想，我们应当通过法律手段将其永久地保护起来"。①

奥巴马政府尤其强调对这一政策要求的落实。《2015执行报告》将"对北极地区负责任的管理"详细地分为16个部分，涉及北极生态系统保护、运用综合协调的管理手段、增加对北极的认知、北极地区的科学研究、北极林野火灾的研究、北极地区可持续发展和文化遗产的保护、人类健康等方面。在《实施计划》、《2015执行报告》、《2015回顾》和附件A中，"负责任的北极管理"均被列为美国今后三大努力方向之一，足见奥巴马政府对其重视程度。美国北极事务不仅面临来自气候变化的挑战，还面临阿拉斯加州、原住民群体、利益集团等各种因素的干扰。对北极地区进行负责任的管理，平衡来自各方的政治压力也是未来美国政府不得不专注的施政领域。

最后，面临来自国内外各方的挑战，踟蹰不前。奥巴马任期即将结束，除前文分析所提到的内外部挑战外，未来美国北极战略的实施还面临诸多挑战：2017年后，芬兰将继任北极理事会轮值主席国，进而主导其在任两年的北极理事会相关事务。2010年7月6日，芬兰发布《芬兰的北极战略》草案，初步形成其北极战略目标：加强北极地区的国际合作、推动欧盟北极政策的演进以提高芬兰在北极事务中的地位、发挥芬兰专业技能方面的优势，进而实现其北极利益。② 在欧债危机爆发，欧洲各国经济普遍低迷的背景下，2013年8月，芬兰推出《2013芬兰北极战略》。该文件更加重视芬

---

① "Letter from the President —Arctic National Wildlife Refuge Proposed Designations", https://www.whitehouse.gov/the-press-office/2015/04/03/letter-president-arctic-national-wildlife-refuge-proposed-designations, Accessed on 28 Apr. 2016.

② "Finland's Strategy for the Arctic Region", http://arcticportal.org/images/stories/pdf/J0810_Finlands.pdf, Accessed on 15 Mar. 2016.

兰在北极的商业机遇，同时，对欧盟的北极政策给予特别关注。这显示出芬兰意图在北极问题上与欧盟相互倚重，以平衡美、俄等北极大国的北极战略布局。① 芬兰主张以北极理事会为中心论坛开展北极合作，② 其北极战略的侧重点和关注点与美国存在差异。在此背景下，芬兰积极围绕北极经济开发问题开展国际合作。2016 年 3 月，芬兰总统分别与日本及俄罗斯领导人就加强北极圈资源开发、改善双边关系、解决"乌克兰危机"等相关议题展开会谈。2017 年芬兰接任北极理事会轮值主席国以后，是否会继续推动美国制定的优先议程，尚难预料。但可以肯定的是，芬兰推动的下一届北极理事会议事日程将不可避免地对美国的北极政策带来外部压力，并产生影响；另外，美国尚未签署《联合国海洋法公约》（以下简称《公约》）。在所有北极国家中，只有美国未签署《公约》。美国不仅无法依据《公约》的相关条款主张北极权益，而且对其他国家根据《公约》条款主张的领土要求也缺乏有效的反驳依据。③ 在应对《公约》管辖范围内的北极事务时，时常陷入被动，这也是奥巴马政府参与北极事务的一大制约因素。美国多位政要均曾呼吁国会批准《公约》，但因种种原因无法获批。美国的北极政策受到多种因素的牵制及干扰，国会、环保组织、阿拉斯加州、利益集团等都会对联邦政府的北极决策产生影响。参与北极事务决策的部门过多必然影响北极事务决策效率的提高，给美国北极战略的落实带来负面影响。在不断的内部斗争和权力牵掣中，美国政府实现北极利益的政策努力被慢慢消耗着，"群龙治水"④ 的管理体制必然无法有效应对来自北极地区的战略挑战，这是美国政府北极事务决策和执行中的一大短板。后奥巴马时代的美国政府将不得不采取措施应对来自各方的挑战，未来美国北极政策将踟蹰不前。

---

① 程保志：《芬兰的北极战略》，载刘惠荣主编《北极地区发展报告（2014）》，社会科学文献出版社，2015，第 154 页。
② 陆俊元：《北极地缘政治与中国的应对》，时事出版社，2010，第 204～229 页。
③ 孙凯、杨松霖：《中美北极合作的现状、问题与进路》，《中国海洋大学学报》（社会科学版）2016 年第 2 期，第 21 页。
④ 李益波：《美国北极战略的新动向及其影响》，《太平洋学报》2014 年第 4 期，第 75 页。

## 结　语

奥巴马上任后，面临与其前任小布什总统不同的国际、国内环境。国内经济危机、中东局势动荡、新兴国家快速崛起、"乌克兰危机"等地区和全球性问题极大地干扰了美国既定的战略步伐。在此背景下，奥巴马政府对美国北极战略进行了调整，特别是在安全利益维护、国际合作、气候治理等方面加大了参与力度。通过政策和实践努力，全方位和多角度地落实《北极战略》和实现美国北极利益。本文对奥巴马政府的北极战略参与进行了 SWOT 分析，梳理其参与北极事务的内外部环境发现，奥巴马政府内部存在优势和劣势，外部面临诸多机遇与挑战。其中，内部优势和外部威胁尤为突出。濒临北极的地理位置和美国政府对北极事务的重视是其重要的内部优势，"乌克兰危机"的爆发以及域外国家对北极事务的积极参与成为奥巴马政府参与北极事务所面临的威胁性因素。对奥巴马政府来讲，最优策略必然是弥补自身劣势，发挥强项，抓住机遇，克服挑战，采取多种政策措施以实现和维护美国的北极利益。然而，后奥巴马时代的美国北极政策实施仍然存在诸多战略风险，不仅面临 2017 年北极理事会主席国轮换、尚未签署《联合国海洋法公约》等问题带来的外部挑战，同时还面临国内不同利益集团博弈的固有矛盾的干扰，以上因素将极大地拖累美国北极战略的实施。美国的北极战略将在挑战中前行，注定不会一帆风顺。

# 加拿大北极法律政策的进展和实践

李浩梅*

## 一 加拿大北极战略及外交政策声明

2009年,加拿大发布《加拿大北方战略:我们的北方,我们的遗产,我们的未来》,① 该文件集中反映了加拿大的北极政策,加拿大认为北方地区对其至关重要,将其视为历史遗产和国家身份的组成部分。在目前北极地区自然环境和地缘政治环境正在发生重大变化的现实背景下,加拿大政府针对北方地区提出了清晰的远景目标:将其建成一个稳定和实行法治的地区,有明确的疆土界限、富有活力的经济发展和贸易活动、生机勃勃的北方民族居住区及健康并具产能的生态系统。围绕这一愿景,加拿大政府确定了四项行动计划,即行使北极主权,促进社会经济发展,保护环境遗产,改善并下放北极治理权。

我们如何看待北极决定了我们如何治理北极,北极的价值体现在多方面,相应地,各国围绕北极有着多种利益诉求。根据美国学者的划分,包括安全利益、工业利益、原住民利益以及生态环境利益四大类。② 第一,在安全利益方面,美国和俄罗斯两个超级大国跨北冰洋对峙,北极是北约和俄罗斯进行军事部署的战略要地,是周边国家国防安全的重要前线。第二,在工业利益方面,北极蕴藏有丰富的油气资源和矿产原材料,对北极和域外主要工业化国家来说,北极资源的开发具有安全和政治稳定的优势,北极已经出

---

\* 李浩梅,女,中国海洋大学法政学院国际法专业2014级博士研究生。
① "Canada's Northern Strategy: Our North, Our Heritage, Our Future, 2009", http://www.northernstrategy.gc.ca/cns/cns-eng.asp, Accessed on 13 Dec. 2015.
② Gail Osherenko and Oran R. Young, *The Age of the Arctic: Hot Conflicts and Cold Realities*, Cambridge: Cambridge University Press, 1989.

现工业化趋势。第三，在原住民利益方面，北极地区是沿岸原住民群体赖以生存的土地，北极原住民争取对土地和其他自然资源的控制权以及自治的努力仍在继续。第四，在生态环境利益方面，北极地区出现了远距离污染物运输、生物栖息地破坏和野生动物捕杀等生态系统和环境问题，面对北极生态系统受到威胁的状况，一系列环保组织兴起，致力于北极生物和环境保护。对比加拿大的北方战略可以看出，四项优先事项恰好与上述四种北极利益一一对应，并强调这四个优先项是同等重要和相互促进的，这体现了加拿大试图实现多种北极利益诉求协调和平衡的目标。但另一方面，四个优先事项的排序似乎暗示了其中的优先次序，加拿大前总理哈珀多次强调北极主权对加拿大的重要性似乎也彰显了主权和安全问题在加拿大北极战略中的重要地位。

立足于北极战略，加拿大政府随后发布了《北极外交政策声明》，[1] 阐明了加拿大政府在北极问题上的国家利益、原则立场和具体内容，这构成加拿大北极战略的国际面向。例如，该声明指出在行使国家主权方面，加拿大将寻求解决边界纷争，确保国际社会承认其北极大陆架主权，关注北极治理及相关新问题。在保护北极环境方面，将重点开展以下行动：与北极邻国及相关国家共同合作，推行以生态系统为基础的治理方法；对于研究北极气候变化原因和影响的国际努力给予支持并贡献力量；强化对一系列环境议题的努力，包括加强宣传和落实国际标准；支持北极地区的科学研究计划和国际极地年考察活动。这些行动计划为加拿大参与北极事务的多边协商确定了基本立场和原则，制定了路线图，也一一体现在加拿大在具体议题上的国家实践中。下文将结合当前北极多层次治理中的几个重要议题来梳理加拿大的法律、政策与实践，包括管辖海域划界和大陆架拓展、海洋环境保护与北极航运管理、油气资源开发和渔业资源管理。

## 二 海域划界及大陆架拓展

确定主权边界、行使北极主权是加拿大北极战略的四大优先领域之一，

---

[1] Statement on Canada's Arctic Foreign Policy, 2010.

并被置于第一位。加拿大强调其北极主权的基础是历史性所有权、国际法规定和因纽特人与其他原住民上万年的存在,并且,长期以来,加拿大对北极陆地和水域实施了有效管辖。① 为此,加拿大在外交政策方面确定了三个优先事项:一是根据国际法解决北极地区的划界问题,二是保证其全部的外大陆架范围得到国际认可,三是解决北极治理及公共安全等新出现的问题。② 关于北极海域的法律秩序,加拿大与其他北冰洋沿海国的立场一致,认为国际法提供了一个适用于北冰洋的广泛的法律框架,特别是海洋法规定了大陆架外部划界、包括冰封区域在内的海洋环境保护、航行自由、海洋科学研究以及其他海洋利用方面的权利和义务,北极国家尊重并依照这一法律框架有序化解可能产生的冲突,并不需要建立一个新的综合性国际法律框架管理北冰洋。③ 加拿大的国家实践遵循了这一立场,作为《联合国海洋法公约》的缔约方,加拿大充分主张作为北极沿海国所享有的主权权利和管辖权。1906年主张哈德逊湾为历史性水域,1967年在东海岸划定了直线基线,1969年在西海岸划定了直线基线,1986年加拿大又在北极群岛周围划定了直线基线。1996年《加拿大海洋法》明确了12海里领海、12海里毗连区、200海里专属经济区及相应的大陆架权益。

加拿大在北极地区与周边国家存在领土和海域争议,其中就包括北极地区目前唯一一个领土争议——与丹麦(格陵兰)之间的汉斯岛争议,以及北极地区尚存的唯一一个200海里以内海域的争议——与美国在波弗特海域的领海和管辖海域主张的争议。尽管目前领土争议仍未解决,但争端存在并没有妨碍加拿大和丹麦两国的海洋划界,双方在协议中尽力搁置争议,避免汉斯岛问题影响划界。④ 为了明确管辖边界、确定对海洋资源的主权权利,

---

① "Excising Our Arctic Sovereignty", http://www.northernstrategy.gc.ca/sov/index-eng.asp, Accessed on 9 Dec. 2015.
② Statement on Canada's Arctic Foreign Policy, 2010.
③ The Ilulissat Declaration, 2008.
④ Ted L. McDorman and Clive Schofield, "Maritime Limits and Boundaries in the Arctic Ocean: Agreement and Disputes", in Leif Christian Jensen and Geir Hnneland, eds., *Handbook of the Politics of the Arctic*, Edward Elgar Publishing, 2015, pp. 216-219.

加拿大积极开展与相邻国家的划界谈判。目前,加拿大与丹麦(格陵兰)的海域划界基本完成,最早是通过谈判签订了从戴维斯海峡到林肯海的1973年划界条约,当时是针对两国之间的大陆架划界,后来这一界限也用来作为渔区的边界,因而成为一条综合的海洋边界。但这一边界北端止于内尔斯海峡北侧,没能涉及北冰洋林肯海海域。[1] 据报道,经过多年谈判,两国在2012年初步达成在林肯海划界的原则性边界协议,试图解决两国200海里范围内的海域边界遗留问题。[2]

进入21世纪以来,主张200海里以外大陆架的主权成为沿海国扩张海洋权益的主要形式。扩展200海里外大陆架的行动一方面是为了满足《联合国海洋法公约》中对提交申请案的期限要求,另一方面受益于开采能力的提升和运输条件的优化,开发利用北极大陆架丰富油气矿产资源成为可能。在北冰洋海域方面,继俄罗斯2001年提交第一份200海里外大陆架界限申请案以后,挪威、冰岛、丹麦均向联合国大陆架界限委员会提交了主张大陆架外部界限的申请案。[3] 美国因未加入公约没有提交的义务,但认可沿海国享有大陆架权利是习惯国际法规则,因而也已开展大陆架海底地理地质调查数十年之久。加拿大原本计划在2013年底如期提交有关北冰洋大陆架外部界限的申请案,但由于国内政策原因,在最后一刻仅仅提交了大西洋方向大陆架申请案,而在北冰洋方向大陆架方面仅提交了初步信息。[4] 从现有的申请案主张的大陆架范围看,丹麦2014年对格陵兰岛北部的大陆架申请案和俄罗斯2015年8月提交的修正部分申请案均纳入了包括北极点在内的罗蒙诺索夫海岭区域,如果加拿大最后提交的划界申请案像前总理哈珀要求的一

---

[1] Michael Byers, *International Law and the Arctic*, Cambridge: Cambridge University Press, 2013, pp. 29 – 32.

[2] "Canada and Kingdom of Denmark Reach Tentative Agreement on Lincoln Sea Boundary", http://news.gc.ca/web/article – en.do?nid = 709479, Accessed on 11 Apr. 2016.

[3] 各国的申请案可从联合国网站上获取,列表见 http://www.un.org/Depts/los/clcs_ new/ commission_ submissions.htm, Accessed on 9 Dec. 2015。

[4] "Harper Orders New Draft of Arctic Seabed Claim to Include North Pole", http://www. theglobeandmail.com/news/politics/harper – orders – new – draft – of – arctic – seabed – claim – to – include – north – pole/article15756108/, Accessed on 9 Dec. 2015.

样广阔,则这三个国家的划界要求将在北冰洋中央区域形成一定面积的重叠区。未来经过大陆架界限委员会对科学证据的评估,中央北冰洋海底的大陆架外部界限得以确定之后,这三个国家依然面临 200 海里外与相邻或相向方向邻国进行划界的问题。尽管目前 200 海里以外大陆架的边界尚不确定,但北极沿海国在遵守海洋法的规则和程序方面存在共识,尽量避免由于双边问题而影响大陆架界限委员会的审议进程,因此形成了相关国家就争议问题达成相互谅解的做法,北极地区大陆架划界的进程相比领土争端激烈的亚太海域更为顺畅。

在开展主张北极主权这一优先战略事项时,加拿大还提出要管控北极安全风险,指出北极交通量的增加可能引发公共安全风险,如环境事故、有组织犯罪、非法走私人口和药品等,因此要注重加强与北极邻国在搜救、破冰船操作、生物保护、交通、能源和环境保护等方面的合作。加拿大将航运、旅游活动与安全问题和风险管控联系在一起,对北极航道的国际通航采取的是保守的态度,这体现在下文有关加拿大国际航运的法律与政策中。

## 三 海洋环境保护与航运管理

海洋环境保护是加拿大北极水域管辖的核心,加拿大制定了一系列防止污染和有关船舶航行安全的法律法规,其中影响最大且至今仍在发挥重要作用的是赫赫有名的 1970 年《防止北极水域污染法》。此外,还包括《加拿大航运法》《海事责任法》《海上交通安全法》《沿海贸易法》《加拿大劳动法》等,其共同目的是加强船舶航行安全,保护人员生命、健康、财产安全,保护海洋环境。① 上述法规要求通行加拿大北极水域的船舶应具备一定的抗冰能力,并针对北极的气候和操作条件制定了通行船舶应当达到的设计、建造和装备标准。同时在排污方面,加拿大制定了严格的防止船舶污染的措施,禁止船舶向北极水域排放废物,并将加拿大北极海域划分为 16 个安

---

① http://www.tc.gc.ca/eng/marinesafety/debs-arctic-menu-303.htm, Accessed on 17 Nov. 2015.

全控制区,针对不同冰级加强能力的船舶制定了固定的开放和关闭时间表。①

受海冰消融、资源开发、旅游活动增加的综合影响,近年来通行加拿大北方海域的船舶数量有大幅增长的趋势,② 北极航运活动可能带来的风险、挑战推动了北极沿海国家及国际社会北极航运政策的发展和变化。加拿大国内方面,2013 年通过法规建立了北方船舶交通服务区(NORDREG),要求 300 总吨以上、运输污染物或危险货物的船舶在进入交通服务区之前、航行过程中以及离开时均应当向加拿大交通系统报告信息,取代了实施多年的非强制性的报告系统。③ 这一政策刚出台时受到美国等国家的质疑,认为加拿大实施强制报告机制需经过国际海事组织的批准,而加拿大援引《国际海上人命安全公约》第 5 章中保留条款的规定,主张《联合国海洋法公约》第 234 条的权利优先于海事公约的相关规定。

继出台 2002 年《北极冰覆水域船舶操作指南》、2009 年《极地水域船舶操作指南》后,国际海事组织开始着手制定具有强制拘束力的《极地规则》④ 以加强北极航行安全,防止船源污染。经过多年的酝酿,《极地规则》预计于 2017 年 1 月 1 日正式生效,从而成为第一套专门适用于极地水域的包含安全操作和污染防控内容的国际航运规则。《极地规则》的制定与北极国家的推动密不可分,加拿大历来重视北极海域的环境保护,全面参与了技术规则和法律规则的制定,在船舶设计和装备分委会、海事安全委员会和海洋环境保护委员会的讨论中提出了数量可观的议案,⑤ 积极推动更严格的国

---

① 李浩梅:《北极航道沿岸国法律规制及其进展》,载刘惠荣主编《北极地区发展报告(2014)》,社会科学文献出版社,2015,第 334~354 页。
② 据统计,通行西北航道的航次从 20 世纪 80 年代每年 4 次增长到 2009~2013 年的每年 20~30 次。参见 "7.3 Trends in Shipping in the Northwest Passage and the Beaufort Sea", http://www.enr.gov.nt.ca/state-environment/73-trends-shipping-northwest-passage-and-beaufort-sea, Accessed on 10 Apr. 2016。
③ 加拿大主张这一措施的出台是为了确保对当前和未来海上交通提供最有效的服务,并且符合有关冰封区域的国际法。参见 "Vessel Traffic Reporting Arctic Canada Traffic Zone", http://www.ccg-gcc.gc.ca/eng/MCTS/Vtr_Arctic_Canada, Accessed on 10 Apr. 2016。
④ International Code for Ships Operating in Polar Waters, MEPC 68/21/Add. Annex 10.
⑤ 参见国际海事组织海事安全委员会和海洋环境保护委员会的会议文件。

际北极航运标准出台。在《极地规则》与冰封区域沿海国特殊管辖权的关系上，加拿大秉承其一贯的政策立场，极力要求加入维护《联合国海洋法公约》第234条的保留条款，① 并最终在新的修正案中有所体现，② 以保护冰封区域条款的管辖权不受新的极地规则的影响，维护其利益诉求。

除加强沿海国对海上交通的管控外，改进与航运有关的配套设施并提升其服务能力也是北极环保和航运政策的重要组成部分。北极理事会发布的2009年《北极航运评估报告》指出，除挪威和俄罗斯东北部沿岸海域外，北极地区与其他海上交通集中的海域相比，普遍缺乏基础设施。在主要北极航线的重要航段，缺乏保障安全航行的水文数据和海图、配套的气象学和海洋学数据，救援和控制污染的应急处置能力不足等现状，给船舶安全和环境保护带来了很大的风险。因此，作为政策建议之一，报告提出要加快建设北极海事基础设施。③ 2013~2014年，加拿大在增加投资、增强巡航监控能力及加强溢油预防和应对方面采取了积极措施，④ 但总体上看，其保障安全航行的综合能力仍有巨大的不足。加拿大监察长办公室针对联邦政府有关部门履责状况开展的2014年度监察报告显示，加拿大北极地区的天气和海冰信息量有所提升，交通部和海岸警卫队具备巡航和监测大部分北极海上交通的能力。但另一方面，其在加拿大北极水域的调查和测绘能力有限，工作不充分；海岸警卫队并没有完成对北极航标必要的监察；评估破冰船服务是否满足用户需求的机制不到位，在北极地区的破冰船数量在减少。⑤ 造成这一状况的政策原因在于，加拿大在北极地区缺乏一个支撑海上交通安全的长期的国家愿景，与其他北极国家相比，加拿大尽管出台了两个北极政策文件，但

---

① 加拿大提案见 Canada, "Amendments to the International Convention for the Safety of Life at Sea", IMO Doc. MSC 93/10/12, 25 March 2014。
② 修正案文本见 Annex 7 Amendments to the Internatloanl Convention for the Safety of Tlife at Sea, 1974, as Amended, MSC94/21/Add.1.
③ Arctic Council, Arctic Marine Shipping Assessment 2009 Report, pp. 5–7.
④ University of Washington, Arctic Law & Policy Year in Review: 2014, p. 27.
⑤ "Chapter 3 Marine Navigation in the Canada Arctic, 2014 Fall Report of the Commissioner of the Environment and Sustainable Development", http://www.oag-bvg.gc.ca/internet/English/parl_cesd_201410_03_e_39850.html, Accessed on 11 Apr. 2016.

其北极战略中并没有具体明确的海上交通方面的承诺。① 俄罗斯有明确的北方地区开发规划,并将北方航道的开发作为其中的重要措施和内容,加拿大与俄罗斯在北极航运政策上有显著差异。

进入 2015 年,加拿大又陆续采取了一系列措施,如计划在五年内新投资 2.27 亿美元用于加强北极地区的海上安全,在海岸警卫队破冰船上安装最先进的多波束声呐系统,增强偏远地区海岸警卫队的存在,确定进一步加强北极海上航行服务和包括航标在内的基础设施建设等。② 此外,加拿大海岸警卫队、渔业和海洋部下属的水文局以及交通部联合开展北方海上交通通道计划,其目的是确定加拿大北极水域的交通通道,以及确定航运服务、基础设施等如何分布,计划于 2022 年完成。③ 加拿大交通部还实施了"北极交通适应计划",其中包括 407.5 万美元的自主和支持项目,支持地方政府和非营利私主体的研究和发展活动,目的是更好地了解气候对北极交通系统的影响,并促进更优的交通运输计划和适应措施的出台。④ 同时,加拿大也非常重视通过区域性国际合作实施其北极战略,通过北极理事会平台签署《北极航空和海上搜寻与救援合作协定》和《北极海洋石油污染预防与应对合作协定》后,2015 年 10 月,加拿大协同其他北极国家共同成立了北极海岸警卫论坛,在具体操作层面加强北极海域的海事合作和协调。⑤

总体来看,加拿大在北极航运和海洋环境保护方面的国家实践呈现以下几个特点。一是国内法规变化不大,仍以 20 世纪 70 年代确立的防污法

---

① "Chapter 3 Marine Navigation in the Canada Arctic, 2014 Fall Report of the Commissioner of the Environment and Sustainable Development", http://www.oag-bvg.gc.ca/internet/English/parl_cesd_201410_03_e_39850.html, Accessed on 11 Apr. 2016.

② "Harper Government Takes Actions to Enhance Marine Safety in the Arctic", http://news.gc.ca/web/article-en.do?nid=1012079, Accessed on 11 Apr. 2016.

③ "Harper Government Takes Actions to Enhance Marine Safety in the Arctic", http://news.gc.ca/web/article-en.do?nid=1012079, Accessed on 11 Apr. 2016.

④ "Northern Transportation Adaptation Initiative", https://www.tc.gc.ca/eng/innovation/ntai-menu-1560.htm, Accessed on 10 Apr. 2016.

⑤ "8 Arctic Countries to Sign Historic Coast Guard Deal", http://www.cbc.ca/news/canada/north/8-arctic-countries-to-sign-historic-coast-guard-deal-1.3284090, Accessed on 10 Apr. 2016.

规为重心，在交通管控方面有所加强。二是北极海洋环境保护和航运管控成为加拿大行使北极主权的重要途径和方式。三是对促进北极航道的通航热情不高，以防范北极通航可能带来的风险和挑战为主，没有形成完整系统的北极航道或北极航运愿景规划或政策。四是积极参与区域性和多边外交活动，加强北极海域的海事合作，推动北极航运和防污国际规则的制定，同时坚定维护冰封区域沿海国的特殊管辖权。上述特点的形成有其客观原因，即西北航道自然通航条件不佳，北极海冰消融甚至会造成部分航段浮冰聚集，从而导致航行风险加大，生态环境脆弱。此外，加拿大北极航道的港口、补给站、航标、海图等基础设施和助航设备数量稀少，综合航运保障和服务能力不足，导致包括加拿大航运业在内的利益集团对北极航道的通航期待普遍不高，这也是影响航运业积极性的重要原因。另一方面，加拿大受自冷战时期以来形成的北极安全和主权观念的影响，对北极海域和航道安全较为敏感；加之，加拿大主张北极航道沿岸的群岛水域为其内水，享有完全主权，北极商业通航的实现会给加拿大主张群岛水域的主权带来一定威胁。安全和主权利益的考虑进一步强化了加拿大对开放和推动北极航道通航的谨慎保守态度。

## 四 油气资源开发和渔业资源管理

加拿大广阔的北方地区含有丰富的矿产、油气、海洋和文化旅游资源，加拿大北极战略的一项重要内容就是促进北方地区的经济开发活动，构建自足、繁荣的北方社区。加拿大政府鼓励和支持投资开发者到北方勘探开发，以期通过负责任的石油天然气资源勘探和开发增加就业，促进经济增长。同时加拿大政府还采取措施将管理权转移给北方地区政府，健全和规范北方管理体系，加强关键基础设施建设，鼓励北方人民参与北方地区的经济开发活动并从中获益。

在管理体制方面，2003年育空地区成为第一个从中央政府接管土地和资源管理权责的加拿大北方地区，2014年4月1日，《西北地区赋权协议》和《西北地区赋权法》生效,加拿大中央政府也将西北地区的公共土地、资源及领地内水域的管理和控制权一并移交给西北地区政府,包括根据赋权协议管理被认定为近岸油气资源的权利。① 配合这种管理体制改革,原本统一适用于西北地区和努纳武特的采矿法规也被《努纳武特采矿规定》和《西北地区采矿规定》取代,自2014年3月31日生效。通过资源管理权的下放,北方居民对他们的资源和相应的决策有了更多自主权。

加拿大北方地区的油气资源主要蕴藏在海上,根据《加拿大石油资源法》,② 努纳武特北纬60度以北的国家土地、北冰洋海域、西北地区联邦土地上的油气资源管理属于联邦政府职责,由原住民事务和北方发展部负责。《加拿大石油资源法》及其实施细则规范了勘探和生产权的授予和管理,并设定使用费制度;《加拿大石油和天然气经营法》③ 规范了石油作业和相关收益要求,由国家能源局(National Energy Board)负责石油和天然气业务的审批。根据土地权协议的规定,原住民事务和北方发展部须与原住民社区和组织商议授权条款和条件以及颁发许可证前的相关事宜,还要咨询当地政府和具备环境知识的联邦政府,在考虑这些信息的基础上,开放勘探开发的区域可能会发生变动。招标公告会公布在加拿大官方公报的第一部分,法定最短期限为120天。开采权的投放在一个开放、竞争的投标程序下进行,中标人可获得长达9年的勘探许可证。如果勘探发现了石油,就可以申请做一个重大发现的宣告,考虑到一些发现可能不能立刻带来经济回报,因此重大发现许可证赋予这一勘探行为不定期限的发现保有权。类似地,如果一个开发商认定一个发现具有商业价值,并愿意启动商业生产,法律允许申请商业发现宣告。获取重大发现许可证不是必经程序,一个公司可以直接获取商业发现和生产许可。生产许可证有效期为25年,并可以根据商业生产的持续

---

① 北方领地的管理权下放进程参见加拿大原住民和北方发展部网站,https://www.aadnc-aandc.gc.ca/eng/1100100035280/1100100035284, Accessed on 12 Apr. 2016。
② Canada Petroleum Resources Act, 1985, http://laws-lois.justice.gc.ca/eng/acts/C-8.5/.
③ Canada Oil and Gas Operations Act, 1985, http://laws-lois.justice.gc.ca/eng/acts/O%2D7/.

申请续期。① 已经颁发的许可证其边界地图都公开在原住民事务和北方开发部网站上，供开放查询和下载。②

表 1　加拿大油气资源勘探许可数量统计表（截至 2014 年 12 月 31 日）

单位：项

| 地　区 | 勘探许可 | 重大发现许可 | 生产许可 | 已有权利 | 总计 |
| --- | --- | --- | --- | --- | --- |
| Arctic Islands of Nunavut | 0 | 20 | 0 | 0 | 20 |
| Eastern Arctic Offshore | 0 | 1 | 0 | 30 | 31 |
| Hudson Bay | 0 | 0 | 0 | 8 | 8 |
| Beaufort Sea | 16 | 48 | 0 | 0 | 64 |
| Norman Wells Proven Area | 0 | 0 | 0 | 6 | 6 |
| 总　　计 | 16 | 69 | 0 | 44 | 129 |

资料来源：Aboriginal Affairs and Northern Development Canada, Northern Oil and Gas Annual Report 2014, p. 10。

在渔业资源管理方面，2014 年 10 月，加拿大联邦政府宣布，在没有进一步科学研究证据的情况下，不再批准波弗特海域新的商业捕鱼活动，目的是在科学证据不充足的情况下妥善保护北极海域的生态系统，保障沿岸地区原住民赖以生存的资源。③ 在北冰洋公海渔业方面，2015 年 7 月 16 日，北极沿岸五国举行高官会谈，联合发布了《关于防止中央北冰洋公海海域不受监管捕鱼活动的声明》，④ 这是北极沿岸国家自 2010 年 6 月奥斯陆首次北

---

① Aboriginal Affairs and Northern Development Canada, Northern Oil and Gas Annual Report 2014, pp. 8 – 9.
② http：//www. aadnc – aandc. gc. ca/eng/1100100036125/1100100036129, Accessed on 12 Apr. 2016.
③ "Federal Government Restricts Possible Beaufort Sea Fisheries", http：//www. cbc. ca/news/canada/north/federal – government – restricts – possible – beaufort – sea – fisheries – 1. 2803678, Accessed on 11 Dec. 2015. "Canada to Restrict Large – Scale Fishing in Large Area of Beaufort Sea", http：//www. wsj. com/articles/canada – to – restrict – large – scale – fishing – in – large – area – of – beaufort – sea – 1413495729, Accessed on 11 Dec. 2015.
④ Declaration Concerning the Prevention of Unregulated High Seas Fishing in the Central Arctic Ocean, https：//www. regjeringen. no/globalassets/departementene/ud/vedlegg/folkerett/declaration – on – arctic – fisheries – 16 – july – 2015. pdf.

冰洋渔业会谈以来达成的首份关于北冰洋渔业管理的声明,目的在于防止不受管制的商业捕鱼活动。根据宣言的内容,北极五国计划在北冰洋公海海域实施几项临时措施,其中最核心的一项措施是,在相应的渔业管理组织或安排到位之前,暂时不批准商业捕鱼活动。其他措施还包括开展旨在提升对这一区域生态系统认识的联合科学研究项目,促进相关科学机构的合作;协调五国在此区域内的监视、控制和巡逻,保证临时措施得到遵守;确保非商业性的捕鱼活动基于科学的建议并受到监督。2015年年底,北冰洋沿岸五国又发起了包括中、日、韩、冰岛和欧盟等重要利益攸关者在内的北冰洋公海渔业协议第一次对话,后续还将继续开展对话。

## 五　评论与展望

哈珀政府在2009年和2010年先后出台了《加拿大北方战略：我们的北方,我们的遗产,我们的未来》及《北极外交政策声明》,据此开展了一系列开发和管理北方地区的举措,其政策实践表现为强化其在北极的实质性存在,体现了哈珀提出的"使用或者丧失"的北极政策理念和口号。对此,加拿大国内有批评指出,加拿大的北极政策过于地区主义和迷恋主权,加拿大北极外交政策应当反映当今北极的政治经济和环境状况,并从三个方面提出了改革建议,具体包括修复与俄罗斯在北极问题上的外交关系;加强区域治理以反映新出现的问题和相关行为体;不限于北极理事会层面的国际合作,还包括支持相关省份、领地以及原住民组织在地方层面的国际合作和协调,继续促进北方地区的可持续发展。[①]

加拿大试图在其北极战略中兼顾和平衡行使主权、保护环境、促进社会经济可持续发展、下放管理权和加强北方治理等多项战略重点,这对缺乏综合协调功能的分散化的北极事务管理体制是一个巨大的挑战。奥巴马政府继

---

① "Polar opposites: Time for a 180 Turn in Canada's Arctic Policy", http://ipolitics.ca/2015/12/16/polar–opposites–time–for–a–180–turn–in–canadas–arctic–policy/, Accessed on 10 Apr. 2016.

发布《国家北极地区战略》和实施计划后，于2015年1月又建立了北极执行指导委员会，以增进涉北极行政部门和机构之间的交流和协调。委员会成立之初就设置了7个工作组，并取得了具体成效。[①] 同期俄罗斯设立了开发北极的联邦委员会，负责协调与北极开发有关的机构的工作。相比邻国美国和俄罗斯，加拿大在北极事务的协调方面并无创新的安排。

自由党新总理小特鲁多执政以来尚未提出新的北极政策和部署，新政府3月份提交的联邦财政预算显示，政府计划在五年内向原住民和北方发展部提供1900万加元，用于有关北极环境现有科学和传统知识的研究；向加拿大北方经济开发署投资1010万加元；投资1070万加元用于可再生能源开发，帮助北方社区脱离对柴油的依赖，同时计划用五年时间为原住民群体征集84亿加元用于供水和污水处理系统建设以及中小学教育等。这些投资去向基本延续了前保守党政府的路线，并无重大改进，因而前政府北极措施的缺陷仍然存在。这种开发北方的传统方式被批评为简单复制南部的服务和基础设施建设，没有解决北方社区面临的原住民自杀、心理健康等紧迫的社会问题。[②] 从财政投资看，小特鲁多政府未来的北极开发政策基本会延续哈珀时期的框架，不会有太大的变化。

---

[①] "Coordinating U. S. Actions to Address Arctic Challenges: The Arctic Executive Steering Committee's First Year", http://www.huffingtonpost.com/dr-john-p-holdren/coordinating-us-actions-t_b_9077640.html, Accessed on 10 Apr. 2016.

[②] "Expert: Canada's Federal Budget Thin on Arctic Substance and Vision", http://www.adn.com/article/20160330/expert-canada-s-federal-budget-thin-arctic-substance-and-vision, Accessed on 10 Apr. 2016.

# 北极考察大国北极政策发展情况

李小涵*

近年来，全球气温升高加速了北极海冰与永久冻土的消融，北极地区潜在的科研、经济及军事价值引起了国际社会的广泛关注。不仅北极八国（俄罗斯、加拿大、美国、挪威、丹麦、瑞典、冰岛、芬兰）对此极为重视，许多北极域外国家也对北极事务展现出更加明确的立场和积极的态度。作为"北极治理中最重要的区域性安排",① 申请成为北极理事会正式观察员国是域外国家跻身北极俱乐部的必经之路。② 2013年5月，北极理事会第八次部长级会议通过了批准中国、日本、韩国、新加坡、印度以及意大利成为北极理事会正式观察员国的决定，至此，包括此前成为观察员国的英国、法国、德国、荷兰、波兰与西班牙在内，北极理事会共有12个非北极国家观察员国。

北极理事会的扩容，使得不少观察员国看准时机争相出台或更新各自的北极政策。2013年6月，印度外交部发布了《印度与北极》；一个月后韩国政府出台了《北极综合政策推进计划》，接着又在年底推出了更为具体详尽的《北极政策基本计划》；2013年10月，早已是北极理事会正式观察员国的英国的北极政策姗姗来迟，英国外交与联邦事务部公布了其首个北极战略文件《应对变化：英国北极政策》，2015年，英国上议院经过数

---

\* 李小涵，女，中国海洋大学法政学院国际法与极地专业2015级博士研究生。
① 程保志：《试析北极理事会的功能转型与中国的应对策略》，《国际论坛》2013年第3期，第43~49页。
② 郭培清、孙凯：《北极理事会的"努克标准"和中国参与北极之路》，《世界经济与政治》2013年第12期，第118~139页。

月讨论，向政府提交了一份长达 144 页的北极政策建议报告，政府也随后做出回应；2013 年 11 月，德国发布《德国北极政策方针：承担责任，抓住机遇》；2015 年 10 月，日本安倍政府综合海洋政策部公布了日本首个北极政策文件；意大利政府也在 2015 年年底发布了北极白皮书。这些国家都具备一定的北极科研实力，国内北极研究起步早，且都在北极建立了陆基科学考察站。各国政府的北极政策中都表明了对于北极地区重要战略地位的看法，并对北极气候变化及开发利用等涉及自身利益的问题表示关切。

## 一 北极考察大国北极事务参与情况

北极地区国家在北极事务上，对于北极地区外的国家始终持有一定程度上的排斥，尤其在北极相关权益的归属和分享问题上更是如此。但是在全球气候变化以及经济全球化背景下，北极地区的气候环境、资源开发、航道利用以及军事安全等问题，在全球事务中的重要性日益凸显。域外国家围绕气候变化议题，希望更多参与北极事务寻求本国利益的热情越发高涨。北极的巨大变革使得这一地区与全球系统间的联系更加紧密，北极的治理需要允许非北极国家发声。①

较强的北极研究实力是非北极国家参与北极事务的前提和动力之一。英国早在 16 世纪就开始探索北极，目前英国至少有 46 所大学、20 家科研机构从事与北极相关的研究，② 2009～2012 年英国拨给自然环境研究中心

---

① Oran R. Young, "Informal Governane Mechanisms: Listening to the Voices of Non – Arctic States in Arctic Ocean Governance", in Oran R. Young, Jong Dong Kim and Yoon Hyung Kim, eds., *The Arctic in World Affairs: A North Pacific Dialogue on Arctic Marines Issues*, Seoul: Korea Maritime Institute, 2013, pp. 275 – 303.
② "Adapting to Change: UK Policy Towards the Arctic", https://www.gov.uk/government/publications/adapting – to – change – uk – policy – towards – the – arctic, Accessed on 28 Dec. 2015.

（NERC）用于北极考察的财政经费增加了4倍。① 德国是第一批在北极地区设立永久观测站的国家，日本则是亚洲最早关注北极问题的国家，② 在1990年前后便全面启动了北极研究，并在1993～1999年、2003～2006年开展调研课题，设有国立极地研究所、北极圈环境研究中心等，为开拓利用北极航道付出了超前的努力。③ 近年来，日本为加强北极研究动作频繁，如发射卫星观测北极航线，④ 决定整修在北极的科考据点和建造观测破冰船。⑤ 韩国政府在公布《北极综合政策推进计划》后承诺，从现在起到2020年将投资3.6万亿韩元（约32亿美元）用于研发海洋工程技术和北极航行技术，⑥ 并考虑扩大其北极茶山科学基地规模，建造第二艘破冰船。韩国还积极促进北极航线的商业化运作，如完善有关极地研究和活动的法律、为利用北极航线的船舶提供优惠、培养熟悉北极航线的人才等。⑦ 印度虽于2007年8月才进行了首次北极考察，但2008年就在斯瓦尔巴岛群岛建立了第一个科学考察站。印度外交部发言人曾表示：未来几年印度将投入不少于1200万美元以支持北极科学考察站的运营，并计划建造一艘大型破冰船以支持其极地考察活动。印度国内目前建有18个与北极气候变化研究相关的机构，有近170名学者专门研究北极问题；⑧ 目前这5个国家都加入了北极科学委员会（IASC），并通过举办国际极地年（IPY）和北极科学高峰周（ASSW）、组

---

① "Blighty Wants Its Slice of Arctic Pie"，http：//arcticjournal.com/politics/196/blighty－wants－its－slice－arctic－pie，Accessed on 5 Jan. 2016.
② 北极问题研究编写组：《北极问题研究》，海洋出版社，2011，第132～134页。
③ 陈鸿斌：《日本的北极参与战略》，《日本问题研究》2014年第3期，第1～7页。
④ 《日本发射卫星探测北极航线》，《人民日报》2013年5月17日，第21版。
⑤ 郭桂玲：《日本将强化北极考察整修北极科考点建造破冰船》，日本新华侨报网，http：//www.jnocnews.jp/news/show.aspx？id=61089，登录时间：2015年12月3日。
⑥ Lee Hong Liang, "South Korea Pledges MYM3bn to Offshore and Arctic Shipping Research"，http：//www.seatrade－global.com/news/asia/south－korea－pledges－MYM3bn－to－offshoreand－arctic－shipping－research.html，Accessed on 30 Nov. 2015.
⑦ 杨元华：《韩国开发北极的举措值得借鉴》，《中国远洋航务》2013年第9期，第48～50页。
⑧ "India to Play Active Role in Arctic Council"，http：//www.hindustantimes.com/india－news/newdelhi/india－to－play－active－role－in－arctic－council/article1－1075123.aspx，Accessed on 12 Dec. 2015.

织北极联合科考等活动不断拓展北极研究的深度,提升其国际化水平。[①] 在某些领域,意大利的现行北极政策与其他观察员国相似。意大利是1920年《斯瓦尔巴条约》最早的签字国之一,并于1997年在斯瓦尔巴岛建立了一座研究站,配有科考船Explora号,由国家海洋学与地球物理学实验室(National Institute of Oceanography and Experimental Geophysics)运作,已经数次在北极地区展开科研工作。[②] 在科技方面,意大利积极与北极国家在不同的极地事务领域开展双边合作,同时参与到政府级别和次政府级别的二轨外交之中,包括北极圈和北极前沿会议。

## 二 北极考察大国政策发展情况

在北极理事会现有的12个观察员国中,已有6个国家正式发布了北极政策(见表1)。韩国与印度的北极政策在《北极地区发展报告(2014)》中已有详细解读,在此不加赘述,本文主要就英国、日本近年北极政策的发展情况展开解读分析。

表1 部分北极考察大国近年发布的主要北极政策文件一览

| | | |
|---|---|---|
| 英国 | 2013年10月 | 英国政府:《应对变化:英国北极政策》<br>Adapting to Change UK Policy Towards the Arctic |
| | 2015年2月 | 上议院建议报告:《应对变化中的北极》<br>Responding to a Changing Arctic – HL 118 Report of Session 2014 – 15 |
| | 2015年7月 | 政府回应上议院报告<br>Government Response to the House of Lords Select Committee Report HL 118 of Session 2014 – 15 Responding to a Changing Arctic |
| 德国 | 2013年9月 | 德国外交部:《德国北极政策指南》<br>Guidelines of the Germany Arctic Policy |

---

[①] 王晨光、孙凯:《域外国家参与北极事务及其对中国的启示》,《国际论坛》2015年第1期,第30~36页。
[②] "Italy's Arctic Diplomacy", http://arcticjournal.com/opinion/2069/past-prologue, Accessed on 30 Jan. 2016.

续表

| 印度 | 2013 年 6 月 | 《印度与北极》<br>India and the Arctic |
| --- | --- | --- |
| 韩国 | 2013 年 7 月 | 《北极综合政策推进计划》 |
| | 2013 年 12 月 | 《北极政策基本计划》 |
| 日本 | 2015 年 10 月 | 日本综合海洋政策本部:《日本北极政策》<br>《我が国の北極政策》 |
| 意大利 | 2015 年 12 月 | 意大利北极白皮书:《对北极意大利战略》<br>Verso una Strategia Italiana per l'Artico |

## （一）英国的北极政策

英国于 1998 年成为北极理事会的观察员国，通过该机构及其他一系列论坛接触北极发生的事务，并设有一隶属于外交和联邦事务部的极地地区部，该团队负责进行相关事务的协调。2013 年 10 月，早已是北极理事会正式观察员国的英国推出了其首个北极政策，此前英国对北极看起来有些模糊的态度至此得以明晰。英国外交和联邦事务部极地区域大臣马克·西蒙斯公布了北极战略文件《应对变化：英国北极政策》。西蒙斯表示，"北极是世界上最具活力和最有影响的地区之一，也是受到全球气候变化影响的前沿地区之一"。这份文件第一次阐明了英国在北极地区的利益细节，英国应怎样与北极国家和国际社会互动，以及英国能够为北极地区所面临的长期挑战提供哪些专业知识和技能。2014 年 5 月，《英国国家海洋安全战略》中也提到北极关系英国国家利益，认为英国作为北极理事会观察员国和 Arctic Forces Roundtable 成员国，应当利用这些机制来管理该地区的重大发展。

2015 年 2 月，英国上议院北极委员会公布了一份长达 144 页的北极事务会议报告《应对变化中的北极》，这份报告提到："英国是北极的近邻，与北极地区国家和人民之间有着长期的政治、经济和文化交往。北极的变化将会影响英国,与此同时,英国可以与北极国家及其国民共同响应变化。积极参与北极事务符合英国的利益。随着变化暴露出该地区存在潜在机遇和威胁,北极地区引起了更多国家的关注。最近几年,北极理事会观察员国的数量大幅增加,中国、印度、日本、新加坡及韩国等亚洲国家对该地区的态度正越发积极。持续增长的国际压力不可避免地会对北极造成影响,对此英国必须响应。"上议院认为英国政府此前采取的极地政策过于迟疑和谨慎,并建议英国政府在加强参与北极事务方面有更多作为。在这份报告中,英国上议院对英国北极总体策略、科研、油气资源、渔业、搜救、国际合作等方面提出了具体而明确的建议,并使用了大量的图表与科学数据,因此相当有说服力。

同年7月,英国政府就上议院的报告做出正式回应。英国政府表示,它相信在上一份政策文件中提出的北极政策路径是正确的。现行北极政策以尊重、合作以及适当的领导力为基础而制定,这体现出作为非北极国家的英国对北极国家管理权的尊重。但是,鉴于北极地区变化的速度和幅度,政府很清楚需要保持对现行北极政策的审查,以确保其适应当下。上议院北极委员会认为,英国应实行更多举措以保证自身在北极事务中的领导角色,虽然政府认为目前所采取的措施是正确的,但也同意并感谢委员会提出的该建设性意见。本回应列出了英国政府将要实行的一些积极举措和具体的步骤,政府认为通过这些实质性动作,将保证英国持续作为最活跃、最有影响力的非北极国家之一。

### 1. 英国的北极利益

英国在首份北极政策文件中便指出,英国同北极及北极事务具有密切的联系。英国在北极存在明确的环境、商业(包括矿产资源、渔业、航运和旅游业等)、科研以及地缘政治等利益。非北极国家早已对北极造成了影响,比如,非北极国家产生了大量污染物汞,是气候变化的贡献者,同时也是北极产品的消费者。反之,北极的变化也正影响着非北极国家。

英国作为一个四面环海的岛国,对气候和海平面变化更为敏感。北极的冰川融化影响着全球气候和海平面,据 2003~2008 年的观测数据,① 每年海平面上升 3.1 毫米,超过 40% 的水量是北极冰盖和格陵兰冰层的融化产生的。无论海冰的减少还是北冰洋淡水的增加,都极有可能影响到英国的天气和气候。同时,这也将影响全世界的哺乳动物和鸟类中的迁徙物种。

由于北冰洋吸收的二氧化碳量不断增加,北冰洋酸化程度上升,进而可能影响海洋物种的分布,包括北极沿岸区域作为人们食物和收入来源的鱼类。北极被认为蕴藏着全球 30% 未被发现的天然气和 13% 未被发现的石油(其中 84% 储量位于近海),② 此外还有庞大的稀土储量。海冰的减少使得一些资源基于目前或者未来的技术可以被开采,而这些资源将直接或者最终通过世界市场潜在的交易为英国所消费。随着一年中无冰期天数的增加,北冰洋航线的通航也成为可能,可以预见的是未来几十年欧洲和亚洲间的商业航运将依凭此航线不断发展。北极旅游业的发展也已有目共睹,例如挪威北极海岸线路越来越受欢迎,吸引了包括英国公民在内的大批游客,还有更高吨位的游轮。这些因素,以及未来北极气候持续变化产生的潜在影响,已经导致北极地缘政治因素增长,使北极具有全球性的商业、科学和环境价值。

2. 英国在北极的定位

英国是世界上除北极八国以外最北部的国家,设得兰群岛的北端距离北极圈只有 400 千米。鉴于这种密切的联系,以及悠久的探索历史,北极对于英国来说具有较高的历史价值。然而英国认为,英国在北极的利益不仅仅是地理上的接近或历史渊源。北极与全球化进程不可分割的联系,意味着在寻求北极所面临紧迫问题的解决途径时,英国这样的非北极国家也具有合法的利益并能在北极事务中发挥作用。

---

① "Snow, Water, Ice and Permafrost in the Arctic Report 2011," Arctic Council, http://www.amap.no/documents/doc/arctic - climate - issues - 2011 - changes - in - arctic - snow - water - ice - and - permafrost/129, Accessed on 20 Mar. 2016.

② "U. S. Geological Survey Circum - Arctic Resource Appraisal 2011", https://pubs.er.usgs.gov/publication/70036122, Accessed on 20 Mar. 2016.

官方文件表示,英国将致力于维护北极的安全稳定,致力于开展联合原住民且符合国际法的北极治理,致力于充分考虑环境因素、以科学为依据的北极政策,以及在北极地区进行负责任的开发。

英国目前的北极政策立足于三个核心原则:尊重、领导力、合作。第一,尊重指英国尊重北极国家在其领土范围内行使主权和主权权利,尊重生活在北极的原住民的观点和利益,尊重北极脆弱的环境及其对全球气候的重要意义。第二,领导力是指英国深信北极管理的领导权来源于北极八国及其人民,然而这并不意味着英国在影响北极的一些议题上完全不展示领导力,例如气候变化。英国充分理解气候变化的影响,是推进二氧化碳等温室气体减排的全球领导者。因此在导致北极变化的议题上,不仅是气候变化,还有其他跨国界议题,英国都应该有所作为。而且这种领导的主体并不限于英国政府,英国的科学界、工业界、NGO等都可以积极参与其中。英国科学界已涉足大部分北极研究领域,英国工业界可以为北极治理提供商业产品,NGO则一直在促使人们更好地理解和认识北极环境问题。第三,合作。北极政策的核心当是对话与合作,与北极国家、原住民及共同面临北极问题的其他方面保持惯有的良好合作关系依然是英国政府工作的重点。

3. 以科学为基础的北极政策框架

英国提出了一个阐述其北极政策的框架,用以设定未来北极政策的总体方向,并向国内外展示其政策内涵,这也会是英国与其他北极利益攸关方持续对话的内容。该框架包含三大宗旨:人类、环境和商业。英国在独立且高质量的科学成果领域享有很高的国际声誉,只有保证这些科学成果的应用,才能支撑该框架。正如政策中所说,就本质而言,科学直接有助于外交、决策以及我们理解北极,并且是英国与北极国家及其他方面合作的基础。科学、合作、尊重和适当的领导力,是英国参与北极事务的中心。

(1)人类方面——北极治理和原住民

在北极治理问题上,英国认为北极理事会在讨论北极事务、维持区域稳定方面贡献显著,北极治理现有的法律框架是由多个国际条约组成的,其中最重要的当数《联合国海洋法公约》(以下简称《公约》),同时英国明确

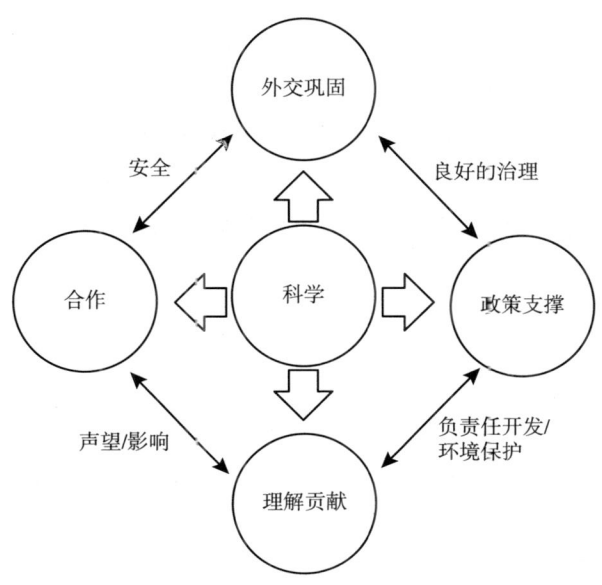

图 1　科学发挥的独特作用

资料来源：英国政府官网。

表态，认为出台专门的北极条约既无必要也无益处。这一观点在英国政府对上议院建议报告的回应中再次得以重申。回应表示，北极的治理主要靠北极国家来实现，辅以国际协议和条约，尤其是《公约》。政府完全同意委员会所言，英国的利益以及更广泛的全球利益，在北极地区最好的实现方式是建立在规则基础上的谈判。英国对北极的最优先政策是持续追求符合国际法的地区和平稳定及良好治理。英国政府相信，目前北极的治理安排运作良好，为该地区负责任的管理打下了坚实基础。迄今为止，它们已经经受住了世界其他地区紧张局势的考验，例如，北极理事会在轮值主席国加拿大的主持下继续签订了实质性工作方案；北极地区的大陆架划界也在《公约》的正式程序下持续有序进行。英国政府强烈支持将北极与其他更广泛的地缘政治紧张局势隔离开来，且为 2015 年 4 月北极理事会部长级会议上签订的《伊魁特宣言》中的承诺所鼓舞。宣言重申，"北极各国承诺维持北极地区的和平、稳定与建设性合作"。

英国的科学家自北极理事会创立后,一直都在工作组中发挥着重要作用,英国政府表示,将为其专家参与支持北极理事会的政策制定进程寻求互利互惠的机会,同时将派代表出席北极理事会未来所有政治级别的会议。英国承认北极有些问题是区域问题,但有些具有全球影响的议题应该有更广泛的参与者,以公开对话的方式讨论。英国政府提请美国作为北极理事会轮值主席国支持北极理事会同观察员国之间进行进一步对话,政府也将利用此机会鼓励美国加入《公约》。英国在积极参与北极理事会的同时,也会参与其他北极地区组织。政府将派代表参加北极理事会以外的、英国展示和促进自身利益的其他北极论坛,例如北极圈集会和北极前沿(Arctic Circle Assembly and Arctic Frontiers)。政府也将积极参与与涉北极国际组织的谈判,如国际海事组织等。英国政府将探索同其他北极、非北极国家签订协议的可能性,以求为英国科学家创造更多的合作机会。

在对欧盟的态度方面,英国政府认同欧盟在北极事务及北极理事会中起着一定作用。批准欧盟的观察员地位的决定权在北极理事会成员国手中,但英国认为,欧盟在北极理事会的观察员地位将进一步加强北极理事会的合法性,并将促进在北极有合法利益的所有组织和国家之间的广泛对话,这有助于实现英国的北极政策目标。政府将积极推动欧盟的北极政策的发展,希望推出更加综合和协调欧盟的北极政策。该政策应当明确欧盟的北极工作范围,以及在哪些领域可以增加会员国的贡献价值。这包括跨国研究项目,如"地平线2020"和新的欧盟-极地网方案,以及欧盟的北极土著人民的参与。

在原住民问题方面,英国表示尊重原住民的观点、利益、文化和传统,并乐于推动原住民参与北极决策。6个主要的原住民代表在北极理事会决策桌前有固定席位,英国支持这些永久参与者在决策层中的权利。

(2)环境——气候变化、生物多样性和环境保护

英国政府坚信,北极的急速变化对英国及世界其他地区有潜在影响,推动这一空前变化及其未来发展结果的,是有重要社会影响且极为紧迫的科学挑战。综观自然环境研究委员会(The Natural Environment Research Council,

NERC）近五年来实行的北极研究计划，不难发现其目的在于从季节及年代尺度上更好地理解并预测北极变化，并确定这种变化可能带来的区域和全球影响。英国认为，现在尚未完全理解随着温度升高，北极冻土及海床释放大量二氧化碳和甲烷的可能性。为求增进对该问题的了解并获得更多启示，英国已经资助和参与了一些相关计划。如目前 NERC 的北极研究计划、JPI 气候倡议（14 个欧洲国家参与的气候研究协同合作）以及 NERC 的"发现科学"资助计划等等。

英国上议院认为，英国科学家和研究人员为增进全球对北极变化的理解做出了重要贡献。但是这些工作可以被更有效地利用起来，并且更好地支持我们同北极国家的交互。上议院建议政府制订一个实质性的、协调更好的长期北极研究计划，并确保英国在北极理事会机构中充分有效的代表性，来自英国工业界的相关合作伙伴应充分参与到这项计划中。此外，英国表示将通过外交努力出台具有法律约束力的气候变化公约，承诺实质性的温室气体减排，并强调与国际海事组织进行协作，致力于减少在北极航运中产生的二氧化碳和黑炭。

（3）商业——能源安全、航运、旅游、渔业及生物勘探

英国虽然倡导可再生能源和低碳经济，但依然进口大量能源，尤其是从挪威进口天然气。北极地区烃化物提取的潜力受到关注，虽然当前世界油价可能会在短期内限制其生产潜力，但这也不失为一个机会。在冰层覆盖下的北极水域，英国是否能够安全且负责任地提取油气资源，于前述期间内可以获得更明晰的认识。尚不清楚气候变化会在多大程度上创造其他经济机会，例如对短期航线的影响。但是英国必须将自身置于第一参与者的位置上，以保证可以有效应对这些未知变化。

在渔业方面，英国支持区域性的渔业管理机制（RFMOS），同时也遵守联合国海洋法会议（UNCLOS）及相应联合国渔业协定。在北极的大部分地区，在北极有领土主权的国家，面临在发展和环境保护之间寻求平衡的责任。这种情形不存在于被划定为国际水域的北冰洋中央。对于该区域鱼类种群的未来，国际社会有着诸多忧虑，英国政府应当参与到该议题的讨论中。

上议院报告建议，至少在公认的管理体制通过前都应对该区域实行禁渔。

鉴于北极地区旅游业的迅速崛起，特别是大型客轮在北极水域航行的前景逐渐明朗，迫切需要在该区域内建立协调的搜救设施。英国在搜救方面有公认的专业技术，上议院建议政府应迫切关注同北极国家建立一个泛北极搜救战略。安全和可持续当是北极旅游开发的原则。

英国是联合国《名古屋议定书》的缔约方，该议定书确定了基因资源的公平获取及遗传资源的惠益分享机制，以供医学界进行基因创新。英国主张在北极地区的生物勘探要遵守这一机制，确保北极基因资源的获取是公开透明的，是建立在公平、公正和惠益分享的基本制度上的。

北极处于变化中，英国对此有清醒的认识。该地区气温的增长幅度是全球平均幅度的两倍，并引起了一系列自然与环境变化。然而变化的模式尚未确定，有关北极环境的许多方面的知识是有限的，人类在北极的活动可能会加剧气候变化，导致进一步变暖和其他改变，且这种反馈结果的性质及模式难以预测和测量。在英国看来，北极已经成为一个合作的地区，北极理事会在维持这种稳定上起着重要作用。英国认为，为了加强对北极变化的认识，培养适当的反应能力，在未来的日子里保持这种稳定是十分重要的。英国的北极政策一方面尊重现有体制，希望客观地发挥自身所长彰显存在感，同时未雨绸缪，在制度缺位之处展现领导力，倡导对话和商讨出台新规则，保证自身持续作为北极地区最活跃、最有影响力的非北极国家之一，积极应对变化。如其文件中所说，所有北极利益攸关方，包括英国，应撇开非北极争端，在北极事务上寻求合作。

## （二）日本的北极政策

北极具有重要的地缘价值，并且蕴藏着丰富的矿产资源，还具备潜在的航运价值和巨大的科研价值。随着全球气候变暖，北极的战略价值日益凸显。北极国家对于地区利益的争夺日趋激烈。当前，美国阿拉斯加州北部、俄罗斯和挪威在北极资源开发上的合作已经开始。加拿大北部、冰岛和丹麦在北极的开发活动也日益活跃。北极问题在国际政治上的地位已经越来越引人注目。不仅是北极国家,非北极国家也纷纷出台各自的北极政策。日本安倍政府于 2015 年 10 月 16 日发布了首个北极政策,明确了北极事务决策方针和目的,向世界表明了日本在北极问题上所持立场。1980 年后,北冰洋海冰的减少趋势说明北极的环境快速变化,由此引发的地缘政治、经济以及社会影响,引起了北极国家以及非北极国家的共同关注。2013 年日本内阁决定在海洋基本计划中设定三个北极相关课题:全球化视角的北极观测研究、北极的全球国际合作以及北冰洋航线的可行性讨论。

根据基本计划拟定的战略,新政策明确了具体的决策方针。今后日本将在国际协调主义立场上,在外交、安全保障、环境、交通、资源开发、信息通信、科学技术等相关领域,以校企为基础开展重点研究,最大限度地利用日本的优势科学技术。日本表示,北极存在各种潜在可能性,应当切实认识到北极环境的脆弱性,确保可持续发展,在先进的科学技术基础上,日本将积极参与规则制定,力求在国际社会中积极发挥先见性的主导作用。

2016 年 3 月,日本政府确定方针,准备加入北极海域的国际渔业协定。该海域不仅被视为气候变暖导致冰融后的重要渔场,还因为新航线、矿产资源开发成为焦点。日本政府希望通过积极参与美、俄等沿岸国推进的国际规则的制定,确保协定出台后获得一定的权益。新的北极海域国际渔业协定谈判是以美国、俄罗斯、加拿大、挪威、丹麦这 5 个沿岸国家为中心推进的。日本政府已通知相关国家,希望加入协定和参加谈判,并将参加 4 月下旬在美国华盛顿召开的非正式磋商会议。关于协定内容,美国提议各国开展联合科学调查,调查渔业资源,并设定管理捕鱼量的国际机构。日本准备响应美国的提议。日本认为,加入协定不仅可以展示存在感,还可以抓住北冰洋商业渔业的商机。

1. 日本的北极利益关切

(1) 气候变化与环境

随着全球变暖,北极的海冰逐渐消融,开放水域扩大,大气和海流等各种因素互相交叠作用,北极环境变化与全球气候变化息息相关。作为一个跨纬度较大的岛国,日本不仅面临海平面上升可能带来的损失,还担忧北极的环境变化可能造成日本中、高纬度地区极端天气出现频次的增加。日本认为，针对北极区域的冰雪融化及其全球影响问题讨论应对之策，是国际社会的新课题。随着经济活动深度和广度的拓展，船舶污染物质的流出和排放、开发所造成的污染和环境破坏等，很可能进一步加快北极冰雪融化速度。

日本认为，在此前的《京都议定书》和《生物多样性公约》的制定，亚洲太平洋各国的国际合作以及其他全球变暖和生物多样性环境问题的解决中，日本在国际社会中起到了主导作用。因此，应在研究缓和对策和制定适应策略两个方面，针对北极环境变化的起因和地球环境问题，充分利用本国经验知识做出贡献。

（2）科学研究

日本自20世纪50年代开始从事北极地区观测研究，已持续半个世纪以上。日本于1991年以非北极国家身份在北极设立观测基地，同时也是最早加盟1990年设立的北极科学委员会的非北极国家。日本的观测数据和科学研究成果为增进国际社会对北极变化的理解做出了贡献。国际社会也对日本的卫星观测、海洋观测、地面观测和模拟技术做出了很高评价。

随着国际社会对北极问题的关注持续升温，2015年北极科学峰会周在日本召开，不仅肯定了开展北极变化研究的科学意义，产生了一定的社会、政治、经济影响，还再次确认了北极国家同非北极国家在相关问题上进行合作的重要性。

近年来北极环境问题虽成为国际社会共同的课题，但目前北极环境变化的科学解释依据依然不足。日本在发挥自身优势的同时，当比以往更积极地寻求国际合作，协同利益相关方进一步全面研究北极问题，包括人类活动的影响、气候、物质循环、生物多样性等；综合北极变化及其全球影响的各种观点，分析变化原因和机制，并对将来的社会经济影响进行预测。

日本将加强综合性的研究，并根据研究成果探求当前问题的解决方法，主导国际社会采取措施，同时培养在国际场合表现活跃的年轻研究者。

（3）"依法"治理北极

到目前为止，北极各国的领土争议和海洋划界问题的处理，在国际法的框架下和平进行，这样以"法治"为基础应对北极问题具有重要的意义。

在北冰洋区域内，包括《联合国海洋法公约》在内的相关国际法应当适用，"航行自由"等国际法原则也应受到尊重。特别是在北冰洋的"冰封区域"中，航行自由、海洋环境的保护和保全，也应妥善考虑国际法与沿岸国关系的平衡，采取必要措施。

近年来，日本的气候受到北极环境变化影响，在全球环境、航道、资源开发等利益相关事项上日本有必要参与到北极国际决策和规则制定中去。从这点出发，在北极理事会中日本应利用所掌握的科学知识和尖端技术做出进一步贡献。同时，也应积极参与北极理事会以外的国际会议，开展以科学为基础的建设性讨论。此外，多个国家采取措施时，北极各国有必要与相关国家开展双边对话与合作。

（4）北极航线

北冰洋的海冰面积今后将持续减少，北极航线，特别是俄罗斯沿岸航行路线一旦通航，亚洲和欧洲之间的航行距离将比途经苏伊士运河的航线缩短四成。现如今，从海冰状况、航路基础设施状况以及沿岸国家的限制和服务情况来看，北极航线还未达到稳定可利用的程度。但是，鉴于运输路线多样化的重要性，应当就该航线将来的通航潜力进行准备，开展合作。

近年来，通航北冰洋的船舶数量呈上升趋势。相关数据表明，在2010年有3艘商船通过允许一般商船通航的俄罗斯沿岸（东北航道），2011年增加到34艘。一方面，俄罗斯根据《联合国海洋法公约》第234条，对通过东北航道的船只类型、型号等做出了要求。另一方面，如果要利用北极航路就必须保障在发生海难时也能进行有效的救援，修建大型船舶紧急避难时的港湾设备，对可能发生的漏油事故制订出解决方案等。同时航行过程中也需要卫星、水流监测等技术的支持。日本掌握先进的航行技术，航运也关系到日本的经济命脉，其对北极航线的重视程度可想而知。日本不但积极参加新的国际航行规则讨论，而且勤于展示自身的技术能力，以保证北冰洋通航时自身的经济与安全利益。

（5）资源开发

对于作为非北极国家的日本来说，北极区域在资源开发上具有重要的意义。日本日常所需的能源和矿产资源多依赖进口,因此,在能源和资源问题上制定合适的战略是十分必要的。北冰洋周边区域蕴藏一定量的未开采资源,但是寒冷的气候,加之海洋空间开采技术需求高,使得开发较为困难。在这样的形势下,在资源开发方面,日本表示将推进冰覆海域开采技术的发展,同时加强与沿岸国家的合作,在满足民营企业需求的基础上坚持供应源多边化,采取中长期稳步推进策略。

关于北冰洋未利用的生物资源开发,日本要确保与沿岸国的合作,保证开发是基于科学依据且可持续的,在食品安全和供需中取得平衡。

(6) 安全问题

伴随着海冰融化,北极在地缘政治上的地位变化赋予了东北亚地区中日韩三国新的机遇和挑战。目前,中国和韩国已经积极又慎重地在科学观测、航路开辟以及首脑外交等北极问题的诸多方面取得了进展。俄罗斯也加强了在北极沿岸的战略部署。相比之下日本在北极问题上动作迟缓。加速设置国内北极问题的"司令塔"统领日本国内的北极研究,协助政府制定正确的外交策略是日本的当务之急。北极航道作为连接大西洋和太平洋的最短航道,不仅具有经济意义,还具有重大的战略意义。

2. 日本北极事务新举措

(1) 加强科研力度

日本 2015 年开始推进新的北极区域研究项目 (ArCS 项目),研究北极环境变化及其对全球影响,致力于向北极利益攸关方展示自身的研究成果。同时开展更为先进的观测设备研发,强化其严酷环境下持续作业的能力。对国内的研究机构和大学进行整合,共同利用卫星、研究船、计算机等基础研究设施,推进北极问题相关课题的进程。此外,日本还将加强在科研方面的国际合作,致力于推动北极圈内现场观测的国际共同研究、数据共享以及国际人才培养。

(2) 开展国际合作

政策文件表明,日本将积极参与到北极相关问题的国际规则制定中去。包括结合本国相关行业意见,参与了规定极地航行中的船只安全、海洋环境保护、船员的配乘资格、训练标准等的《极地规则》《国际海上人命安全公约》《防止船舶污染国际公约》等现有的相关条约的修改意见的讨论。

立足于 2013 年 5 月取得的观察员资格，日本将增派专家和政府人员参加北极理事会的相关会议，提高对北极理事会活动的贡献程度。对于北极前沿等相关国际会议，日本也会积极出席，表达本国观点，宣传在观测和科学研究方面取得的成绩。另外，日本还将扩大与北极国家的双边和多边合作，签订双边协议，就双方关心的问题推进合作。如日本首相安倍晋三于 2016 年 3 月 10 日在官邸会见芬兰总统尼尼斯托，双方就推进蕴藏丰富资源的北极圈开发、合作利用将成为亚欧大陆间最短航路的北冰洋航路等达成了一致。两国首脑在会谈后发表了写入会谈成果的联合声明。安倍晋三在联合记者会上表示："围绕北极达成合作共识是重大成果。为了国际社会的和平与繁荣，将与芬兰开展密切合作。"①

在日本看来，作为非北极国家，希望参与北极事务，必须在现有规则中取得相当地位，才能在北极治理中发挥影响，保障自身利益。今后能否在北极的资源开发及航道利用方面获益，取决于自身对北极的贡献，包括事务中的参与度贡献以及更重要的科学成果、技术水平贡献。开展国际合作是日本增强自身影响力，宣传贡献能力及水平的重要途径。

## 三 结语

作为非北极国家，英国、日本等北极考察大国在北极地区同样拥有环境、经济、政治和科研等方面的利益，北极地区的发展和治理对全球影响深远，北极考察大国近年的北极政策也存在一些共同特点。其一，明确的北极利益。观察员国已有的政策文件中都以气候变化为切入点，阐明了自身关切的北极利益，整体来看包括气候变化导致的环境利益、涉及资源与航道的经

---

① 《安倍会晤芬兰总统就合作开发北极圈资源达共识》，环球网，http://world.huanqiu.com/exclusive/2016-03/8691348.html，登录时间：2016 年 4 月 12 日。

济利益、北极独特环境带来的科研利益,以及地缘政治利益和国家安全利益。其二,北极理事会观察员国中,已参与到现有北极治理机制中的国家,都对现有机制持肯定和支持态度,在尊重现有国际公约和规则、尊重原住民固有权利的同时,希望能在规则内提高自身参与程度,在决策中发挥作用。其三,强调自身的北极贡献及参与能力。无论是历史的参与贡献还是科学研究方面的学术贡献,因为非北极国家要参与到由北极国家主导的规则制定中,需要有一定被认可的贡献及能力。英国、日本等北极考察大国,在本国北极政策中屡次强调本国对北极认知做出的贡献和在未来的资源开采中所具备的技术优势,并表明将进一步做出贡献,更加积极地派驻代表列席相关国际会议。其四,重视北极科学研究,决策讲求科学依据。科研能力是非北极国家参与北极事务的核心能力之一,科研利益是各国较为平和且无争议的共同利益。各国北极政策也对更多的财政投入、新的科研计划及研究资助方案、国际研究合作、人才联合培养等有所侧重。其五,通过多渠道增强本国在北极事务中的影响。就北极事务与北极国家建立双边、多边合作关系,通过外交在多领域进行国际合作,同其他北极利益攸关方增进理解互信,扩大自身影响,维护国家利益。同时发展与北极科学委员会、国际海事组织、北极前沿等相关国际组织及论坛的关系,寻求更多参与北极事务的机会。

# 分论一
# 北极航道法律政策的发展与中国

# "一带一路"视阈下的北极航线开发利用

刘惠荣 马炎秋*

欧洲探险活动带来了北极航线的开辟，随着船舶技术的进步和基础设施建设的完善，新的航线不断被发现，北极海域的可航范围不断扩展。国际上主流观点认为北极航道包含三条：西北航道（Northwest Passage）、东北航道（Northeast Passage）和中央航道（Trans-polar Route）。

## 一 北极航道概述

北极航道的适航性受三个重要因素影响，其一是自然条件，其二是法律环境，其三是现实需求。适宜的气候和冰情状况是利用北极航道的前提条件；航道及相关水域的法律地位是否清晰是影响航道利用的社会因素；北极航道与已有的国际航线相比，在经济成本、风险承担及战略价值上是否具有优势则是直接驱动北极航道开发利用的现实要素。

### （一）地理环境

**1. 地理位置**

西北航道、东北航道和中央航道不是法律概念，没有确切的地理坐标和界限，只是泛泛地指称穿越北冰洋海域的三大海上通道（也有人形象地称为海上走廊），每个航道都跨越一定宽度的海域，包含数条航线。从大致走向上看，西北航道穿越北美海岸，途经加拿大北极群岛，连接大西洋和太平

---

\* 刘惠荣，女，博士，中国海洋大学法政学院院长、教授、博士生导师，极地法律与政治研究所所长；马炎秋，女，博士，中国海洋大学法政学院副教授。

洋；东北航道西起挪威北角附近的西北欧，经亚欧大陆北方沿海和西伯利亚，穿过白令海峡，向东延至太平洋；而中央航道穿越北冰洋中央，连接太平洋和大西洋（见图1）。俄罗斯所称北方海航道西起喀拉海峡，东至白令海峡，是东北航道的重要组成部分。

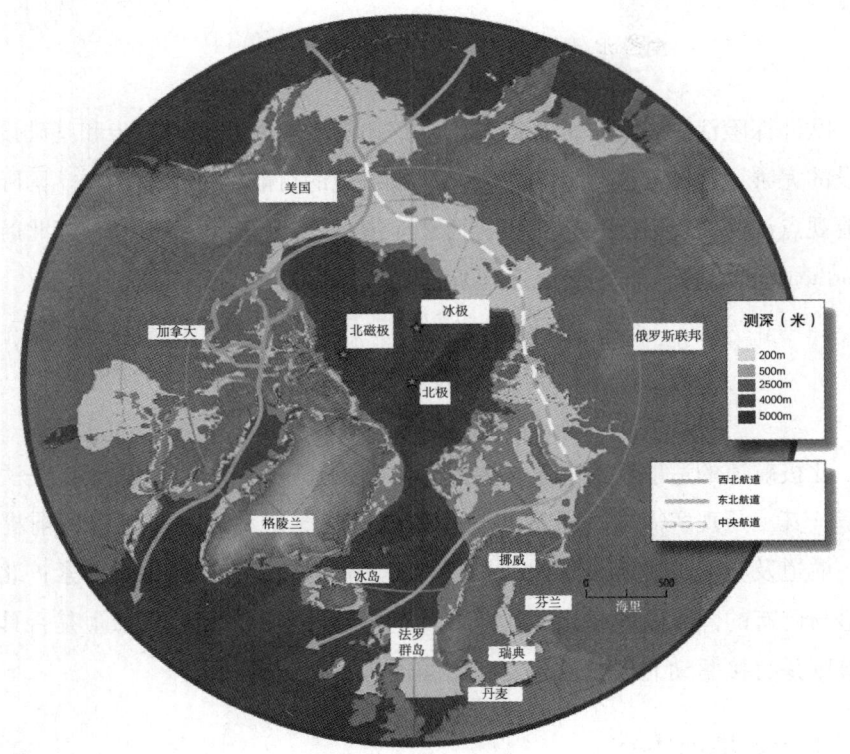

**图1　北极航线示意**

气候学上常用7月10℃等温线作为界定北极地区范围的标准，这个范围并不完全与北极圈吻合，欧亚地区的界限在北极圈以北，而在加拿大的中部和南部、格陵兰南部及阿留申群岛等区域，界限则在北极圈以南。1月份，北极圈内所有区域的平均气温都低于0℃，从挪威北部海岸的-5℃到格陵兰中部、加拿大群岛北部以及北西伯利亚地区的-35℃不等。据估计，北极点的1月平均气温在-35～-30℃，但是由于北极点没有设立固定的观测站，因此目前还得不到准确数据。

北冰洋位于北极圈以内,相比其他大洋最大的特点是气温低,大片海面被冰覆盖。人类对北冰洋的认识匮乏,受自然条件和技术水平的限制,人类对北极航道的开发利用到目前为止并没有实质性发展。

2. 冰情变化

影响北极航道通航的关键因素是北冰洋的海冰覆盖情况。近年来北极海冰正在经历重大的变化,这对整个北冰洋的通航具有重要的意义。

北极理事会于2004年发布的北极气候影响评估(ACIA)报告指出,北极海冰范围在过去50年间不断缩减,海冰厚度不断下降,北冰洋中央的多年冰也在减少(见图2)。

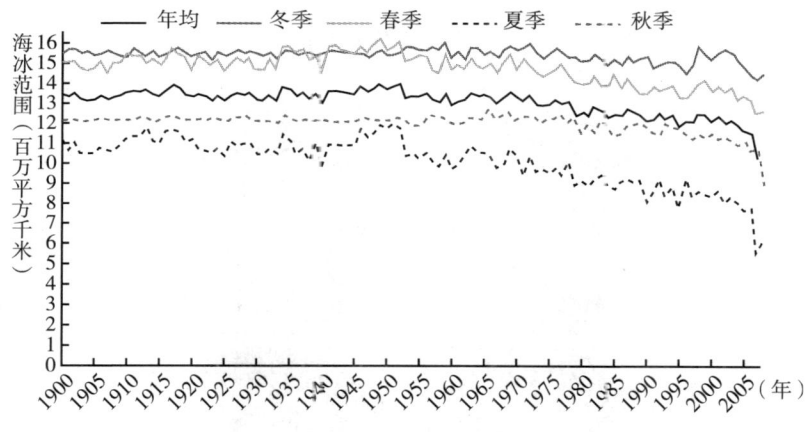

图2 北极地区冰情变化情况

卫星观测数据显示,1979~2006年,北极地区海冰范围年均下降45000平方千米,每年下降3.7%,其中夏季海冰减少幅度(每10年下降6.2%)要大于冬季(每10年下降2.6%)。图3的卫星照片显示,除西拉普捷夫海域小块地区外,俄罗斯北极沿海出现大面积无冰海域,加拿大群岛间出现多条无冰通道,北冰洋中央也出现从未观测到过的大片开放水域。

对于未来一段时间的冰情,北极理事会的气候影响评估报告和联合国政府间气候变化专门委员会第四次评估报告都使用全球气候模型(GCMs)模拟了21世纪北极海冰范围的持续编减情况,甚至有预测指出,到21世纪中叶，整个北冰洋可能会在夏季出现短暂的无冰期（见图4）。

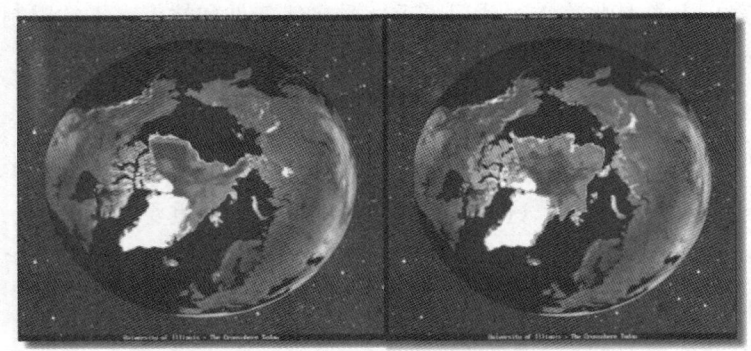

图3　北极地区夏季海冰分布情况

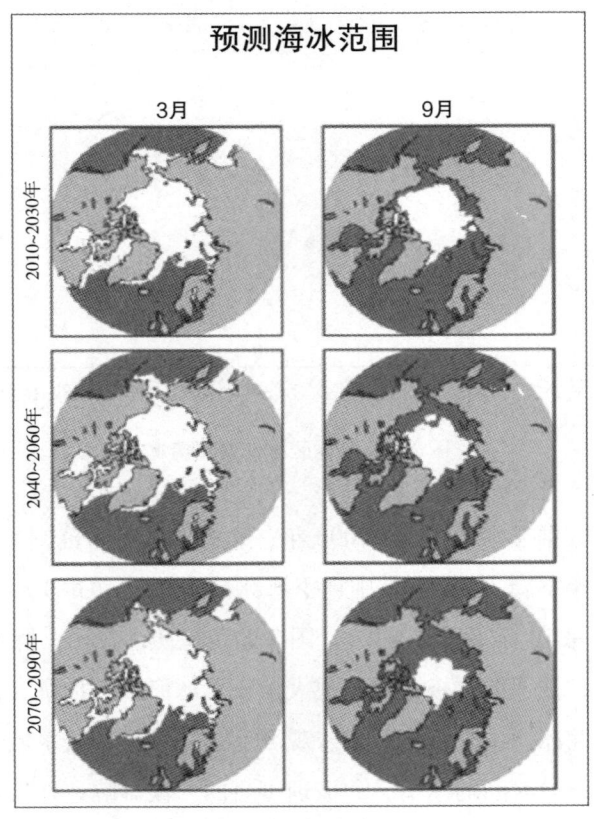

图4　对北极冰情变化情况的预测

海冰消融使得北冰洋地区的航行期变得更长，阻碍航行的多年冰也大面积减少，因此北极航道的通行量近年来增长迅速。其中东北航道方向，航行船舶逐年增加，货物量增长迅速，2010年只有6艘船舶通行，货物总量为11.1万吨，而2011年过境船舶增加到34艘，运输货物达82万吨。[①] 在北美地区，西北航道和波弗特海沿线的运输量也不断增加，2009~2010年约有430艘船只通行白令海峡，较之前的船舶通行量几乎翻了一番。[②]

在对北极航道通航前景持乐观态度的同时应当看到，现有的冰情观测和预测是不够精确的，不同海域的冰情变化情况各有不同，特别是对于海冰范围年际变化差异较大的西北航道来说，全球气候模型尚不能适用于这一地区，获取可靠的冰情数据需要长期、细致、实时的观测和研究。尽管北冰洋海冰覆盖范围出现整体缩减的趋势，但是北冰洋冬季海冰仍会长期存在，融冰期间出现的碎冰也会对船舶航行造成非常大的危险和阻碍，通航的水文条件仍然比较恶劣，相比在其他大洋航行，船舶需要具有一定的破冰能力，加之当前北极海域的气候、水文观测还不完善，有效信息掌握不足，北极航道大规模通航依然面临诸多不利因素，需要在规划、开发和利用北极航道时谨慎做好应对和准备。

## （二）法律地位

在考察北极航道航行环境时，北极航道的法律地位是一个重要因素，但关于北极航道的法律性质一直众说纷纭。加拿大和俄罗斯为了应对日益繁荣的北极航运，逐步明确了管辖海域范围，并制定了严密的交通管理措施。从目前的国家实践看，其他国家似乎默认了沿海国对在其海域通行的船舶的管辖权。

---

① 具体统计数字和情况参见 Willy Ostreng et al., *Shipping in Arctic Waters: a Comparison of the Northeast, Northwest and Trans-Polar Passages*, Berlin: Springer, 2013, p.185.
② Holthus, P., Clarkin, C., Lorentzen, J., "Emerging Arctic Opportunities: Dramatic Increases Expected in Arctic Shipping, Oil and Gas Exploration, Fisheries and Tourism", *Coast Guard Journal of Safety & Security at Sea*, Proceedings of the Marine Safety & Security Council, 2013, 70 (2): 10-13.

1. 东北航道

船舶穿越东北航道会经过挪威沿岸、斯瓦尔巴北部海岸，进而经过俄罗斯沿岸边缘海及海峡，争议主要集中在俄罗斯沿海的北方海航段上。

挪威没有针对北极航行制定专门规则，与北极航行关系密切的法律是《航行安全法》，其对技术、操作安全、人员安全及环境安全等方面做出了细致的规定，如强制要求船东持有安全证书并制定足够的内部安全管理条例。挪威在斯瓦尔巴周围建立了200海里的渔业保护区，对于从事非渔业活动的船舶航行活动，适用公海规定。因此，挪威在北极航行活动的管理上没有明显超越国际法的规制。

俄罗斯对北方海航道的管辖饱受争议，具体体现在航道范围划定不清、强制引航及高昂引航服务费等方面。1990年，苏联制定了《北方海航道海路航行规则》（Regulations for Navigation on the Seaways of the Northern Sea Route，以下简称《航行规则》）以及关于破冰船领航、船舶设计装备的一系列技术规则，奠定了北方海航道管理的法律基础。1990年《航行规则》1.2条款规定，北方海航道，是位于苏联北方沿岸内水、领海（领水）或专属经济区内的苏联国家交通干线，包括适宜冰区领航的航道。西起新地岛诸海峡的西部入口和北部热拉尼亚角向北的经线，东至白令海峡北纬66°与西经168°58′37″交会处。可见北方海航道被苏联界定为国家交通干线，且航道海域范围并不清晰，北部界限、西部范围不确定，甚至可能超过《联合国海洋法公约》规定的沿海国200海里的管辖海域范围，《航行规则》要求通行船舶应当向苏联北方海航道管理局提交事前航行通知和引航服务申请，并为破冰船服务费提供担保，在四个内水海峡航行必须接受强制性破冰领航服务并交纳高昂费用，对于其他海域，管理局也要根据情况指定某种引航方式。[①]

在东北航道通航量逐步提升、俄罗斯加快开发其北极地区的背景下，俄罗斯于2013年修订了1990年《航行规则》及其配套规则，旨在强化对北方

---

① 《北方海航道海路航行规则》英文版来源：http://www.arctic-lio.com/，同时参见 Erik Franckx, "The Legal Regime of Navigation in the Russian Arctic", *Journal of Transnational Law & Policy*, 2008, 18: 331 - 333。

海航道的航行管控。其中,《商业航运法》(The Merchant Marine Code of the Russian Federation)增加了5.1条款,明确界定了北方海航道的范围和水域性质,① 进一步强调了俄罗斯在海域管辖上主张的有争议的扇形理论。俄罗斯通过法令建立了北方海航道管理局,② 作为管理北方海航道水域航行活动的联邦国家机构,负责执行和监督具体的航行规则。俄罗斯北方海航道管理局的主要目标为保障航行安全和防止船源污染,基本职责包含接收航行申请、审查及发放航行许可,向冰区引航员发放证书,检测水文气象、冰情与航行条件等。除军舰和其他公务船舶外,进入上述海域航行或开展其他海事活动的船舶均要受到俄罗斯法规的管辖。

北方海航道航行的具体规则集中体现在2013年的《北方海航道海域航行规则》(Rules of Navigation on the Water Area of the Northern Sea Route, 2013)中,包括航行申请-许可规则、航程中的报告规则、准入期间和区域规则、破冰船领航与引航员冰区引航规则。俄罗斯要求计划进入北方海航道水域的船舶须提前至少15日向北方海航道管理局提交申请,管理局经审核后决定是否许可。获得航行许可的船舶在航行前后及整个航行途中均要履行报告义务。③ 管理局做出许可决定的一个重要标准是申请船舶的航行计划须符合北方海航道水域的准入期间和区域规则,④ 根据船舶冰级的不同,该规则分别列出了各级船舶的可航水域、可航期限及不同冰情下的航行方式。这个准入规则适用的是俄罗斯海船入级建造标准,共包括9级冰区加强船舶

---

① 根据《商业航行法》(The Merchant Marine Code of the Russian Federation)第5.1条规定,北方海航道的水域是指毗邻俄罗斯联邦北部海岸的水域,由其内水、领海、毗连区和专属经济区组成,东起与美国的海上划界线及其到杰日尼奥夫角的纬线,西至热拉尼亚角的经线,新地岛东海岸线和马托什金海峡、喀拉海峡和尤戈尔海峡西部边线。翻译自英文版,本文使用的法规英文版均来自 Northern Sea Route Information Office, http://www.arctic-lio.com/。

② Object of Activity and Functions of NSRA, http://www.nsra.ru/en/celi_funktsii/, Accessed on 18 Apr. 2016.

③ 具体报告要求详见2013年《北方海航道海域航行规则》(Rules of Navigation on the Water Area of the Northern Sea Route)第15~20条。

④ 时间表查考航行规则附件,也可从北方海航道管理局下的信息办公室网站中获取,http://www.arctic-lio.com/nsr_iceclasscriteria。

和3级破冰船。例如，冰级1~3级的船舶在北方海航道航行的期限为7月至11月15日，冰情较轻时，三个级别的船舶均可在上述海域独立航行或在破冰船协助下航行，在破冰船协助情况下，2级船舶可以在冰情中等时航行，3级船舶甚至可以在冰情较重时航行。在控制船源污染方面，俄罗斯禁止在北方海航道水域航行的船舶排放残油，要求船上配有与其动力和航程相匹配的收集残油的存储舱和废物存储舱，①且油污的排放须满足《防止船舶污染国际公约》针对特殊区域的标准。②

俄罗斯修改旧规则，要求在四大海峡航行的船舶必须申请破冰服务并交纳高昂费用，根据准入期间表，船舶可独立航行，③且服务费用建立在实际提供服务的基础上，考虑船舶吨位、级别、引航距离和航行时间等因素予以确定。破冰船提供协助的起止地点和时间点由船主和提供服务方协商确定，淡化了官方强制性色彩。总体上看，俄罗斯北方海航道管理局的新规定减少了旧规则的被诟病之处，规则和程序更加清晰和符合国际预期，有利于推动北方海航道乃至东北航道更大程度的开发利用。

**2. 西北航道**

西北航道争议由来已久，美国和加拿大先后发生过1969年"曼哈顿"号、1985年"极地海"号两次重要事件，为了和平处理两国在西北航道问题上的巨大分歧，1988年双方签订了《北极合作协议》，以暂时缓和激烈的通行矛盾。但协议明确声明相关国家实践不影响美、加两国的相关立场，从各自国家利益出发，双方很难达成妥协，而且这一双边协议并未体现其他国家的立场，因此从目前来看，西北航道的法律性质争议依然悬而未决，随着穿越西北航道船舶数量的增加，这个问题将难以回避。在搁置航道争议的情况下，加拿大依据《联合国海洋法公约》第234条"冰封区域条款"的特殊规定继续强化对其管辖海域的管辖，强制性要求过境船舶向交通管理部门

---

① 2013年《北方海航道海域航行规则》第65、61条。
② 刘惠荣、杨凡：《北极生态保护法律问题研究》，知识产权出版社，2010，第68~69页。
③ 张侠等：《从破冰船强制领航到许可证制度——俄罗斯北方海航道法律新变化分析》，《极地研究》第26卷第2期，第272页。

提供全面的航行报告。

尽管北极水域的内水地位在法理上尚存争议，但加拿大持续加强对北极水域的管控，环境保护成为加拿大扩张管辖权和确认主权权利的切入点。20世纪六七十年代世界各国领海主张仅为 3 海里时，加拿大即以北极水域环境脆弱，亟须给予特殊保护为由，通过《防止北极水域污染法》（Arctic Waters Pollution Prevention Act, AWPPA），单方面将环境管辖权扩展至领海基线起 100 海里的范围，规定了船舶排污标准以及设计、建造标准等，以保证北极水域的航行不会破坏脆弱的生态系统。不久后，加拿大通过在海洋法会议上的外交努力，成功将"北极例外"条款纳入公约，该条款为冰封区域沿海国的特殊环境管辖权提供了法律依据。

AWPPA 经历了几次修订，至今仍是加拿大防控北极水域污染方面最重要的法律，在此法案之下有两个主要的法规：《防止北极航行污染规定》（Arctic Shipping Pollution Prevention Regulations，ASPPR）和《防止北极水域污染规定》（Arctic Waters Pollution Prevention Regulations，AWPPR）①，这一系列的法律文件在北极海域确立了禁止废物排放、航行安全控制区及交通服务区三个核心管控制度。

（1）禁止废物排放制度

加拿大管控北极海域的范围与其主张的管辖海域范围吻合。《防止北极水域污染法》的适用范围"北极水域"在 1970 年被界定为加拿大陆地向海 100 海里的水域，2009 年加拿大将海域外界修订至 200 海里专属经济区外部界限，并明确了水域性质包含加拿大内水、领海和专属经济区。但在船舶种类方面，法案并未在适用范围上区分公务船舶和一般船舶，仅在航行安全控制区制度中对国外公务船做了局部的特别规定。

加拿大严格控制北极水域内船源和毗邻北极水域陆源废物的排放，原则上禁止船舶排放任何废物，违法要承担绝对的民事赔偿责任。法案对"船

---

① 加拿大国内法规除特别说明外，均采自加拿大司法部网站上提供的法规汇编，如 AWPPA 的文本见 http://laws-lois.justice.gc.ca/eng/acts/A-12/。

舶"和"废物"① 的界定非常宽泛,超越了相关国际公约的范围,2012 年出台的《船舶污染和危险化学品规定》禁止船舶排放油类和油混合物、垃圾以及用于制造生物杀毒剂的有机锡化合物等特定污染物,并明确列举了诸如救助生命、不可避免、最低限度等例外情况。② 为保证排污标准得到有效执行,加拿大授权的执法官员享有广泛的执法权,包括登临、检查、指示船舶停于指定地点等。

(2) 航行安全控制区制度

加拿大将其北极水域划分为 16 个航行安全控制区,进入各控制区的船舶须遵守加拿大规定的船舶建造标准、人员配备及航行时间等要求。安全控制区是依据海域冰情水文条件划分的,不同分区对通航船舶抗冰能力的要求不同,在此基础上,加拿大制定了不同级别船舶在北极海域通行的区域/时间系统(Zone/Date System)。根据时间表,破冰能力最强的加拿大极地级 10 级船舶可全年在所有区域航行,而适用于无冰水域航行的 E 类船舶则全年都不能进入冰情严重的 1~6 区航行。加拿大自 1996 年起又引入了北极冰区航行系统(AIRSS),③ 在个案判断基础上允许特定船舶在真实冰情合适的情况下于上述固定时间表以外的期间航行。

加拿大对进入航行安全控制区的船舶提出了较一般海域更高的建造标准,目前认可加拿大北极船舶分级体系和芬兰 - 瑞典冰级体系(又称波罗的海体系),其他评估标准下的冰级船舶只能在个案基础上进行等效性评估。为支持极地船舶统一标准的执行,加拿大对国际船级社协会 2007 年制定的极地级船舶统一标准做了临时性政策安排。④ 但相对于当前并行的多

---

① 参见《防止北极水域污染法》(Arctic Waters Pollution Prevention Act)第 4 条。
② Vessel Pollution and Dangerous Chemicals Regulations (SOR/2012 - 69) 第 4~5 条。
③ 关于该航行系统的一般介绍见加拿大交通部网站 http://www.tc.gc.ca/eng/marinesafety/debs - arctic - acts - regulations - airss - 291. htm,登录时间:2014 年 5 月 27 日。具体要求见手册 Arctic Ice Regime Shipping System (AIRSS) Standards - TP 12259。
④ 参见加拿大交通部发布的 Iacs Unified Requirements For Polar Class Ships Application in Canadian Arctic Waters (Bulletin No: 04/2009, 2009 - 08 - 18), http://www.tc.gc.ca/media/documents/marinesafety/ssb - 04 - 2009e. pdf。

个船舶等级体系,加拿大接受的船舶建造标准还十分有限。加拿大要求在某些情况下,船舶应在冰区导航员(qualified ice navigator)的协助下才能进入航行安全区,且冰区导航员需有至少 30 天在北极水域作业并担任船上负责人的经验。根据该条件,在西北航道主要深水航道 1 号航道①通航的船舶应当配备冰区导航员。

(3) 交通服务区制度

《加拿大航行法》建立了船舶交通服务区制度,要求进出或途经一个服务区的船舶必须事先申请通关,加拿大可以以"推动安全有效的航行或环境保护"为判断标准决定是否准许。该通关程序是交通服务管理制度的一部分,由海上通信和交通服务官员实施。2010 年《加拿大北方船舶交通服务区规定》出台后,自 1977 年起适用于加拿大北极海域的 NORDREG 交通系统从建议性指南变为强制性规则,在交通服务区内,通行船舶必须遵守提供航行报告、提交信息、保持无线电通信等要求。船舶在进入交通服务区前后及航行计划改变时均要提交相应的航行报告,内容涵盖船舶基本信息、所在位置、航速、线路、货物、机械设备情况等全方位信息。加拿大在北极海域建立的船舶交通服务区制度实际上融合了船舶报告系统和交通服务系统②两类航行安全系统,而国际海事组织对两类航行安全规则的制定出台了一般原则和指南,加拿大单边建立的北极海域交通管理系统受到了其他国家的质疑。

3. 中央航道

中央航道不经过任何国家的内水或领海,只有 188 海里的航段位于沿海国专属经济区,其余穿越北冰洋海盆的广阔海域均是公海,③ 在国家管辖范围之外的国际水域内,各国船舶均享有公海航行自由,不受沿海国国内法管

---

① 这里的航线划分采用加拿大学者法兰德的观点,见 Donat Pharand & Leonard H. Legault, *The Northwest Passage: Arctic Straits*, Martinus Nijhoff Publishers, 1984, pp. 6 - 21。
② 参见《国际海上人命安全公约》(SOLAS)第五章规则 11 船舶报告系统(Ship Reporting Systems)和规则 12 船舶交通服务(Vessel Traffic Services)。
③ Willy Ostreng et al., *Shipping in Arctic Waters: A Comparison of the Northeast, Northwest and Trans-Polar Passages*, Springer, 2013, pp. 30 - 31。

控,主要依赖船旗国执行有关船舶航行安全、环境保护等国际公约,此类公约中最重要的有《国际海上人命安全公约》(SOLAS)、《防止船舶污染国际公约》(MARPOL)以及《海员培训、发证和值班标准国际公约》(STCW)。除此之外,由国际海事组织制定的具有强制约束力、专门适用于北极海域航行活动的《极地水域操作船舶国际规则》(以下简称《极地规则》)将于2017年生效。《极地规则》全面规范了船舶设计、建造、装备、操作、培训、搜救及环境保护等相关事项。

## 二 开发利用北极航线的战略意义

受全球气候变化影响,东北航道和西北航道通行量都有显著增长,夏季穿行中央航道也被成功实践,北极航线通航前景明朗。其中东北航道商业运营已经开始,航行时间跨度已从两三个月延长到5个月(7月中旬到12月上旬)。2013年、2015年中远集团"永盛轮"两次穿越北极航道。可以说,北极航道作为连接亚欧交通新干线的雏形已经显现。中国应立足长远考虑,重视北极航线的开发利用对于21世纪海上丝绸之路和海洋强国建设的重要价值和意义。

### (一)搭建沟通亚欧的新通道

相对于南部马六甲-苏伊士航线来说,北极航道中的东北航道、中央航道能够为我国联络俄罗斯及东亚、北欧、西欧国家提供一条新的便捷通道。随着通航条件的改善,东北航线相对传统航线的经济成本优势会逐渐凸显。北极航线西北航道的通航条件虽然目前逊于东北航道,但伴随着北极冰融的加快,商业通航的可能性在不断增加。

从经济安全角度看,北极航线是21世纪海上丝绸之路非常重要的备选航线,是传统海上丝绸航线的良好补充。北极航线沿线国家政局相对稳定,矛盾冲突较少,更加安全稳定。北极航线的开发会改变国际海运的传统格局,打破一些国家(地区)对关键水道的垄断,竞争压力可有效促使海峡、运河管理国加强基础设施建设，改善通航条件，提高服务质量。把北极航线开发纳入 21 世纪海上丝绸之路建设范围，有利于我国优化海上通道地理空间格局，提高航运效率，增强安全保障。

### （二）降低海上航运成本

远洋航线的海运成本主要包括燃料费、港口费用、保险费、日常维护和保养费、船员成本、船舶折旧费用等。北极航道的海运成本，除上述费用外，在北冰洋海冰尚未完全融化的情况下，普通货船还可能产生租用破冰船领航和海冰冰情监测预报等北冰洋海区特有的服务费用。

从航程距离和航行时间看，北极航道的通航可大幅缩短中国沿海诸港到欧洲各港的里程。上海以北港口到欧洲西部、北海等港口具有的航程优势可达 11%～30%。从燃油使用看，传统中欧航线中，燃油成本占海运成本的 50% 以上，东北航道单航程的燃油成本比传统航道要节约 22.7%。[1] 由于不需要在苏伊士运河排队等候，燃料费用可进一步降低。从航运安全角度看，传统航线因海盗出没或政局动荡等不安全因素而导致保险费增加，占船总价值的 0.125%～0.2%。而北极航道商业通航不受海盗滋扰，不需投保海盗险。[2]

北极航行使用按照特殊标准建造的船舶，造船、租船费用比通航其他海域昂贵，此外还有破冰服务费等花费。北极航线得益于航程短的优势，在未来服务费降低、冰级船舶租赁费减少、通航期间扩展的情况下，比传统航线更能节省航运成本。如果北极航线完全开通，我国每年可以节省 533 亿～1274 亿美元的海运成本。[3]

---

[1] 冯远、寿建敏：《北极东北航道集装箱船型论证》，《特区经济》2014 年第 3 期，第 80 页。
[2] 王杰、范文博：《基于中欧航线的北极航道经济性分析》，《太平洋学报》2011 年第 4 期，第 76 页。
[3] 张侠、屠景芳等：《北极航线的海运经济潜力评估及其对我国经济发展的战略意义》，《中国软科学》2009 年第 S2 期，第 91 页。

表 1 北极航线与当前航线的比较

| 国家 | 代表性港口 | 当前航线<br>（1000 千米） | 北极航线<br>（1000 千米） |
|---|---|---|---|
| 加拿大 | 西岸:温哥华<br>东岸:哈利法克斯 | 14654（上海港到<br>东西岸的平均距离） | 11413 |
| 美国 | 西岸:洛杉矶<br>东岸:纽约 | 15012（同上） | 12393 |
| 希腊 | 比雷埃夫斯 | 14417 | 18840 |
| 挪威 | 卑尔根 | 20217 | 12730 |
| 丹麦 | 哥本哈根 | 20157 | 13870 |
| 英国 | 伦敦 | 19302 | 13750 |
| 法国 | 勒阿弗尔 | 19032 | 13990 |
| 德国 | 汉堡 | 19849 | 13580 |
| 意大利 | 热那亚 | 15362 | 18025 |
| 芬兰 | 赫尔基辛 | 21011 | 15540 |
| 西班牙 | 巴塞罗那 | 16255 | 17169 |
| 荷兰 | 鹿特丹 | 19416 | 14503 |
| 葡萄牙 | 里斯本 | 17429 | 15530 |
| 瑞典 | 哥德堡 | 20201 | 14231 |
| 比利时 | 安特卫普 | 19378 | 14533 |
| 冰岛 | 雷克雅未克 | 20431 | 13313 |
| 爱尔兰 | 都柏林 | 19092 | 14537 |

## （三）优化能源资源利用格局

刚刚起步的北极大陆架资源开发为我国开辟新的海外能源基地提供了机遇。据美国地质勘探局估算，世界未开发天然气的 30% 以及未开发石油的 13% 可能蕴藏在北极圈以北区域，且大部分在不足 500 米水深的近岸地区。其中天然气的储量是原油的 3 倍多，并主要集中在俄罗斯。[1] 此外，北极地区还拥有大量的铁、锰、金、镍、铜等矿产资源以及丰富的森林、

---

[1] Gautier DL et al., "Assessment of Undiscovered Oil and Gas in the Arctic", *Science*, 2009, 324 (5931): 1175–1179.

渔业资源，这一地区潜在的资源储量和资源的开发利用前景，进一步提升了北极地区在各国能源政治中的战略地位。除通过管道输送方式，北极航线可以为北极海上油气资源的运输提供一条安全的海上通道，为北极资源开发提供基本条件。

我国对能源资源需求巨大，石油、铁矿石等重要资源运输主要依靠海运，对马六甲海峡、霍尔木兹海峡等关键水道依赖度较高。北极资源蕴藏量丰富，以北极航线开发为基础，大力推进北极能源资源开发利用，有利于扩大我国能源资源供给，分散能源资源安全风险。

### （四）促进北极合作有效开展

经济合作是中国参与北极事务的有效方式。俄罗斯、加拿大、挪威、冰岛等国均有引进外来资本和技术开发北极的意愿。我国作为能源消费大国和北极航线潜在需求方，与北极国家有广泛的利益汇合点。参与航线开发建设和北极资源开发，既能促进我国与欧洲、北美的经贸合作，又能带动沿岸地区的经济社会发展。通过资金支持、技术合作和劳务输出等方式，积极参与北极航运和资源开发基础设施建设，带动临港产业园区和资源开发关联产业园区开发，建立灵活务实的合作经营模式，将有利于我国更好地参与北极治理，更好地维护和保障我国相关权益。

## 三 中国利用北极航道面临的挑战

中国作为北极事务的"重要利益攸关方"，已经通过多种渠道参与北极航运治理。中国是联合国安理会常任理事国、《联合国海洋法公约》的缔约国、国际海事组织的 A 级理事国和北极理事会的观察员国，上述国际制度为中国参与北极航运治理提供了重要的平台。目前在北极航运治理方面作用最为突出的是国际海事组织制定的北极航行规则，以及北极航道沿岸国家就北极地区海域航行制定的相关法律和政策。

## （一）冰封区域条款的特殊制约

根据《联合国海洋法公约》第234条（又称为"冰封区域条款"）的规定，北冰洋沿岸国有权制定和执行非歧视性的法律和规章，以防止、减少和控制船只在专属经济区范围内排污对海洋造成的污染。但法律和规章应适当顾及航行，并以现有最可靠的科学证据为基础，以保护和保全海洋环境、避免因海洋环境污染造成生态平衡的重大损害和无可挽救的扰乱为目的。加拿大和俄罗斯采取单边主义立场，制定一系列管控船舶污染和航行的国内法规，其依据就来源于此条款。这些航道管制的单边主义立场给中国参与北极航运治理带来了挑战。

但是，该条款的法律解释存在争议，适用的地理范围、冰封区域的界定以及适当顾及航行的要求等都有不确定性，加之其作为一般原则例外的特殊地位，容易造成实践中的扩张适用。例如，加拿大在建立北方交通服务区之初，曾经引发了国际海事组织内的讨论，美国及有关组织认为需要评估这一制度是否妨害了航行自由。[①] 随着北极海冰的消融，冰封区域条款应当有所限制，援引国家应当依据最新的科学成果，重新评估管辖海域是否满足冰封区域的条件，重新评估哪些规则和标准是必要的，是否适当顾及了航行，是否合理平衡了沿海国管辖权与其他国家的航行权等。

俄罗斯于2013年重新制定的《北方海航道水域航行规则》关于北方海航道属于国家历史性交通干线的立场没有改变，但对管辖范围则做了清晰化界定，与内水、领海及毗连区和200海里专属经济区水域范围相一致，消除了北方海航道可能延伸到公海的长期争议。将破冰船强制领航制度改为许可证制度，尤其是给出了具体的、可操作和可预期的独立航行许可条件，使得外国船只独立航行成为可能。仅要求在冰区航行的船舶无法

---

① United States and INTERTANKO, Northern Canada Vessel Traffic Services Zone Regulations, MSC 88/11/2, 22 September 2010. Report to the Maritime Safety Committee, IMO Doc. NAV 56/2, 31 August 2010. Report to the Maritime Safety Committee on its Eighty-Eight Session, IMO Doc. MSC 88/26/Add.1, Annex 28, 19 January 2011.

独立移动时，应通知北方海航道管理局以获得破冰服务。俄罗斯对北方海航道的法律规制朝着有利于北方海航道国际化的方向发展。由此可见，俄罗斯北方海航道政策出现了较大的松动，有进一步向国际海运界开放北方海航道的政策倾向，这也符合普京提出的北方海航道要与苏伊士运河形成竞争态势的目标。

### （二）海商法以及《极地规则》的规范指引

#### 1. 商业航运总成本分析

对于航行北极航道的船舶而言，除了须考虑通常远洋航线的海运成本，如燃料费、港口费用、保险费、日常维护和保养费、船员成本、船舶折旧费用等主要部分外，在北冰洋海冰尚未完全融化的情况下，普通货船还可能产生租用破冰船领航和海冰冰情监测预报等北冰洋海区特有的服务费用。

从航程距离和航行时间看，北极航道的通航可大幅缩短中国沿海诸港到欧洲各港的里程。[1] 考虑到船舶在中欧航线航行需挂靠港口，在北极航道则不需要，因此可进一步减少航行时间。超大型集装箱船因可直接通行北极航道，其海运成本可下降 10% ~ 18%。[2] 4050TEU、5029TEU、6200TEU、8650TEU 集装箱船舶通过东北航道的单位运输成本依次为 871.48 美元、891.971 美元、866.42 美元、768.27 美元，第六代集装箱船舶最适合在北极航道航行。[3]

从燃油使用看，传统中欧航线燃油成本占海运成本的 50% 以上，东北航道单航程的燃油成本比传统航道要节约 22.7%，可节省燃油费 673810 美元。[4] 一支配置 8 艘 10000TEU 单引擎集装箱船的亚欧航线船队，如在 9 月

---

[1] 参见"表 1 北极航线与当前航线的比较。"
[2] 王杰、范文博:《基于中欧航线的北极航道经济性分析》,《太平洋学报》2011 年第 4 期,第 19 卷第 4 期,第 74~75 页。
[3] 冯远、寿建敏:《北极东北航道集装箱船型论证》,《特区经济》2014 年第 3 期,第 80 页。
[4] 冯远、寿建敏:《北极东北航道集装箱船型论证》,《特区经济》2014 年第 3 期,第 80 页。

份使用东北航道，且不配备破冰船，每年将节约燃料成本 3%～5%，达 261 万～814 万美元。① 根据当前的亚欧航线新型集装箱运价和新船造价，该节约成本大致相当于 2000～6000TEU 的运输收入（从东亚到欧洲），或者 6～20 个月的船舶资本成本（按 20 年折旧、零残值计）。

从航运安全角度看，传统航线因海盗出没或政局动荡等不安全因素而导致保险费增加，占船总价值的 0.125%～0.2%。而北极航道商业通航不受海盗滋扰，船舶不需投保海盗险。②

但北极航道商运也存在一定的限制。据英国伦敦《劳埃士航运经济》报道，到 2040 年，北冰洋航道每逢夏季将大约有半个月时间适宜船舶通航，如果是普通货轮，则需要破冰船开道；而到冬季，北冰洋航道仍然将被厚达 3～4 米的冰层封闭。③ 因此，相较传统航线，使用北极航道需要支付额外的一些费用，如抗冰能力强的新船造价与较高的维护费用，而且需要支付破冰领航、海冰冰情监测和预报服务费。北极东北航道护航费用与苏伊士运河基本相当，为 10 美元/吨货物，而引航费用为每天 1000 美元/人。在冰级船舶造价维持不变的情况下，北极航道如果降低服务收费，将显示出对传统航线的竞争优势。如果传统航线的货运量持续增加，苏伊士运河和巴拿马运河的等待成本会进一步增加，这时北极航道的对比对象会变成航程更长的好望角航线，优势将更加明显。

就集装箱班轮运营而言，虽然北极航道通航时间已从 3 个月延长到 5 个月，但作为季节性航道，仍会有数月的运力闲置。此外，海冰分布和运动的不确定性，影响了对准时要求较高的班轮运营计划的制订，这可能是目前少有集装箱班轮试航北极航道的主要原因。如果冰级船舶建造技术获得突破或者运营线路设计得到优化，配合"海运碳税"征收政策的出台，北极航道

---

① 徐骅、尹志芳：《北冰洋东北航道夏季集装箱航运经济性研究》，《世界地理研究》2013 年第 3 期，第 16 页。
② 王杰：《基于中欧航线的北极航道经济性分析》，《太平洋学报》2011 年第 4 期，第 76 页。
③ Donat Pharand, "The Arctic Waters and the Northwest Passage: A Final Revisit," *Ocean Development and International Law*, 2007, 38 (1-2): 3-69.

集装箱班轮运输的劣势将得到弥补,届时对于传统航线的优势将迅速显现出来。

2. 商航适航性分析

各国海商法都规定,从事海上运输的承运人应当谨慎处理确保船舶适航。在货物运输的情况下,适航时间为开航之前和开航当时,而在旅客运输的情况下则为整个航程。适航是指船舶的一种状态,意味着船舶抵御风险的能力,具体表现为船舶的船体、船机在设计、结构、性能和状态等方面能够抵御合同约定的航次中通常出现的或者能合理预见的风险,而且应妥善配备船员和装备船舶等。

国际海事组织第 94 届海上安全委员会于 2014 年 11 月 21 日通过的《极地水域操作船舶国际规则》适用于所有极地水域航行的客船和 500 总吨及以上的极地船。所有停靠美国、加拿大和俄罗斯北极地区港口的船舶,以及通行北极的船舶将受《极地规则》约束。该规则就与两极水域船舶营运的船舶设计、建造、设备配备、操作、培训、搜索搜救以及环境保护事宜予以规定,对于船舶的质量与配备以及对船员的培训都提出了极高的要求。以下从适航的角度结合《极地规则》对北极商船航行可行性问题予以分析。

(1) 船舶的适航

根据《极地规则》的规定,所有极地船都应持有极地船舶证书(Polar Ship Certificate,PSC)和《极地水域操作手册》(Polar Water Operation Manual,PWOM)。详细的船舶操作条件,如冰情、气候和季节条件以及船舶操作限制等应在 PSC 或 PWOM 中予以明确。意图在南北极水域从事船舶营运者必须申领一份极地船舶证书。该证书将船舶分为三类:A 类为可在一年期中厚程度冰层的极地水域航行的船舶;B 类为除 A 类船舶外,可在一年期薄冰层的极地水域航行的船舶;C 类为旨在开放水域或在冰层条件不及 A、B 类程度的极地水域航行的船舶。只有持有《极地规则》要求的极地船舶证书的船舶才能进入极地水域操作。在极地航行的船舶应具有完整的结构,足以应对以下风险:一是船体与海冰碰撞引起的可预期的载荷,如船舶破冰载荷；二是船体可能遇到的意外的冰载荷，如大块坚硬浮冰的冲击、冰块在压载舱内坠落等；三是船体材料的低温脆裂。

目前北冰洋航道全年多数时间只适合有加厚船壳的抗冰货轮航行，而全球范围内此类货轮为数不多。当北极航道海面在某些时间段出现封冻而致普通船舶无法通航时，为保证安全，商船需要破冰船的引导，并且保持低速航行。而我国只有"雪龙"号科考破冰船可以进出北极冰区，该船只于1993年从乌克兰进口改造而成，是我国进行极地考察的唯一一艘功能齐全的破冰船。2013年、2015年两次穿越东北航道的中国商船"永盛轮"并非专为极地航行建造，而是在航行前采取了加固措施。因此，我国商船开发利用北极航道需要根据《极地规则》的要求，在船舶设计、建造和装备上予以加强，从而达到海商法针对海上运输所要求的"能够抵御合同约定的航次中通常出现的或者能合理预见的风险"的适航水平，否则承运人将对因船舶不适航而造成的货损或人身伤亡承担法律责任，这对于船舶公司而言是极为不利的。

就船舶设计而言，2014年6月，中华人民共和国工业和信息化部在其官方网站发布了2014年版《高技术船舶科研项目指南》，将极地船舶与设备研发专门单列一项，并针对极地油气资源开采以及北极航道开通对不同航线上货物运输的市场需求，提出通过开展高等级极地甲板运输船、极地原油运输船、极地多用途集装箱船船型研发及极地甲板机械的设计、制造技术研究，提升我国极地船舶和设备的自主研发能力。①

在船舶建造方面，2007年，青岛即墨马斯特造船有限公司获得了俄罗斯摩尔曼斯克海洋航运股份公司的6艘破冰干货船的订单。2011年11月15日，国家海洋局宣布中国拟自主建造第一艘极地考察破冰船。2013年7月，我国第一艘中外联合设计、国内建造的极地科考破冰船的设计建造工作进入实质性实施阶段，预计2015年投入使用。这些案例为我国自主制造破冰船提供了重要启示。未来可以将破冰功能植入油轮、货轮、客轮、LNG船上，以充分满足我国今后在北极地区的资源运输、货物运输、极地旅游等多方位

---

① 钟合：《北极航道"苏醒"，造船业前景如何？》，《观察》2014年第9期，第21页。

需求。

（2）船舶的装备

为保障船舶航行安全，航行人员需要海上气象信息、水文资料、海图等资源。在船舶航行时，必须确保可以获得沿岸必要的协助与支持，当遇到突发危险时可以寻找到安全的避难场所并获得及时的营救。就船舶装备而言，由于北极地区的海上交通设施数量少、绘制海图所需的资金数目大、天气海况的复杂多变等原因，目前北极地区的水道测量远没达到其他海域的覆盖范围和精度，有很大一部分水域没有合理探测。因此，北极地区绝大多数地区的海图现状无法满足目前和将来海上航行的需求。就导航定位设施而言，北极地区存在地磁暴现象，严重影响北冰洋冰区航行。除了 GPS 导航仪外，计程仪、磁罗经、雷达等其他辅助导航仪器在北极使用时存在很大限制；陆标定位、天文定位、无线电定位也有很大的困难；在北纬 75°以北地区，除铱星电话外，其余通信设备不能接收同步卫星的信号；航行区域也没有任何其他船舶供参考和识别。① 2009 年英国货轮"埃德蒙顿"号和 2010 年一艘加拿大油轮在北极航道搁浅的事故原因几乎都可以归结为地图上没有标识"搁浅风险"区域。②"雪龙"号破冰船在进行北极科学考察时使用的是从外国购买的海图，目前我国还没有编制出版北极地区的海图，这势必会影响到我国北极利益拓展的进程和成效。③

（3）船员的配备

极区水域地理位置偏远，水文、海洋、气象、冰河现象独特，在搜救、援助和疏散人员以及处理环境污染问题时会遇到严重的操作和后勤保障困难，所以在极区操作的船舶中，船长和高级船员需要具备特殊的培训经验和相关资格。

为此，《极地规则》要求船舶在冰区航行时配备冰区驾驶员，冰区驾驶

---

① 李振福等：《北极航线通航环境分析》，《港口经济》2012 年第 10 期，第 13 页。
② 刘萧、傅恒星：《北极航区："蜀道"之险》，《中国船检》2013 年第 4 期，第 72 页。
③ 李树军等：《编制北极地区航海图有关问题的探讨》，《海洋测绘》2012 年第 1 期，第 60 页。

员应具有能表明其合格地完成了冰区航行的培训课程的书面证明。该培训课程须提供在极地冰覆盖水域航行所需的知识和技能，包括对冰的形成和特点以及冰的运动的认知，对冰区分布图和电报码、冰情预报等的使用，冰区护航作业能力，对浮冰造成的船体应力、浮冰堆积对船舶稳定性影响的认知以及破冰作业能力等。STCW 对于冰区航行和航线设计提出强制培训要求。同时批准使用认可的训练模拟器来帮助冰区驾驶员达到训练的要求和标准。STCW 还要求相关船员进行规章制度的培训，特别是要学习环北极地区国家的一些特殊规定。对于冰区驾驶员要求具有在航行船舶或破冰船舶甲板上 30 天的值班经历以及另外的 20 天极地航行经历。而俄罗斯于 2013 年修订的《北方海航道水域航行规则》对船长在北极冰区航行经历的要求由原来的 15 天增加到了 3 个月。

《极地规则》对北极航行的船员提出了极高的要求，他们需要具备在极地海冰覆盖水域航行所需的基础知识和熟练技能。我国不仅极度缺乏具有极地航行技能和经验的船员，同时，针对航海人员进行的专门的极地航行专业培训也未成体系。虽然为满足 STCW 马尼拉修正案的新要求，并与国内履约法规相协调，我国交通运输部于 2013 年修订了《船员培训管理规则》，但并未针对极地航行设立特殊培训项目。因此，我国目前还没有冰区航行船员的培训标准，也未对冰区航行船舶的配员进行系统的研究。

3. 北极商航民事责任分析

从 2009 年欧盟 27 国对中国进出口主要商品构成来看，中欧间贸易货物多为适箱货，运营船舶也以集装箱船为主。另外，北极拥有非常丰富的自然资源，液化天然气有潜力成为大规模海运的货物。随着邮轮旅游业的迅猛发展，北极将成为中国公民旅游的热衷地。当船舶在北极发生航海事故导致人身伤亡和财产损失，特别是油污损害时，船舶所有人可能承担的赔偿责任的额度是我国船舶公司尤为关注的问题。

目前，国际海事组织有关船舶油污损害赔偿的国际公约有《1992 年国际油污损害民事责任公约》及其 2000 年议定书、《1992 年设立国际油污损害赔偿基金国际公约》及其 2000 年议定书和 2003 年补偿基金议定书、

《2001年船舶燃油污染损害民事责任公约》以及尚未生效的《1996年国际海上运输有毒有害物质损害责任和赔偿公约》及其2010年议定书。

在散装油类货物污染的损害赔偿方面，我国加入了《1992年国际油污损害民事责任公约》和《1992年设立国际油污损害赔偿基金国际公约》，但后者仅在香港地区适用。而环北极国家除美国外都加入了这两个公约，这些公约构成了船舶所有人民事赔偿责任的有效机制，对受害方提供双重甚至三重的保护。相比之下，因后一公约仅适用于我国香港地区，受损方不能得到充分的补偿，而船东要独自承担民事赔偿责任，这无论是对我国受害方还是船方都极为不利。

在燃油污染责任方面，北极八国中除美国适用其国内法《责任限制法》之外，其他国家都适用《〈1976年海事赔偿责任限制公约〉1996年议定书》所规定的责任限额，该限额远远高于我国《海商法》规定的额度。而且，根据《〈1976年海事赔偿责任限制公约〉1996年议定书》的要求，船东应投保强制责任保险或者提供相应的财务担保，否则，船舶不被允许进入环北极国港口。这会加重我国船舶所有人的经济负担。

在与海上旅客运输有关的人身伤亡和行李损害赔偿方面，俄罗斯与我国都加入了《1974年海上旅客及其行李运输雅典公约》（以下简称《雅典公约》）。加拿大虽然未加入相关国际公约或其议定书，但通过其国内法《海事责任法》使《雅典公约》及其1990年议定书在国内生效。美国有关海上邮轮旅游人身伤亡的准据法是《美国联邦海事法》。北欧五国中，除挪威加入《〈1974年海上旅客及其行李运输雅典公约〉2002年议定书》外，瑞典、芬兰、丹麦和冰岛都统一适用欧盟有关海上旅客人身伤亡和财产损害的法律，即《欧洲议会和欧盟理事会关于海上事故发生时承运人责任2009年第392号条例》，但实际效果是一样的。我国加入的公约在责任限额上比其他公约要低，且无强制责任保险的要求。这同样会使我国船舶所有人面临因未提供保险证书或财务担保而被禁止进入环北极国家港口的境地，影响我国船舶的顺利航行。

在海商法方面，美国属于环北极国家中比较特殊的国家。美国没有加入上述任何有关民事责任的国际公约,美国国内有关海上邮轮旅游人身伤亡的准据法是《美国联邦海事法》,有关油污的立法主要有《1990年油污染法》,该文件建立了美国国内船舶油污损害赔偿机制,使美国成为世界上船东责任限制最高、基金补充最多的国家。而在海事赔偿责任限制方面则适用《船东责任限制法》。该法明确规定,所有船主均可依据本法提起责任限制之诉,不考虑船主的国籍、航程出发地、目的地以及损害的发生地。此外,该法还规定,从事往返于美国和其他国家间运输的船主,不得以任何形式的协议和任何人约定有关海事损害赔偿责任的免除、责任限制的金额、损害的衡量等事项。

4. 北极沿岸国有关北极航行的国内立法

如前所述,北冰洋沿岸国有权根据"冰封区域条款"的规定制定和执行非歧视性的法律和规章。因此,我国商船在北极航行时,除了要遵守相关国际公约外,还要遵守沿岸国家制定的特殊法规和政策。

前文已对俄罗斯(包括苏联时期)规范极地航行的国内法做出了介绍,在此不再赘述。

2012年,加拿大交通运输部出台了全新的NORDREG制度,代替了30年前国内外船舶通过加拿大北极群岛时的自愿报告系统,如果未经许可的船舶在加拿大被发现处在NORDREG区域内,船舶将被滞留在加拿大挂靠港口。违反NORDREG的船舶,将面临大约10万美元的罚款或者禁航一年的处罚。

美国也有许多涉及极地水域的法律规定,包括《1980年综合环境反应、赔偿和责任法》《联邦水污染控制法》《泛阿拉斯加管道授权法》《港口和油轮安全法》《垃圾法》《海洋保护、研究和避难法》《防止船舶污染法》等。另外,位于北极的阿拉斯加州还有《阿拉斯加油类和危险物质污染控制法》以及《阿拉斯加自然环境保护法》。

## 四 我国开发利用北极航线的主要任务

加强对北极航线的开发利用,一方面要设定明确的战略目标和摆明基本立场，并以此为基础积极与北极航线沿线国家开展双边合作，发挥各类国际组织平台的作用；另一方面，要科学谋划与北极航线开发利用相关的航运、港口、能源产业发展布局，重视科学技术、产业开发、人才准备和机制建设，练好参与北极航线开发利用的"内功"。

### （一）创造良好的政治与政策环境

北极地区除航道、资源、科考价值外还具有重要的军事战略价值。近年来，美国、俄罗斯、丹麦不断在北极地区部署军事力量。加拿大、挪威在其北极政策和战略中都特别强调北极对其国家主权、领土、安全的意义，对当前气候变化引发的北极环境变化、人类活动增多、域外国家关注北极事务等现象持排斥态度。2008年，美国、俄罗斯、加拿大、挪威、丹麦（格陵兰）这5个北极沿岸国家签署了《伊卢利萨特宣言》，强调五国拥有在北冰洋大部分地区的主权、主权权利和管辖权，在应对北极面临的问题和挑战时具有特殊地位。中国作为当今世界上最具发展活力的国家之一，对北极问题的关注和参与在国际舆论上被认为是对北极国家的一种威胁，北极国家内部对中国对北极资源、航道的兴趣也很担心。鉴于此，我国应通过北极理事会等区域性合作组织加强与北极国家在北极问题上的政策交流，增强互信；需要做好北极陆地和海洋法律秩序、航道法律地位、航行权等国际法问题的研究，为未来可能的磋商谈判做好准备；加强航道和基础设施建设合作，以实现互利共赢，争取创造有利于我国商船通行北极的政策环境。

### （二）积极参与北极开发合作

围绕北极航道开发利用，中国与俄罗斯、挪威等沿岸国能够在基础设施建设、海洋科学研究、船舶建造、能源开发、气候变化等方面开展合作。根据"一带一路"的战略布局，我国东北地区将加强与俄远东地区陆海联运合作，推进构建北京-莫斯科欧亚高速运输走廊，建设向北开放的重要窗口。在沿线港口及相关基础设施建设方面，中国有在寒冷高原冻土地区建造铁路公路的经验，在合作建设北极航道补给港口及相应基础设施方面有特殊优势。在能源开发方面，俄罗斯正大力推进北极大陆架油气资源的勘探开发，需要大量资金和先进技术的支撑，正积极寻求国际合作，中国应当抓住机会，积极参与有关经济和技术合作。在气候变化和科学研究方面，中国与沿线国家和地区可以共同设立海冰和气候观测站。

### （三）提升极地船舶的制造技术

近年来，中国国内部分企业对北极航道通航及其所带来的机遇和挑战关注度有所提高，其中包括参与北极地区的能源资源的开发、拓展北极商业活动、发展北极旅游业以及北极航道商业性试航等。但是总体而言，较之环北极国家，当前中国适合于北极冰区航行的船只并不多，所进行的商业性活动以及试航等也处于探索阶段。我国已承接部分冰区船舶订单，同时还做了大型冰级船舶技术的预研开发。但是，我国冰区船舶的建造技术相当薄弱，从未涉及高等级冰区船舶制造，自破冰型运输船舶还处于技术空白。为此，我国有必要从材料制造加工、基础试验、船型设计和相关船用设备制造等关键技术方面展开研究，开展与芬兰等极地国家的技术交流与合作，充分借鉴国外先进的船舶设计理念、建造工艺和经验，确保我国极地船舶的质量和科技含量，为北极开发提供坚强的装备保障。

### （四）开展极地航行船员的专门培训

我国目前极度缺乏具有极地航行技能和经验的船员，对资质要求和培训的相关研究也非常落后，无法满足《极地规则》的要求。我国可以借鉴俄罗斯、加拿大、美国等国的极地船员培训经验，采取符合中国海运发展的极地航海员培养模式，并由专门机构编写极地航海教程和培训大纲，建立严格、系统的考核认证制度。此外，可组织相关专家通过理论研究或模拟实验甚至实船航行等途径深入研究海冰对船舶操纵、运动性能的影响，据此建立逼真的船舶模型，通过模拟器来提高船员的技能水平。

### （五）加强航道信息、航行资料的获取

我国有关北极航道的航行资料和信息匮乏，沿岸基础设施、交通服务不

完善。为了弥补航行信息上的缺陷，2014年9月，我国交通运输部海事局组织专家编撰《北极东北航道航行指南》，为计划航行北极东北航道的中国籍船舶提供海图、航线、海冰、气象等全方位航海保障服务。尽管如此，目前我国掌握的航行信息仍很有限，缺乏一手资料，西北航道海域的相关信息也很少，北极航道的海图大多掌握在沿岸国手中，并以高价出售给使用方。此外，海冰消融使得北极航道无冰期前后分布有大量浮冰、冰山等，需要实时动态观测并提供信息，因此我国除加大北极航道科学考察和研究的力度、广泛收集北极航道相关基础性数据外，还应注意与沿岸国开展北极海洋科学合作，建立比较完善的观测网，扩大信息共享，借助合作获取因地缘政治所限而难以获取的数据。

### （六）建立保险和基金等资金保障制度

从海商法角度看，我国利用北极航道从事商业运输，特别是油类货物和危险品运输以及海上邮轮旅游时，如果发生航海事故，航运公司要承担较大的赔偿责任，而且，如果没有投保强制责任保险或由相关机构出具财务担保，环北极沿岸国家会拒绝我国商船出入其港口。即使在海事责任限制方面，如船舶所有人意图限制自己的赔偿责任，也须先行设立责任限制基金，而该基金数额多数情况下是根据船舶吨位计算，而且北欧国家的赔偿限额都远远高于我国的规定。这对于航行于北极的我国船舶而言必然是一个很大的经济负担。因此，我国对于北极航行可能遭遇的海上风险应建立专门的保险制度，使得船东可通过保险来分摊风险，降低北极航运的成本。另外，可以借鉴美国、加拿大等国的基金模式，建立基金保障机制。

## 五　将北极航线开发利用纳入"21世纪海上丝绸之路"总体布局

受气候变化的影响，北极海冰季节性消融，北极航道通航前景明朗，而"一带一路"战略的实施恰好为我国协同沿线国家开发利用北极航道提供了良好机遇,我国可以将北极航线开发利用纳入"一带一路"战略中,丝路基金和亚投行的金融服务也完全可以覆盖北极航道的相关建设。

建设北极航线符合中国和沿岸国家的利益和需求,特别是开发贯穿亚欧大陆的东北航道,契合了"一带一路"建设的宗旨。以当前通航条件相对优越的东北航线为例,对航道沿岸国来说,航道通航能够带动沿岸国沿线港口及配套基础设施的建设,带动北极大陆架资源的开发和运输,促进亚欧大陆北方地区的发展。正是基于此种战略考虑,俄罗斯一方面积极推动北方海航道的国际通航,修订航行规则,使其更加规范化,力争增强与苏伊士运河等航道的竞争力;另一方面,还先后出台其远东和北极地区发展战略,作为国家复兴战略的重要组成部分。对中国等潜在的航道使用国来说,北极航道的开通能够缩短与西北欧贸易运输的航程,节约时间,分散南部航线的运输压力,海上通道选择多样化。韩国、日本也十分关注北极航线的开发利用,中、俄及相关国家共建东北航道具有良好的合作基础,能够形成东北亚地区乃至西欧、北欧的经济合作走廊,丰富和充实"一带一路"建设的布局和规划。

我国开发利用北极航道具有通航和资源双重价值,特别是在美国"重返亚太",乌克兰危机导致美、俄关系紧张的背景下,我国开辟北极航道具有特别意义。俄罗斯和加拿大两国分别扼守北极两大航道,要求通行船舶须遵守其国内法。美国对此提出过抗议,但并未对两国的航道管理产生实质性威胁,俄、加两国对其北极海域的管辖是北冰洋法律秩序的重要特点。美国、俄罗斯、加拿大是北极国家中的三个大国,但美国作为海上强国积极推进全球海上航行自由,其利益与作为北极沿岸国的俄罗斯、加拿大以及挪威等国有较大差异,几种力量在北极地区形成一种相对平衡,尽管有军事力量存在,但目前北极国家间的合作以及科学、环境等领域的国际合作仍是主流趋势。由于两条北极航道主要分布在沿岸国家的管辖海域范围内,我国与沿岸国家开展北极航道共建不会受到美国势力过多的影响,也能一定程度上削弱美国对传统海上通道的控制。

围绕北极航道的开发利用,中国与俄罗斯、挪威等沿岸国能够在基础设施建设、海洋科学研究、船舶建造、能源开发、气候变化等方面开展合作。根据"一带一路"的战略布局,我国东北地区将加强与俄远东地区陆海联运合作,推进构建北京－莫斯科欧亚高速运输走廊,建设向北开放的重要窗口。在沿线港口及相关基础设施建设方面,2014年5月,吉林省与俄罗斯最大的港口运营商苏玛集团签订了合作建设扎鲁比诺万能海港框架协议,这正是构建东北亚陆海联运通道的重要措施,有利于推进东北亚区域合作的通道建设,催生密切区域贸易联系的海上丝绸之路。① 中国有在寒冷高原冻土地区建造铁路公路的经验,在合作建设北极航道补给港口及相应基础设施方面有特殊优势。在能源开发方面,俄罗斯正大力推进北极大陆架油气资源的勘探开发,需要大量资金和先进技术的支撑,正积极寻求国际合作,2013年中石油集团入股了俄罗斯亚马尔半岛的天然气项目,将东亚市场与俄罗斯能源基地有效对接。北极航道的开通还会带动造船和航运业的发展,韩国大宇造船厂于2014年率先拿到用于俄罗斯亚马尔项目的破冰液化天然气运输船订单(总额达28亿美元),目前这种破冰运输船技术只有韩国公司掌握。② 在气候变化和科学研究方面,中国与沿线国家和地区可以共同设立海冰和气候观测站。

将北极航线纳入"21世纪海上丝绸之路"整体规划,需要做好以下方面的基础工作。

### (一)加强对北极航线之于"一带一路"建设的战略意义研究

北极航线对于"一带一路"建设具有何种意义?从战略学的角度说,就是北极航线对于中国有哪些战略价值,这些价值对于作为新兴经济体的中国而言是"锦上添花"还是"雪中送炭",有必要尽快开展研究。

中国的北极航线战略价值的评估,首先要具有国际视野,采取比较

---

① 《中俄将总投资30亿美元共建东北亚最大港口》,新浪网,http://news.sina.com.cn/c/2014-10-13/142430981332.shtml,登录时间:2015年12月10日。
② 《中石油参股俄罗斯北极注气田 韩造船业抢先切蛋糕》,观察者网,http://www.guancha.cn/economy/2014_07_14_246642.shtml,登录时间:2015年12月10日。

研究的方法，从参与北极航线考察、利用和治理的不同层面主体——航线沿岸国、北极域内其他国家、欧盟、近北极国家、其他北极域外国家出发，评估其战略价值，进而作为后一步战略环境分析的重要依据，这也是打开中国战略思路的研究。我们要准确评估北极航线对中国的战略价值，主要包括资源与能源、航运与贸易、政治与外交、军事与国家安全等方面。

## （二）认真研判中国北极航线战略的法律基础及战略空间

要明确中国拟定和实施北极航线战略的法律基础，分析中国参与北极航线开发利用和治理过程的战略环境，从而界定中国北极航线在"一带一路"建设中的战略空间。要认真研判开发利用北极航线对于中国的战略价值，研判可能获得战略价值的时间表及其获得方式。

解决上述问题的关键，首要在于明确中国参与北极航线事务、开发利用北极航线的法律依据。对于法律基础而言，应首先分析《联合国海洋法公约》及国际海事组织为维护海洋环境安全、船员安全及航行安全制定的条约及软法性指南，以及航运利益相关国家德国、挪威和美国的立场。研究围绕新的"极地冰区航行法规"展开的幕后外交谈判，探讨鹿特丹规则在北极航运的适用问题。其次，全面研判俄、加两国北极航道控制的国内法的合法性依据，研究欧美国家对于俄、加两国北极航道内水化主张的反应和立场。研究俄、加两国的北极航运政策和法规所确立的航运管理制度之异同，分析其与国际公约之间的冲突。最后，基于上述研究，全面分析中国参与北极航线的法律环境，论证中国开展北极航运、参与北极航运治理的法理根据，研究范围须涵盖商业船舶、国家公务船舶和游船等不同类型船舶的北极航行法律制度，为我国采取多种方式参与北极航运保驾护航。

关于北极航线开发利用的战略空间研究，首先要比较研究各行为体北极战略与北极航线子战略及其对于北极航线战略环境的影响；其次，分析区域和国际层面上北极航线治理的基本情况及其走向；再次，对中国参与北极航线利用和治理的现状和能力进行分析；最后，明确提出开发利用北极航线在

"一带一路"建设中的近期和远期战略空间规划，包括可以主张的战略利益和基本的实现路径。

### （三）做好开发利用北极航线的战略准备

包括两个方面，一是国际参与战略，包括三个层面，首先是单边层面，即中国的战略目标的确立以及基本战略立场，这一战略立场是在海洋强国战略总体框架基础上确立的；其次是双边层面，即中国与北极航线沿岸国家、北极域内国家、原住民组织及北极航线国际事务重要参与国的合作战略；最后是多边层面，主要是指中国参与各类国际组织平台（包括但不限于北极理事会、国际海事组织及各类国际组织）的基本战略。二是科学谋划国内与北极航线开发利用相关的航运、港口、能源行业发展布局，培育海洋战略性新兴产业，尤其是我国东北地区乃至北方沿海地区的经济、贸易等产业布局。

# 《极地规则》的生效与北极航道沿岸国法律规制发展

白佳玉　李俊瑶*

北极地区在航行、资源等方面具有巨大的开发潜力，特殊的地理位置与环境使得北极拥有丰富的自然资源，包括水资源、太阳能、风能、矿产资源等，除富饶的自然资源外，北极航道资源也备受瞩目。北极海域连接欧亚大陆与北美大陆，若能充分利用，将极大缩短海上航程，节省航行成本，航运的发展也有助于北极资源的开发和利用。随着全球变暖，北极海冰逐渐消融，北极航线作为重要海上运输通道的开通已成为现实。北极独特的地理环境带来丰富自然资源的同时，也使航行等活动面临特殊困境。在北极地区航行须注意保护北极脆弱的海洋环境，也应防范由北极恶劣航行环境导致的航行风险。国际海事组织致力于维护极区的船舶安全和生态环境，耗费数年制定专门规范冰区航行活动的准则，通过国际社会的共同努力，国际海事组织积极推进《极地水域船舶航行国际准则》（以下简称《极地规则》）的制定。2014 年 11 月，具有强制效力的《极地规则》在国际海事组织海事安全委员会第 94 届会议上通过，并将于 2017 年 1 月 1 日正式生效，届时《极地规则》将作为极区海上航行的准则予以强制实施。值得注意的是，北极周边国家国内法由于《联合国海洋法公约》（UNCLOS）第 234 条的授权，仍在北极相关水域适用。《联合国海洋法公约》为海洋活动提供了基本的法律框架，具有普遍适用性，其与新通过的

---

\* 白佳玉，女，博士，中国海洋大学法政学院副教授；李俊瑶，女，中国海洋大学法政学院国际法专业 2013 级硕士研究生。

《极地规则》将共同作用于北极。如何协调二者的关系，使《极地规则》与《联合国海洋法公约》"冰封条款"良性互动，并进一步影响北极国家国内法，值得深入探讨。

# 一 《极地规则》的生效

伴随极地航行和商业开发活动的增多，制定完善的极地航行安全和防污标准是国际海事组织迫切需要解决的问题。《极地规则》从讨论到通过历经十余载，经历了从建议性指南到具有强制力的规则的演变，其最终生效标志着北极航行治理的科学国际标准已逐步形成。

## （一）《极地规则》诞生的背景

极地气候的恶劣和环境的脆弱，对该地区近乎空白的船舶航行管理提出了更高的要求，加之北极域内国家国内法对航行的规定较为零散和严苛，因此，国际社会对出台统一的极区航行准则的呼吁越发高涨。

### 1. 航行环境的恶劣

虽然全球变暖使得北极海冰融化，有利于北极海域船舶的通行，但部分海域冰层仍较厚，且有巨大的冰盖、冰山、浮冰及一些固定冰，北极海域海冰密集度较高，阻碍了船舶的正常通行。[①] 北极海域地处高纬度地区，具有超低温、强风暴、极光、极夜等特殊环境现象，对海上航行提出了较大的挑战，太阳风、磁暴等也会对导航系统产生干扰，不利于船舶的安全航行。[②] 另外，北极航线是新开辟的水上航线，海员的航行经验较少，相关航行信息匮乏，这给船舶的北极之行带来较大困难。北极的特殊环境对安全航行造成

---

① 李振福、闫力、徐梦俏：《北极航线通航环境评价》，《计算机工程与应用》2013年第1期，第250页。

② 李振福、闫力、徐梦俏：《北极航线通航环境评价》，《计算机工程与应用》2013年第1期，第250页。王会平、汪振华：《北冰洋航线通航与航海保障体系》，《水运管理》2012年第11期，第5页。

困难的同时,也对环保提出更高要求。由于北极冰的覆盖,以及超低温的大气环境,海水的降解和自我清洁能力较弱,一旦发生溢油等海上污染,后续清污工作成本高且较难推行,严重威胁北极脆弱的生态环境。综上所述,北极的特殊自然环境使得北极航行面临安全和环保的双重挑战,从而对船舶航行北极海域在建造、设计、操作与人员等方面提出了较高要求,亟须出台一个综合性的航行标准予以指导。

2. 航行管理规则的碎片化

在《极地规则》通过之前,国际海事组织已在《联合国海洋法公约》、《国际海上人命安全公约》(SOLAS)、《防止船舶造成污染国际公约》(MARPOL)、《海员培训、发证和值班标准国际公约》(STCW)等公约框架下,制定了许多适用于极地航行船舶的相关要求、规则和建议案,包括《完整稳性规则》《寒冷水域求生指南》《偏远区域操作客船的搜救指南》《偏远区域操作客船的航次策划指南》等,但随着北极航线的发展和航行环境的变化,相关文件并不足以应对航行中出现的风险,且这类规则和指南较为零散,适用不便。① 除国际海事组织通过的航行准则在北极水域发挥作用外,北极理事会作为专门处理北极事务的组织也制定了诸多适用于北极航行的区域性协定,如具有法律约束力的《北极搜救协定》和《北极海洋石油污染预防与应对合作协议》。由于《联合国海洋法公约》第234条的授权,北极航道沿岸国家也出台国内法以进行冰封水域环境治理,其中加拿大和俄罗斯相继颁布了管制过往船只的国内法规范,如加拿大1971年《北极水域污染防治法》、俄罗斯修订颁布的《北方海航道水域航行规则》。加拿大和俄罗斯的国内法规范涵盖范围较广,包括北极水域航行的环保、安全、救助、引航费用等多方面。由此,在北极水域适用的航行治理规则包括国际海事组织、北极理事会通过的强制适用规范以及北极国家的国内法,各船旗国船舶于此区域航行需要遵循不同的规则和要求,易导致国际社会的持续不满,进而对北极航线的开辟利用造成限制,《极地规则》的适用效果也将受

---

① 钟晨康:《极地规则进展》,《中国远洋航务》2014年第4期,第64页。

到影响。由此足见，针对北极航线出台一个广泛认同和统一的航行安全及环保标准具有重大意义。

### （二）《极地规则》的发展历程

《极地规则》的商讨和通过历时十余载，囿于北极复杂的国际形势与利益冲突，其中也经历了搁置的阶段。该历程凸显了国际海事组织成员国促成《极地规则》的决心和意见的分歧。

1.《极地规则》的历史发展脉络

由于《极地规则》涉及的内容较为宽泛复杂，触及诸多船旗国和北极航道沿岸国的利益，因此《极地规则》的制定过程较为漫长。国际海事组织针对航行和环保的内容进行了多次会议讨论，以求达到顾及各方利益的平衡效果。

国际海事组织下设机构海上安全委员会承担了制定冰区航行规则的重任，综合各专家的讨论意见，2002年，海上安全委员会颁布了《北极冰覆盖水域船舶航行指南》，在统一管治北极水域的进程中迈出了坚实的一步。[1] 随着《北极冰区水域航行指南》的出台，将南极水域引入航行指南的声音不断。[2] 国际海事组织开始着手制定统一适用于极地水域的航行规范。2008年，国际海事组织大会通过《极地水域船舶航行指南》，作为非强制性指南施行。[3] 该指南作为大会决议，相较先前的通函形式指南更具影响力，但指南的"软法"性质使其仅有指导意义，缺乏足够的约束力，实施效果不佳。2009年，国际海事组织海上安全委员会第86届会议提议商讨拟定强制性的《极地规则》，代表们一致同意在南极和北极采用适当相异的举措。2010～2014年，经过国际海事组织设计与设备分委会、海洋安全委员会和海洋环境保护委员会多次会议的缜密讨论，《极地规则》基本成形，内容大致确

---

[1] IMO doc. MSC/Circ. 1056 and MEPC/Circ. 399, 22 December 2002.

[2] 白佳玉：《北极航道利用的国际法问题探究》，《中国海洋大学学报》（社会科学版）2012年第6期，第6~11页。

[3] IMO Resolution A. 1024 (26).

定。《极地规则》突破性地采用基于风险的原则和目标功能型（Goal-based Standards）方法来编制相关具体条款，在整体上依照"目标确定—功能性要求—描述性条款"的结构进行编排。

2. 《极地规则》的强制生效

经过漫长的历史发展和具"软法"性质的指南试水，《极地规则》经历了适用范围从冰区到极地、从北极到南极，性质从导则到规则的历程。① 具有法律约束力的《极地规则》的安全和环保部分分别在海事安全委员会第86届会议与海洋环境保护委员会第68届会议上通过，内容涵盖了在极区水域航行船舶的设计、建造、配备、操作、培训、搜救和环保等事项。

（1）《极地规则》强制生效方式

2012年2月，国际海事组织海洋环境保护委员会第63次会议通过决议，表示《极地规则》仅在《国际海事组织公约》中制定关于极地船舶的要求以弥补《国际海上人命安全公约》或《防止船舶造成污染国际公约》等公约在该领域的空缺，会议中一致同意《极地规则》的生效方式为通过修订现有的 SOLAS、MARPOL 以实现强制实施。通常一部国际海事公约制定后，为满足批准条约的国家数及其代表的世界航运业吨位数的要件，需要较长的生效时间，使得公约无法如期推行。《极地规则》适用默示接受程序，以 SOLAS 和 MARPOL 修正案的形式生效，利于更有效地实现其强制效力，加速其生效步伐。

（2）《极地规则》的适用范围

《极地规则》适用范围问题一直是利害关系国关注的重点，为此也有过不少争论。为减少适用的争议，国际海事组织通过新增的 SOLAS 和 MARPOL 修正案明确了《极地规则》适用的地理范围。《极地规则》在极地水域发生效力，包括南极区域和北极水域。南极区域系指南纬60°以南的海域，北极水域的界定为规定的一系列连线以北区域，其中北极大部分水域均

---

① 孟宪海：《船舶规则规范参考》，国防工业出版社，2012，第182~192页。

在此连线区域内，包括格陵兰岛、加拿大、俄罗斯等北极沿岸水域。[①] 由此，《极地规则》适用于大部分极区水域，包括冰封水域和正常水域，与其他在北极相关水域发挥效力的国际海事法规、北极国内法相互补充，维护北极水域航行的安全。

（3）《极地规则》的规范对象

2012年，国际海事组织船舶设计与设备分委会（DE）第56届会议探讨并解决了外界关注的《极地规则》适用对象问题，决定将《极地规则》的实施分为两个阶段，在第一阶段仅约束SOLAS调整的客船和货船，至第二阶段拓展适用于渔船等其他类型的船舶。在最新通过的MARPOL和SOLAS修正案中，规定《极地规则》适用于MARPOL各相关附则下所规定适用的船舶，在SOLAS下的适用对象为2017年1月1日及以后建造的所有在极地水域航行的客船和500GT及以上的货船，在2017年1月1日以前建造的船舶，应在2018年1月1日后第一次换证检验时符合《极地规则》的要求。《极地规则》不适用于缔约国政府拥有或营运的，以及仅用于非商业服务的政府船舶，但鼓励该类船舶在合理和可行的范围内符合规则的要求。因此，除满足特殊条件的政府船舶享有适用豁免外，其余在极地水域航行的船舶均应遵从《极地规则》的安全以及环保标准。

## 二 《极地规则》与《联合国海洋法公约》第234条的互动和补充

作为规范人类海洋行为的全球性法律文件，《联合国海洋法公约》（以下

---

[①] SOLAS新增第XIV章第1条、MARPOL附则修正案新增第10章第21条规定北极水域系指位于下述连线以北的水域：从58°00′.0N和042°00′.0W延伸至64°37′.0N和035°27′.0的连线，再经一恒向线延伸至67°03′.9N和026°33′.4W，再经一恒向线延伸至70°49′.56N和008°59′.61W（扬马延岛），并经由扬马延岛南岸延伸至73°31′.6N和019°01′.0E的熊岛，再经一大圆线从熊岛延伸至68°38′.29N和043°23′.08E（卡熊），再经由亚洲大陆北岸向东延伸至白令海峡，再从白令海峡向西延伸至北纬60°直到伊利佩尔斯基，并沿北纬60°向东延伸至并包括埃托林海峡，再经由北美大陆北岸向南延伸至60°N，再向东沿北纬60°平行线延伸至西经56°37′.1，再延伸至58°00′.0N和042°00′.0W。

简称《公约》）是适用于北冰洋的最基本条约法，为国家间的海洋冲突与争端提供了解决机制，是解决北极问题主要的国际法律框架，受到包括北极国家在内的公约成员国的认可。《公约》第234条是专门针对冰封区域的条款，适用于北极区域，其他国际组织包括国际海事组织制定的海事法规须遵循《公约》的基本精神，不应与其相冲突。值得注意的是，《公约》第234条仅是几个大国间博弈的产物，内容较为笼统，各国对其文本的理解存有争议。《极地规则》是国际海事组织制定的针对北极区域的航行规范，该规则的出台将对先前含义模糊且具有适用争议的"冰封区域条款"起到一定的补充和引导作用。

### （一）《公约》第234条与《极地规则》的互动

1982年，在第三次海洋法会议上制定的《联合国海洋法公约》被称为"海洋宪章"，它综合性地规定了各类海洋问题，确立了航行自由、公平利用海洋及资源和海洋环境保护与可持续发展的原则，其他海事法规均须遵循该原则。[①] 在《极地规则》的讨论过程中，中国、俄罗斯、加拿大等航运大国均表示规则的制定不应与《公约》的基本原则相违背，须在《公约》的指导下制定相应的具体要求和标准。

#### 1. 国际海事组织和《公约》的关系

国际海事组织是联合国下设的主要负责海运安全和海洋污染预防的机构，自1948年成立以来一直致力于维护海上航行安全和防止船舶造成海洋污染。国际海事组织的海上立法实践远早于《公约》的出台，其积极参与了《公约》的制定过程，为《公约》的形成并使其与国际海事组织制定的公约间保持一致做出了重要贡献。《公约》被公认为规范全球海洋制度的总法，涵盖了海上航行、海洋环境保护等制度的一般原则，其中大多数条款的内容为综合性的，需要通过其他国际公约中具体的、可操作的规定来执行。[②]

---

① The Corfu Channel Case (United Kingdom of Great Britain and Northern Ireland—Albania), 1949 I. C. J. Rep., p. 4.
② IMO第2456号通函：《〈联合国海洋法公约〉与国际海事组织工作的关系》，唐国梅编译，大连海事大学出版社，2004，第9~10页。

这种特征在《公约》中具体表现为要求缔约国"考虑"、"符合"或"实施"由"主管国际组织"制定的相关国际规定和要求，其中"主管国际组织"即指负责海上航运安全的国际海事组织。① 总之，国际海事组织和《公约》存在的潜在重叠或冲突已基本被避免，《公约》为国际海事公约或协定的制定和实施提供了基本原则和综合框架，国际海事组织也通过具体公约的制定和实践来进一步确保《公约》的根本宗旨和目标得以实现。出台《极地规则》是国际海事组织为更好地保护极区海洋环境所做的努力，体现了《公约》第234条保全冰区海洋环境的决心。

2.《极地规则》与《公约》第234条冲突的避免

在航行安全方面，《公约》规定了船旗国的义务，要求船旗国应依据"一般接受的国际规则、程序和惯例"对悬挂该国旗帜的船舶的构造、装备、人员等采取必要的措施；在海洋环境保护方面，《公约》要求各国与主管国际组织进行合作，拟定防止、减少和控制海洋环境污染的规则。② 国际海事组织制定的公约中，考虑其广泛接受性，《国际海上人命安全公约》《海员培训、发证和值班标准国际公约》《防止船舶造成污染国际公约》等可被视为一般接受的国际规章以及具备科学性的国际标准。该类国际公约的内容具化了《公约》的相关标准和要求，并通过特殊条款明确了对《公约》的执行，如 MARPOL 第9条第2款、STCW 第5条第4款等的规定。这些条款指出不会影响《公约》的编撰和日后发展，也不会损害任何国家目前和今后根据海洋法以及沿海国和船旗国的管辖权的性质和范围所提出的要求和法律上的意见。

---

① 相关条款参照《联合国海洋法公约》第21、22、60、80、94、210、211、219条等条款的规定，如第60条指出，人工岛屿、设施或结构的建造，关确保航行安全，应考虑到主管国际组织在这方面制定的任何为一般所接受的国际标准，其中"主管国际组织"即为主管海上航运安全和海洋环境保护的国际海事组织。第94条规定了船旗国的基本义务，其中要求船旗国采取措施以保证海上安全应符合"一般接受的国际规则、程序和惯例"，该类公约便为国际海事组织为保证海上航运安全制定的具有广泛接受性的海事公约。

② 参见《联合国海洋法公约》第94、201条的规定。

《极地规则》是国际海事组织制定的用以规范极地水域船舶航行活动的规范，通过 MARPOL、SOLAS、STCW 等公约的修正案形式生效，也必然不会与《公约》的精神相违背。《公约》海洋环境保护和保全部分的第 234 条是专门的"北极条款"，提出了北极海运治理的框架问题，该条款赋予沿海国为防治专属经济区内冰封区域的海洋污染而制定法律和规章的权利。①《公约》第 234 条允许北极航道沿岸国制定国内法以保护海洋环境，为《极地规则》的形成奠定了基础，这些法规的协调整合逐渐形成了统一的《极地规则》。《极地规则》约束和规范的对象主要是船旗国，不影响沿海国享有的权利，与第 234 条并不冲突。此外，《极地规则》制定之初被视为国际海事组织对于实践第 234 条的努力，讨论过程中也以不影响《公约》的实施为原则。在 SOLAS 新增的第 14 章第 2 条适用范围中也明确规定该章的任何内容均不得损害各国根据国际法所具有的权利或义务。②

由上述分析可见，《公约》第 234 条明确了冰区管理的目标，国际海事组织制定的公约，包括《极地规则》均须在此指导下运作。《极地规则》的确立过程以不违背《公约》精神为原则，并通过特殊条款保证不损害其他国家依据《公约》享有的权利，以具体的安全和环保措施补充《公约》的一般性规定，保障《公约》目标的实现，以实现二者的良性互动。

### （二）《极地规则》对《公约》第234条的补充作用

冰封区域船源污染防治制度源于加拿大。为加强对西北航道的控制，预防海洋污染，加拿大于 1970 年通过了《北极水域污染防治法》，试图制定加拿大的环境标准，以此来约束途经西北航道的船舶。为得到广泛的认

---

① 杨瑛：《〈联合国海洋法公约〉对北极事务的影响》，《太原理工大学学报》（社会科学版）2014 年第 6 期，第 44 页。《联合国海洋法公约》第 234 条规定："沿海国有权制定和执行非歧视性的法律和规章，以防止、减少和控制船只在专属经济区范围内冰封区域对海洋的污染，这种区域内的特别严寒气候和一年中大部分时候冰封的情形对航行造成障碍或特别危险，而且海洋环境污染可能对生态平衡造成重大的损害或无可挽救的扰乱。这种法律和规章应当顾及航行和以现有最可靠的科学证据为基础对海洋环境的保护和保全。"

② MSC 94/21/Add. 1.

可，加拿大在第三次联合国海洋法会议中极力推销其环境标准，以功能主义论调宣传，并得到一定支持，但会议最终将保护范围缩小至"冰封区域"，最终形成了《公约》第 234 条，被归入海洋环境保护和保全部分中。① 该条款以较为缓和的"保护北极脆弱的生态环境"为契机，有利于促进国际合作，提供了解决争议的良好途径，也为防治北极船舶污染提供了法律依据。但其内容较为模糊和笼统，过于原则性的规定使得条款的执行效力大打折扣，也引发了北极各国与其他航运国在解释和适用方面的争议。

1. 应然状况下《极地规则》的补充作用

《极地规则》与《公约》并不冲突，可得到广泛的接受，其适用范围为极地水域，可作为《公约》第 234 条的补充，帮助解释具有歧义的"冰封条款"内容，进而改善第 234 条的适用情况。

（1）《公约》第 234 条存有的歧义

通过对第 234 条的文本分析，基于其较为模糊的定义，北极航道沿岸国与其他船旗国就条款的解释和适用存有争议，主要集中在该条款的适用范围、沿岸国据此享有的权利与所受限制等方面。

① 适用范围

《公约》第 234 条赋予沿海国制定法律和规章的权利，以防止船舶在其专属经济区范围内冰封区域对海洋造成污染，但未对"冰封区域"进行明确定义，造成适用范围的不明。通过对条文的解读，仅能得知此处的"冰封区域"至少应具备两大特点：一是在该区域内特别严寒气候和一年中大部分时候冰封的情形对航行造成障碍或特别危险；二是"海洋环境污染可能对生态平衡造成重大的损害或无可挽救的扰乱"。然而这些特点也不足以界定冰封区域的范围，"一年中大部分时候"是否区分冰期和无冰期未有明确解释，致使各国对该条款存有不同理解。此外，该条规定的"专属经济

---

① 刘惠荣、李静：《论〈联合国海洋法公约〉第 234 条在北极海洋环境保护中的适用》，《中国海洋大学学报》（社会科学版）2010 年第 4 期，第 10 页。

区内的冰封区域"的适用范围仅限于专属经济区抑或包含领海在内，北极沿海国与各航运国也持有不同的意见。①

② 沿海国的权利与所受限制

《公约》第234条赋予沿海国制定和执行法律及规章的权利，同时也对该权利的行使进行了一定限制，包括要求沿海国应以防治在专属经济区内冰封区域的船源污染为目的、法律和规章应以现有最可靠的科学证据为基础、沿海国应制定非歧视性的规章并适当估计航行。然而在实践中，北极航道沿岸国和其他北极航运利害关系国对此的理解存有较大的争议，主要体现在以下几点。

第一，第234条允许沿海国制定法律和规章，以保护海洋环境，防止和控制船只在冰封区域内造成海洋污染。此类法律和规章是否仅限于海上环境保护的内容，而不包含船舶航行安全的规制？

第二，沿海国制定法律和规章时应适当顾及航行。这种"适当顾及"是否意味着沿海国在制定相关法规时，应注意不得侵害其他沿海国依据海洋法享有的在专属经济区内的正当通行权？

第三，沿海国制定的法律和规章应以现有最可靠的科学证据为基础。应如何理解这种"现有最可靠的科学证据"以更好地规范沿海国颁行的法规？

（2）《极地规则》对《公约》第234条的解释作用

如上所述，《公约》第234条内容的歧义使各国对该条款意见不一，导致了法律的不确定性，国际海事组织新通过的《极地规则》专门适用于南北极水域，可一定程度上帮助解释第234条，有利于更为科学地理解该条款。

① 航行安全内容的涵盖

第234条属于《公约》海洋环境保护和保全部分，规定沿海国制定法规的目的在于防治船源污染，对此有人指出沿海国法律或规章应仅限于防止污染的内容，而不应包含船只安全的全面管理。但北极由于特殊的自然和生

---

① 白佳玉：《俄罗斯和加拿大北极航道法律规制述评——兼论我国北极航线的选择》，《中国海洋大学学报》（社会科学版）2014年第6期，第13~19页。

态环境,海洋污染与船舶航行活动密切相关,由船舶的设计或操作不合标准引发的航行事故将不可避免地破坏脆弱的北极环境,且第 234 条在明确沿海国制定法规的目的时也肯定了船舶活动及航行风险对海洋环境的不利影响,除推出防污标准外,沿海国也可制定安全方面的要求以规范船舶活动。《极地规则》的探讨以《公约》第 234 条为基础,并以不违背《公约》精神为共识,因此《极地规则》可被看作第 234 条的进一步科学实践。新出台的《极地规则》不仅包含独立的防污措施,也涵盖较为全面的安全措施,涉及船舶设计、准备、操作、人员、培训等,阐明了安全和环境问题的紧密联系,也表明了当前各国基本认可《公约》第 234 条中的法律和规章不仅包括防治污染的要求,也应包含航行安全的内容。

②"科学证据"的援引

《公约》第 234 条要求沿海国通过法律和规章实行管控时应当以现有最可靠的科学证据为基础,这实际上为沿海国设定了实施管辖时应说明其科学性和合理性的义务,将沿海国的单边行动置于国际社会的监督之下。在《公约》的第 61 条生物资源的养护中同样提到了科学证据,即当实行养护和管理措施时,沿海国应参照其可得到的最可靠的科学证据。对比可知,第 61 条仅要求沿海国持有可靠的科学证据,第 234 条则要求沿海国以现有的科学证据为依托,不能仅凭沿海国自己的主观选择,而应考虑整个国际社会一般接受的国际标准。①《极地规则》的制定历时十余载,经过了较为广泛的科学调查,北极沿海国和各航运大国以及诸多具有影响力的国际组织和团体参与其中,会聚了世界各国专家的智慧和力量,最终以 SOLAS 和 MARPOL 等公约修正案的方式生效,其内容必然得到国际社会的一般认可。因此,《极地规则》的相关内容可被视为现有最可靠的科学证据,沿海国的法律和规章的有关标准和要求应以此为基础,而不应过于严苛,否则将较难证明其科学和合理性。

---

① Kristin Bartenstein, "The 'Arctic Exception' in the Law of the Sea Convention: A Contribution to Safer Navigation in the Northwest Passage?", *Ocean Development & International Law* 42 (2011): 39 – 40.

(3)《极地规则》对《公约》第 234 条适用的影响

《公约》第 234 条对北极海洋环境保护做出了原则性规定，然而由于存有文本和理解的歧义，在该法条的执行层面缺少能被国际社会普遍接受和认可的执行标准或规范。[①]《极地规则》的出台有助于弥补第 234 条适用中存在的不足，完善已经形成的单边、多标准的法规要求，以形成较为统一的北极水域海上安全和防污规范。

① 补充和协调沿海国的法律和规章

纵览目前沿海各国关于北极海洋环境保护的国内法，呈现各自为政的局面，各北极航道沿岸国意图以国内法的方式确保对相关海域的控制权，谋求相应北极航道的管辖权，各国基于不同的利益需求制定相异的防污标准和要求，造成北极管理的碎片化。《极地规则》的目标为管理在极地水域日益增长的船舶航行活动，帮助降低和消除危害极地环境的航行和污染风险。《极地规则》适用范围为南北极水域，不考虑海域所处位置及是否具有冰封的特点，其将安全及环境保护范围拓展至公海领域，因此可补充由于海冰融化产生适用争议的各国国内法规范。尽管《极地规则》将补充《公约》第 234 条适用于北极公海，但它在专属经济区的完全采用还依赖于船旗国和沿海国的平衡及协商。

此外，《极地规则》制定的初衷在于形成完整统一的、可持续的综合航行规则，改善现有碎片化的北极管理。根据《公约》第 234 条，以俄罗斯和加拿大为代表的北极国家制定并实施了国内法规则，但相关要求不甚一致。现今生成的《极地规则》被期待用以协调现行已生效的各国国内法标准，统一较为零散的北极航道沿岸国的防污及安全措施，更有效地管理在极地水域航行的船舶。

② 由单边行动向多边合作发展

《公约》第 234 条允许沿海国对在其专属经济区内冰封区域航行的船舶

---

① 刘惠荣、董跃：《海洋法视角下的北极法律问题研究》，中国政法大学出版社，2012，第 156 页。

执行特别的防污管辖权,并且缺少"参照主管国际组织"等表述作为适用的条件,可知该条款更多是为沿海国的单边管理服务。但海洋污染,尤其是溢油或废弃物排放等不限于特定的地理区域,依据第 234 条的单边行动不足以完全解决环境问题。尤其随着北极冰融加快,北极可探明资源的开发,取道北极水域的商船逐步增多,单边行动无法充分解决北极的安全与防污问题,在各国国内法标准不一和海上边界问题长久未决的前提下甚至可能引发更多的争议,多边行动显得尤为重要。

《极地规则》的通过被视为极地水域治理向多边化发展的表现,其内容并非单个国家意志的产物,而是由多个国家及国际团体通力合作与协商得出。由于《极地规则》制定了较为科学和严格的航行安全与防污标准,一定程度上降低了沿海国推行单边行动的必要性,一旦《极地规则》生效实施,北极航道沿岸国将难以再根据《公约》第 234 条证明其单边行动的公正性,沿岸国需要争取到更广泛的支持才能推行其单边行动。

2. 实然状况中《极地规则》的补充功能

上述《极地规则》补充作用发挥的前提在于《公约》第 234 条仍具有法律效力,具备冰封区域的适用条件。但在现今全球变暖、北极冰雪逐渐消融的背景下,北极水域冰封期日趋缩短,北极地区呈现"无冰"状态为大势所趋,此时第 234 条便失去了适用的前提,《极地规则》将发挥更为全面的补充功能。

《公约》第 234 条为针对冰封区域的特殊条款,赋予沿海国在此区域制定相关法律和规章的权利,当冰封区域消失时,沿海国在领海和专属经济区的权利应受《公约》中有关规定的限制。《公约》明确各国船舶在符合规定的限制条件时可无害通过领海,沿海国可制定无害通过的法律和规章,内容可涉及海上安全管理和保全海洋环境等多个项目,但应符合一般接受的国际标准和规则,且不应适用于外国船舶的设计、构造、人员配备或装备。① 依据《公约》,各国在专属经济区内享有航行和飞越的自由,各国在行使海洋

---

① 参见《联合国海洋法公约》第 17、21 条。

环境保护和保全等方面的管辖权时也须顾及其他国家的权利，不应随意侵犯。因此，当第234条失去适用必要时，沿海国应遵守《公约》对领海和专属经济区的规制，在制定法律和规章时不侵害他国享有的航行权利，相关内容也应符合一般接受的国际标准。《极地规则》生效后，可视为广泛接受的通用北极航行管理规范，沿海国法律和规章中的相关要求除特殊情况外不应有所逾越。

现今北极航道沿岸国制定的有关航行安全和环保的国内法若含有船舶设计、建造、人员或装备等内容，且相关标准超过《极地规则》的要求，在今后北极冰雪消融、《公约》第234条失去适用效力时将面临失去国际法支撑的问题。

## 三 北极航道沿岸国航行管理法律规制的发展

以加拿大和俄罗斯为代表的北极航道沿岸国根据《公约》第234条相继出台了国内法以加强对北极航道的管制，涉及船舶航行及环境保护等多方面，但由于相关要求过于严格甚至高于国际一般标准而饱受诟病。统一的极地水域船舶运营规范《极地规则》通过后，各缔约国有按规定进行履约和实践的义务。俄罗斯和加拿大同为SOLAS和MARPOL的缔约国，且全程参与《极地规则》的讨论和制定过程，可预见未来两国将逐渐修改国内法规标准以避免相关冲突的发生。

### （一）沿海国对《公约》第234条的遵守

依据《公约》第234条制定国内法律和规章以保护冰封区域海洋环境的北极沿海国中，俄罗斯和加拿大最具代表性。加拿大于1970年颁布《北极水域污染防治法》，对船舶的建造、配备以及垃圾排放等做出了规定，加强对北极航道的管理，并在第三次海洋法会议中促成了第234条的订立。俄罗斯作为拥有最长北冰洋海岸线的环北极国家，依据第234条在1990年制定了《北方海航道海路航行规则》（1991年生效），并于2013年进行了修订,① 形成了其在北极附近水域的船舶航行规则。此类国内法规对于保护北极海洋环境、保证极地航行船舶质量有一定积极作用,但航行限制及过高的环保标准等规定与《公约》第 234 条有所出入。

1. 环境保护

在北极海洋环境保护方面,俄罗斯 1991 年《北方海航道海路航行规则》规定船舶应防止造成北方海航道污染,若有危及海洋环境的情形出现,应接受管理当局的检查,且考虑环保的特殊因素或由于船只违反相关规定,管理局可暂停船舶的航行或将其驱逐出航道。② 2013 年新规则禁止船舶向北方航道水域排放残油。③ 加拿大国内法较俄罗斯更为重视环境保护的内容,《北极水域污染防治法》禁止任何人和任何船只在北极水域倾倒垃圾,外国公务船舶也不在豁免之列。此类环境保护条款对于防治冰封水域船源污染有一定意义,但有关内容较为严格,高于国际所接受的一般标准,甚至超过国际法的授权。如俄罗斯授权管理局检查船舶冰级、对船舶进行民事或刑事处罚就侵害了船旗国依法享有的管辖权,加拿大禁止所有倾倒垃圾的行为,不对公务船舶和人员进行豁免,也有僭越国际法之嫌。

2. 航行安全

俄罗斯和加拿大国内法均含有管制船舶航行活动的内容,包括船舶的航行区域、船舶报告、建造、配备、操作、人员等。俄罗斯 1991 年《北方海航道海路航行规则》规定船长应事先向管理局提交航行申请以供审核,且应限于管理局根据具体条件制定的航期和航线内航行。为确保航行安全,在特定区域需要强制破冰领航。④ 在 2013 年新规则中,实行了北方航道水域船舶航行许可证制度,船东或船长申请并提交规定的内容,由管理局签发。新规则要求船舶必须有足够的配备,如航海图及参考手册、应急设备、加热

---

① 白佳玉:《北极航道沿岸国航道管理法律规制变迁研究——从北极航道及所在水域法律地位之争谈起》,《社会科学》2014 年第 8 期,第 86~95 页。

② Regulation for Navigation on the Seaway of the Northern Sea Route, 1990, 第 5、6、9、10 条。

③ Northern Sea Route Administration, Rules of Navigation in the Northern Sea Route Water Area, 2013, 第 74 页, http://www.arctic-lio.com/nsr_legislation。

④ Regulation for Navigation on the Seaway of the Northern Sea Route, 1990, 第 3、7、8 条。

装置等，并对船舶的建造和操作等做出了要求。① 加拿大《北极水域污染防治法》实行船舶通过西北航道的报告制度，并划定了多个"航行安全控制区"，限定了进出区域的最早及最晚日期，以防污监控为由对船舶的建造、航行辅助设备、通信及导航设备、操作、货物、必要的供给、文件、引航和破冰服务等多方面加以约束。加拿大和俄罗斯依据《公约》第234条以环境保护为由对航行北极水域的船舶进行管制，其中有关极地船舶的建造、配备、操作等规定对《极地规则》相关标准的形成具有积极作用，但要求提交航行报告和许可，对航行期限、航线进行限制，以及强制接受领航和破冰服务等规定较严苛，一定程度上侵犯了船旗国的合法航行权，未兼顾和平衡沿海国的环保权益与船旗国的航行利益。

### （二）《极地规则》影响下的沿海国国内法的调整

《公约》第234条的制定为当时解决争议的权宜之计，其文本定义较为模糊，引发了解释和适用中的歧义，沿海国根据该条制定的北极水域航行和环保标准不一，不益于北极航道的统一管理和发展。《极地规则》生效后将协调各沿海国的法律和规章，形成统一的北极水域航行规则。基于第234条"以现有最可靠的科学证据为基础"和"适当顾及航行"等要求，加拿大和俄罗斯需要调整原本严苛的国内法标准，以获得船旗国的接受和支持。

#### 1. 俄罗斯国内法的演变

随着《极地规则》的制定被提上日程，国际社会对于北极航道沿岸国国内法不得僭越国际法、要求保障航行权利的呼声不断，迫于压力，加之开辟和利用北方海航道的政策，俄罗斯对其原有北方海航道航行制度进行了调整。2013年，俄罗斯根据《俄罗斯联邦商船法典》《俄罗斯联邦交通部条例》等相关规定制定了新的《北方海航道水域航行规则》，并替代1991年颁布的《北方海航道海路航行规则》。新规则包含北方航道水域船舶破冰引

---

① Northern Sea Route Administration, Rules of Navigation in the Northern Sea Route Water Area, 2013, 第3、69、70、73条, http://www.arctic-lio.com/nsr_legislation。

航、船舶航行水文导航和气象保障、船舶航行无线电通信实施、航行安全和防止船舶造成海洋污染等方面的内容。

在船舶航行管理方面,新规则由过去的破冰船强制引航制度、过境船舶检验收费制度,转变为实行许可证制度,明确了外国船舶可在满足独立航行条件、经许可后不由破冰船领航,使得冰区引航转变为自愿申请,船舶独立航行成为可能。先前俄罗斯规定由其管理局代为检验船舶冰级等状况的规定颇有争议,《极地规则》明确指出船舶冰级应由船旗国负责,或由授权的国际组织代为检验,确保合乎国际标准。为避免与国际标准冲突,在新规则中俄罗斯将原有规定予以删除。另外,要求极地船舶携带《极地水域船舶操作手册》,船舶建造需有足够的分舱和稳定性,船舶应配备有足够的燃料、食物等供给,应有相应的通信与导航设备,拥有应急设备等有关船舶的建造、装备内容与《极地规则》基本一致。在环境保护方面,新规则禁止船舶向北方海航道水域排放残油及油污水,但未禁止过境船舶使用重油,此规定也与《极地规则》相同。① 此外,为响应《极地规则》的实施,俄罗斯新规则中包含较为详细的北方海航道水域船舶航行无线电通信实施细则以及航行水文导航和水文气象保障的规定,以便为航行船只提供无线电通信服务和电子导航、航行指南与冰情水文分析等服务,保障北方海航道的导航等基础设施的完备,便于船舶的安全航行。

由上可知,俄罗斯的北方海航道政策趋于宽松,展现了其向国际海运界进一步开放北方海航道的决心。伴随《极地规则》的制定和通过,俄罗斯现行的北极水域航行管理制度正在逐步调整并适应国际通常标准,虽然仍有较为严格的破冰领航制度等内容,但相信随着北极水域的逐步开放和《极地规则》的生效实施,俄罗斯的国内法与《极地规则》内容的逐渐趋同指日可待。

2. 加拿大国内法调整的趋向

相较俄罗斯,加拿大国内法具有更为严格的防污规定,以环境保护

---

① Northern Sea Route Administration. Rules of Navigation in the Northern Sea Route Water Area, 2013, http://www.arctic-lio.com/nsr_legislation.

为由加强对西北航道的控制。加拿大于1970年制定的《北极水域污染防治法》经多次修订后仍为其主要的北极水域航行管理法案，其包含两个主要的法规，分别为《防止北极航行污染规定》和《防止北极水域污染规定》。根据加拿大《北极水域污染防治法》，任何人、任何船舶均不得排放垃圾或油污入海，此处并未对公务人员或公务船舶给予豁免，并且若违反规定弃置废物等需要承担严苛和绝对的民事赔偿责任，不以疏忽或过失举证为免责依据，此标准明显高于公认的国际要求。加拿大禁止垃圾和油污的排放，在其2012年制定的《船舶污染和危险化学品规定》中规定了可排放的例外情况仅限于特定的不可抗力情形，[①] 而《极地规则》允许在特殊情形下排放垃圾和污水，如可在经粉碎的条件下排放食品废弃物，可在离冰架或固定冰特定距离处排放生活污水等。[②] 设置航行安全控制区是加拿大《北极水域污染防治法》中较为独特的制度，加拿大将临近的北极水域划分为16个航行控制区，并在区域内制定涉及船舶建造、设计、装备、人员、航行时间和计划等内容的有关标准，要求途经该区域的总吨数超过100吨且载运油类物质超过453立方米的船舶遵守和执行此类要求。[③] 加拿大法规中规范的船舶种类显然广于《极地规则》的适用范围，有关标准也相对严格。

《极地规则》可帮助加拿大保护附近北极水域的海洋环境，防止船源污染，通过与北极区域邻国的合作，实现对整个北极区域的保护。加拿大积极支持和参与《极地规则》的制定，并在规则的形成、发展过程中占据主动，其就本国标准与其他北极国家和航运国进行探讨，促成了《极地规则》中较多船舶规范的形成，如船舶冰级、船舶航行须携带航运手册、加强对海员的培训等。加拿大学界认为《极地规则》的生成有助于加拿大更好地管理航行于北极水域的船舶，有利于加强国际合作，以多边的方式保护北极环境，更能得到国际社会的支持，并指出应注意协调本国法与《极

---

① Vessel Pollution and Dangerous Chemicals Regulations, SOR/2012-69, 第4~5条。
② MEPC 68/21/Add.1 Part II-A 第4、5章规定。
③ Arctic Shipping Pollution Prevention Regulations, C.R.C., c. 353, 第3、6条。

地规则》的内容。① 诚然，北极海域广阔无界，在加拿大附近海域发生的事件，如船舶污染物排放和溢油事故，污染物也会蔓延至加拿大临近水域造成环境破坏，仅靠加拿大的国内法管制无法达到北极生态环境有效治理的目标。《极地规则》与《公约》第 234 条并不冲突，未威胁到加拿大的国家利益，且加拿大全程参与了规则的制定。加拿大是 SOLAS、MARPOL 等海事公约的缔约国，作为《极地规则》的重要参加者，有望调整其严苛的国内法以形成较为统一的北极水域航行管理规范，协调沿海国和船旗国的利益，促进西北航道的良好利用。

总之，根据《公约》第 234 条，加拿大和俄罗斯均出台了以环境保护为名的北极水域船舶航行管理国内法，但伴随北极海冰的融化及北极水域航道的开通，单边行动和由此导致的碎片化管理无益于北极航行的发展及整个北极海域的防污治理。以加拿大和俄罗斯为代表的北极航道沿岸国正逐步调整其与国际法相冲突的国内法标准，取得和《极地规则》的良性互动。

# 结　论

北极冰区脆弱的生态环境与恶劣的航行环境，加之北极航行管理法规的碎片化，使国际海事组织耗费数年才完成《极地规则》的制定，形成北极水域船舶航行活动的治理新规则，保证了船舶北极航行的安全。经过漫长的发展，《极地规则》经历了运用范围从冰区到极地、从北极到南极，性质从导则到规则的历程。具有法律拘束力的《极地规则》的海洋环境保护和保全部分已分别在海事安全委员会第 86 届会议与海洋环境保护委员会第 68 届会议通过，并以 SOLAS 和 MARPOL 修正案的方式强制生效。《极地规则》内容涵盖极地航行船舶的建造、设计、装备、操作、人员、培训等多个方

---

① Peter Kikkert, "Promoting national interests and fostering cooperation: Canada and the development of a polar code", *Journal of Maritime Law and Commerce*, Vol. 43, 2012, pp. 1 – 12.

面，其适用范围为南北极水域，适用于 MARPOL 及 SOLAS 约束下的船舶。《公约》作为海洋宪章，具有普遍适用性，同样适用于极地水域，其中第 234 条为专门针对北极水域的条款，有必要研究其与《极地规则》间的互动和影响，以综合适用于北极水域。

在应然状况下，《公约》第 234 条提供了在北极冰区水域航行管理的基础框架。国际海事组织隶属于联合国，是负责防止海洋污染及航运管理的专门机构，其与《公约》并不存在冲突。《公约》一般做出原则性规定，要求各缔约国遵守国际海事组织制定的专门海事公约。国际海事组织制定的海事公约须遵循《公约》的基本精神，根据《公约》的原则性规定做出具体补充。《公约》第 234 条由于文本的模糊和歧义带来适用和解释的困难。《极地规则》的生成可影响《公约》第 234 条的解释和适用，如对"适当顾及航行"与"科学证据"等模糊表述的界定，协调和统一各沿海国依据《公约》第 234 条形成的标准不一的国内法规范，使得各国单边行动逐渐向多边演变。在实然状况下，北极"无冰"为大势所趋，《公约》第 234 条随之便失去了适用条件，此时沿海国应遵循《公约》对于领海和专属经济区的规制。沿海国制定的法律和规章不得侵害他国依据《公约》享有的航行权利，也不应超过一般接受的国际规则标准。

加拿大和俄罗斯等北极航道沿岸国依据《公约》第 234 条制定了较为严苛且标准相异的国内法规范，造成北极水域航行统一管理的困难，在今后北极无冰状态下也缺乏适用的国际法根据。随着综合全面的极地水域船舶航行管理规范——《极地规则》的颁布，俄罗斯和加拿大有调整其国内法以防止相关标准冲突的趋势，其中俄罗斯已经修订了原有国内法规则，调整相关要求并逐步与《极地规则》的规定相符。

# 中国参与北极航道的国际治理

杨凌志*

伴随着全球气候的快速变化,北极冰雪加剧消融,航道利用已初步步入正轨,北极航道的开通将改变我国的国际海上运输格局,北极资源的开发对于我国解决能源和资源紧缺也具有潜在价值,北冰洋及其邻近海域的安全也关乎我国的安全。因此,对于我国而言,北极航道具有重大的战略意义,参与北极航道的国际治理,是我国实施海洋强国战略必不可少的一环。

## 一 中国参与北极航道国际治理的价值

### (一)促进我国与环北极经济圈国家之间的经贸往来

据观测,过去30年北冰洋夏季海冰面积减少了40%。[1] 2015年,根据最新的国际北极浮标项目的监测数据,冬季北极附近区域30日气温在-1.1℃~1.7℃之间变化,其中北极在某个短暂时段内气温超过0℃。[2] 科学家预测,覆盖北极千百万年的冰雪最快将在30年内,最迟于2100年左右

---

\* 杨凌志,男,中国海洋大学法政学院法律硕士专业2014级硕士研究生。
[1] "Demystifying the Arctic", http://www3.weforum.org/docs/GAC/2014/WEF_GAC_Arctic_DemystifyingArtic_Report_2014.pdf, Accessed on 1 Jun.2016.
[2] "Freak Storm Pushes North Pole 50 Degrees above Normal to Melting Point", https://www.washingtonpost.com/news/capital-weather-gang/wp/2015/12/30/freak-storm-has-pushed-north-pole-to-freezing-point-50-degrees-above-normal/, Accessed on 1. Jun 2016.

在夏季完全消融。① 北极新航道的开辟以及由此带来的机遇将有助于中国的对外贸易经济，有助于拓展海外市场，并为"一带一路"战略提供战略辅助性通道。

环北极地区国家中美国、俄罗斯位列全球经济总量前十，加拿大、丹麦、芬兰、冰岛、挪威、瑞典等国均为发达国家，从经济总量上来看，环北极地区国家的经济总量达到了23万亿美元。预计随着北冰洋冰雪融化的加速，以及北极地区资源的开发，尤其是油气资源的利用，将提升北极航道的利用率。

北极航道的利用开发及其与其他航线的比较，并不是简单地从航运成本、航运时间上进行，更多地需要着眼于北极航道利用开发所带来的商业机遇，北极航道的利用开发将为环北极经济圈的形成与发展提供至关重要的大宗贸易往来渠道。

作为全球经济总量第二的中国，随着全球经济的发展，国际贸易增速放缓的局面，正积极探索开辟新的海外市场，北极航道的国际治理所带来的机遇并不仅仅是眼前的航道的优势，应当从长远的战略角度来看，积极参与北极航道的国际治理，为中国参与未来环北极经济圈奠定基础。

## （二）为我国能源安全提供资源储备保障

2012年，中国的石油对外依存度已经超过了58%。国务院发展中心2011年发布的"世界形势报告"称，在未来20年，随着城市化的进程加快，中国的生产性能源消费和生活性能源消费将同时增长。到2030年，中国所需石油的70%需要进口，40%的天然气需要进口。②

中国作为能源消费的大国，原油进口的70%来源于中东和非洲地区，如伊拉克、伊朗、利比亚和苏丹等国。这些国家大多国内形势严峻，社会动荡，有些国家仍存在局部战争或有战争风险。2009～2015年，苏丹、利比

---

① "Arctic Sea Ice Decline in the 21st Century"，http：//www.realclimate.org/index.php/archives/2007/01/arctic-sea-ice-decline-in-the-21st-century，Accessed on 1 Jun. 2016.
② 国务院发展研究中心：《世界发展状况2011》，时事出版社，2011，第16页。

亚的动荡，伊朗核危机的升级以及叙利亚危机都说明，开拓新的能源获取地势在必行。北极是世界上最大的尚未有效开发的资源贮藏地。中国应从能源战略的角度出发，通过参与北极治理为我国的能源保障提供资源储备。

## （三）促进与北极国家之间的科技合作

当前中国并未在北极航道开发利用上做好充分准备，适合在北极航行的船舶种类和数量都很少，与目前东北航道年度通航370多艘的情况很不适应。当中国在试航的时候，环北极国家早已进行了较大规模商业航行。

在航海基本信息方面，当前还没有适合于北极航行的精确航海图书资料。在东北航线只有俄罗斯制的海图。特别强调的是北极航道都未经过准确扫海，很多区域还是未知的，在其水上航行是十分危险的，可能存在很多未标注的沉船、孤立的浅滩，对于深吃水的船舶特别危险。其他方面，在北极高纬度地区航行只有使用磁罗经导航，但其磁差要经常调整。因此研发适用于包括高纬度地区的新型电罗经是十分重要的。在北极通航初期、中期航运公司对航经北极航道船队的经济分析、组织形式等都还缺乏深入的研究。[①]

以上都需要中国参与北极航道的国际治理，定期开展北极科考活动，促进与北极国家的科技合作，一方面，获取第一手科学信息，及时了解航道周边海况并进行有针对性的实地考察，提高认识北极航道的水平。同时，加强与北极国家，尤其与俄罗斯和加拿大的密切合作，以期更好更快地掌握北冰洋的气象和海况的规律，获得相关的航道、航区资料，为中国参与北极航运治理提供翔实的数据，避免信息垄断，从而避免在国际事务中的片面决策。另一方面，通过参与北极航道的国际治理，提升中国的相关技术水平，如极地船舶制造业，2004年，广船国际承接了瑞典船东的两艘5.2万吨级运于冰区航行的成品油轮的新船订单；2009年，芜湖江东船厂为德国尤根汉斯航运公司建造了1000TEU冰区加强型快速集装箱船"赫克尤尼斯"号，长

---

① 郑中义：《北极航运的现状与面临的挑战》，《中国远洋航务》2013年第10期，第46~49页。

航重工江东船厂为德国康马公司建造了 1000TEU 冰区加强型集装箱船。中国造船厂具有建造冰区航行船舶的能力。未来通过深入与北极相关国家的合作，争取更多的极地船舶订单，为未来北极航运领域合作奠定基础。

## 二 中国参与北极航道国际治理的机遇

### （一）中国参与北极航道国际治理的法理基础

世界将中国视为北极事务的新来者，其实中国参与北极事务的时间可以追溯到 1925 年。当时的段祺瑞政府代表中国加入了《斯瓦尔巴条约》（以下简称《斯约》）。斯匹茨卑尔根群岛位于巴伦支海北部，在北极航道中处于重要位置，具有重要的科考价值和矿产、油气、渔业资源的开发潜力。《斯约》规定各缔约国国民享有自由进出群岛地区、在群岛平等从事经济活动的权利，形成了独特的法律制度。根据该条约，中国的船舶和国民可以平等地享有在该条约所规定地域及其领水内捕鱼和狩猎的权利。

1982 年，中国作为签约国加入了《联合国海洋法公约》（以下简称《公约》）。根据《公约》第 87 条 1（a）款的规定，各国船只在公海上有航行的自由。在连接公海或专属经济区的国际航行海峡，包括军舰及军用航空器在内的所有船只和航空器享有以继续不停和迅速过境为目的的航行与飞越自由（《公约》第 37、38 条）。即使在那些因采用直线基线划定方式而未被认为是内水的北方海航道及西北航道水域，各国商船亦可以以继续不停和迅速进行的方式无害通过（《公约》第 8、18 条）。因此，我国的船舶和飞机享有在环北极国家的专属经济区内航行和飞越的自由、在北冰洋公海海域航行的自由、以及公约所规定的船旗国的权益。上述两个条约保证了中国在北冰洋和斯匹茨卑尔根群岛地区从事相应活动，特别是航行活动的权益。

在从南极科考取得经验的基础上，中国科考队于 1999 年开展首次北冰洋科学考察，进行综合性海洋调查。截至 2014 年底，中国科考队共进行了 6 次北冰洋科学考察。主要在白令海和北冰洋东侧（楚克奇海、波弗特海、加拿大海盆等区域）开展关于北极气候系统与全球气候系统相互作用的科学调查与研究。2004年，根据《斯约》所赋予的权利，在挪威的帮助下，中国在斯瓦尔巴群岛地区建立了固定的科学考察站——黄河站，常年开展北极高层大气物理、海洋与气象学观测调查。2012年，第5次北极考察还进行了通过东北航道的试航。10多年来，中国北极考察活动拓展了我国的海洋活动空间，并获得了一定的冰区海洋活动能力、知识和经验。作为国际北极科学委员会的重要成员，中国极地科学家通过开展广泛的北极科技合作积累极地知识，为北极治理提供智力和技术支撑，为我国积极参与北极事务起到了先导作用。

中国对北极的重要贡献还在于参与了涉北极活动国际规则的制定。在全球层面，中国积极参加与北极航行和环境生态保护相关的国际规则。我国参加的涉北极多边条约包括《联合国海洋法公约》《联合国气候变化框架公约》《京都议定书》《国际捕鲸管制公约》《濒危野生动植物物种国际贸易公约》《保护臭氧层维也纳公约》《1997年消耗臭氧层物种蒙特利尔议定书》《生物多样性公约》《关于持久性有机污染物的斯德哥尔摩公约》《斯瓦尔巴条约》等。我国参与的涉北极国际组织或论坛包括北极理事会、北极研究之旅、国际海事组织、国际北极科学委员会、新奥尔松科学管理委员会、极地研究亚洲论坛、北方论坛等。[①] 国际海事组织（IMO）制定的《国际极地水域营运船舶安全规则》（以下简称《极地规则》）于2014年正式出台，成为规范北极航运行为、保障北极航行安全、保护航行海域环境和生态平衡最有约束力的法律文件和技术标准。《极地规则》的制定是一个系统工程，它的产生需要各国的合作。我国是该组织的领导成员之一。在《极地规则》的酝酿、草拟和制定过程中，我国专家组代表始终从维护航运安全和加强环境保护的角度出发，平衡现有技术和未来发展的需要，平衡北极域内国家和域外国家的利益，客观、公正地提出了许多合理化建议，在技术上很好地支持和支撑了谈判，使得所制定的条款更加符合发展

---

① 杨剑：《北极航运与中国北极政策定位》，《国际观察》2014年第1期，第123~137页。

需要。①

实践证明，中国是北极治理的参与者、合作者。中国有意愿也有能力为北极的可持续发展做出更多的贡献。

### （二）部分环北极国家对北极航道国际治理的开放

北极航道的商业价值首先是由北极国家发现并推广的。部分北冰洋沿岸国出于自身利益，基于对海冰融化和世界经济的需求的判断，开展了一系列学术活动和社会活动，逐步引起了世界主要贸易国家的关注。从2002年起，挪威开展了"北方海上走廊"专项研究，探讨如何完善北极地区海陆运输系统，以便将北极航道打造成运输成本低廉的跨地区航道，同时实现北极航道输送能源的商业价值。2004年，北极域内国家联合英国、德国和日本等国组成了北极海运研究工作组。2005年，加拿大交通部开展了"加拿大北极航运评估"的研究，对于加拿大北极群岛的导航设施、海上通信、领航、搜救以及港口状况、航运服务水平、环境保护和危机应对等进行了全面分析。冰岛于2007年发起了"北极开发与海上交通"研究，讨论北极航运的条件及相关法律问题等。北极理事会也于2009年发布了"北极海运评估报告"，这一评估性研究从2004年开始，由加拿大、芬兰、美国领衔开展，在研究过程中进行了广泛调查，调查范围包括世界上主要的航运公司、造船业主、船级社、航运保险业、航运协会等。该报告对2020年的北极航运及其经济影响和环境影响进行了预测。② 2011年9月，时任俄罗斯总理普京在俄罗斯北方海港口城市阿尔汉格尔斯克宣布将把北方海航道打造成与苏伊士运河等传统航线一样重要的全球海上通道。北极国家开展一系列活动的目的之一就是吸引域外国家商船使用北极航道，体现其商业价值。另外，北极地区人口相对稀少，基础设施落后，社会经济发展条件相对不足，要想真正实现北极航道的商业利用，必须完善基础设施和提高环境保护能力，这些在很大

---

① 张俊杰：《极地航行安全之约》，《中国船检》2013年第7期，第16页。
② Brigham, L., McCalla, R., et al., *Arctic Marine Shipping Assessment Report 2009*, Cambridge University Press, 2005, p.5.

程度上有赖于域外国家的参与。

中国是一个贸易大国、航运大国,也是一个造船大国。如何在航道开通带来的新经济机会中占据有利位置是中国的重要课题。中国在北极航道利用上应当重视双边合作。通过双边合作可以实现双赢,同时通过双边合作能够影响合作方的政策,进而促进双方在多边场合的合作。例如,北欧国家、俄罗斯增加对中国的资源出口可改善其经济结构和提升发展水平;未来围绕着北极航道将形成新的经济带,俄罗斯、挪威、冰岛等航线沿岸国家的基础设施建设也会给中国投资者带来新的机会。北极航道的开通将缩短欧洲和东北亚的航程;而航运成本的减少将有助于稳固欧洲在中国的投资,维持贸易总量的稳定。

### (三)北极航道治理的国际合作需求

北极事务不仅仅是北极地区的事务,也不是仅限于北极国家参加的事务,它具有广泛的国际性。在全球化时代,北极地区的航道利用、资源开发所影响的范围远超出北极地区,而应对气候变化、保护北极环境更是国际社会共同的责任。因此,北极事务需要北极国家和非北极国家的共同参与,北极地区之外的国家在北极地区存在合理的利益,同时肩负共同治理北极的责任。为了遏制灾难性的气候和应对环境变化,人类社会不仅要调整已经习惯的生产方式和生活方式,同时要投入技术、资金和人力去防止状况进一步恶化。北极治理需要国际社会各种有能力的行为体为此做出贡献,一些域外大国和新兴经济体的作用应当得到重视。

2013年5月,在瑞典基律纳召开的部长会议上,北极理事会通过了接纳中国、韩国、日本、意大利、新加坡、印度等国成为正式观察员国的申请。这次会议最重要的突破就是使北极治理进一步纳入了域内外国家的互动关系。会议通过的《基律纳宣言》对域外国家成为正式观察员表示了欢迎。值得注意的是,北极国家在域外国家参与北极事务的问题上,是以有限制纳入和歧视性的权利安排的方式加以处理的。理事会发布的《观察员手册》指出:"北极理事会所有层级的决定权是北极八国的排他性权利和责任，永久参与者可以参与其中。所有决定均基于北极国家达成的共识。观察员的基本作用就是观察理事会的工作。同时，理事会鼓励观察员继续通过参与工作组层面的事务来做出相关贡献。"① 这种左右两分的提法明显是在限制域外国家参与北极治理的权利，同时鼓励域外国家对科学技术、信息和知识分享、环境保护和监测、基础设施和资金投入做出贡献。

## 三 中国参与北极航道国际治理的制约

### （一）北极国家各方矛盾和冲突的制约

北极国家内部出于各自利益需要加紧分化组合，北冰洋沿岸国与非沿岸国、北极大国与北欧五国等"菜单式"联盟和不同利益集团增多。美国、俄罗斯、挪威、加拿大、丹麦这5个北冰洋沿岸国数次召开会议，通过《伊鲁利萨特宣言》，强调五国在北极事务方面的核心作用，并积极协调有关划界和北极渔业的问题。瑞典、芬兰、冰岛等非沿岸国担心在北极相关决策过程中被边缘化，坚持北极问题应由北极八国在北极理事会讨论。北欧五国对俄、美、加等北极大国主导北极事务心存警惕，有意借域外势力适度参与北极合作，增加自身在北极事务中的权重。

北极国家对非北极国家深度参与北极事务仍有所防范和猜忌。北极理事会多次延迟接受观察员并严格限制其资格和权利、未接收曾高调主张北极多边治理的欧盟为理事会正式观察员②、理事会闭门制定搜救和油污处理法律文书、未征求域外北极航道使用国和资源开发国的意见、北极经济理事会不

---

① "Observer Manual For Subsidiary Bodies", http://www.arctic-council.org/index.php/en/ministerial-meetings/kiruna-mm-2013, Accessed on 1 Jun. 2016.
② 欧盟曾提出参照《南极条约》，建立"北极条约"制度的建议，引发北极国家疑虑和不满。2013年北极理事会部长级会议以欧盟出台的禁止海豹皮毛贸易法令影响北极因纽特人生计为由，决定暂缓接受欧盟为正式观察员。

吸收域外国家参与等做法，均凸显了北极国家抱团维护其在北极地区的权益以及对北极事务的主导权。北极国家虽希望非北极国家参与北极环保等跨区域问题的合作，但不愿域外国家插手"北极治理"，在一些实质性问题上排斥非北极国家参与。建立北极国家与非北极国家互信、互动、互利的合作模式仍需时日。

中国于2007年4月向北极理事会高官会提交了北极理事会第六次部长级会议观察员地位的申请，此次高官会批准了中国临时观察员地位；2009年4月，中国分别以临时观察员身份参加了挪威诺尔兰郡召开的北极理事会高官会和在挪威特隆姆瑟召开的北极理事会第六次部长级会议。中国是北极域外国家，参与北极理事会事务的最佳通行证即是观察员身份。2011年，在丹麦格陵兰岛首府努克召开的北极理事会第七次部长级会议出台了"高官报告"，要求申请成为北极理事会观察员的国家必须承认北极国家的主权、主权权利和管辖权，且观察员职责限制在只能参与科学研究或财政资助问题。2013年5月，北极理事会部长级会议决定接收中国、日本、韩国、新加坡、印度、意大利这6个国家为理事会正式观察员。成为北极理事会观察员意味着承担更多义务。

## （二）俄、加国内航道通行法的制约

俄罗斯和加拿大两个国家分别把守东北航道和西北航道，都将北极航道视为国内交通线，对外国船只通航提出了较为严苛的国内法规则。其依据的国际法是《联合国海洋法公约》第234条"冰封区域条款"（又称"北极例外条款"），它赋予冰封区域沿海国不经相关国际组织干涉、单方制定和执行超越国际标准的环境规则和标准的权利，但这项特殊环境管辖权的实施有严格的条件限制，要求相关法律和规章应适当顾及航行，并以现有最可靠的科学证据为基础，以保护和保全海洋环境、避免因海洋环境污染造成生态平衡的重大损害和无可挽救的扰乱为目的。加拿大和俄罗斯依据这一条款制定了一系列管控船舶污染和航行的国内法规。

俄罗斯对北极航道的管控主要体现在对北方海航道的管理上，苏联时期北方海航道被当作是一条国内水道，不对外国船舶开放，直到20世纪80年代末起俄方才正式做出面向国际航运开放北部海航道的决定，并陆续出台《北方海航道海路航行规则》和有关破冰船领航、引航员引航、船舶设计装备和必需品的专门技术规则。2013年，俄罗斯通过修正案对涉及北方海航行的主要法律做了修订，建立起新的航行制度。该规则将破冰船强制领航制度改为许可证制度，尤其是给出了具体的、可操作和可预期的独立航行许可条件，使得外国船只独立航行成为可能。[1]

加拿大对西北航道未如俄罗斯对东北航道一样提出缴费和强制引航的要求，但在1970年就颁布了《北极水域污染防治法》（AWPPA），规定沿海100海里范围内禁止船舶污染，提出的《船舶安全航行控制区域条令》在北极地区海岸线外100海里范围内设置了16个航行安全控制区，对通过控制区的船只进行严格管理。1985年9月10日，加拿大更是断然宣布北极群岛水域属于历史性内水。加拿大出台国内法旨在将北极群岛水域定性为内水，从而限制外国船只的通行。加拿大的北极战略文件声称，加政府"正在坚定维持在北方地区的存在，有效保护和监测北极领土主权范围内的陆地、海洋和天空"。加拿大制定的相关法规，要求所有船只进入加拿大北极水域时，须向加拿大海岸警卫队北方交通管理系统（NORDREG）报告。[2] 2010年《加拿大北方船舶交通服务区规定》要求所有辖区内通行的船舶必须提交全时段报告。[3]

在北极航道问题上，美国、欧盟、中国和日本等贸易大国较为重视无害通过新开辟的航道和水域的权利，认为根据《联合国海洋法公约》，东北航道和西北航道为"用于国际航行的海峡"，应适用过境通行制度，反对沿岸

---

[1] 张侠、屠景芳、钱宗旗等：《从破冰船强制领航到许可证制度——俄罗斯北方海航道法律新变化分析》，《极地研究》2014年第2期，第273~274页。

[2] 刘惠荣、董跃：《海洋法视角下的北极法律问题研究》，中国政法大学出版社，2012，第131~145页。

[3] 刘惠荣：《"一带一路"战略背景下的北极航线开发利用》，《中国工程科学》2016年第2期，第111~118页。

国单方面控制航道水域。俄、加两国都认为，两航道中属于沿海国领海基线内一定范围的海域属于其内水或领海，外国船舶在此航行要遵守沿岸国的国内相关法律。《联合国海洋法公约》出于保护冰封地区环境的目的，赋予了"冰封区域"沿海国进行非歧视的环境立法权。沿岸国对这一条款的过度使用，也将成为北极航道使用的一个法律障碍。

虽然中国使用北极航道的法律障碍还没有消除，围绕北极航道权益的博弈会在相当长的一段时间存在，但北极航道的开放趋势也不可遏制。中国政府需要与国际社会合作进行具体事务的谈判，减少法律障碍，减少相关成本，实现共赢。

### （三）我国国内法应对不足的制约

中国北极权益的实现需要在中国北极战略的指导下完成。在亚洲国家中，中国是北极理事会正式观察员，近年来已进行了六次北极科学考察活动，与一些北极国家如挪威和冰岛已开展了双边交流。但目前为止，中国尚未制定全面、具体的北极战略。有关北极事务的战略安排应置于国家海洋发展战略中，作为远海事务通盘考虑。

2015年7月1日通过的《中华人民共和国国家安全法》第32条明确提出"国家坚持和平探索和利用外层空间、国际海底区域和极地，增强安全进出、科学考察、开发利用的能力，加强国际合作，维护我国在外层空间、国际海底区域和极地的活动、资产和其他利益的安全。"首次将极地事务列入国家基本法律，意味着我国极地权益保护已逐渐迈向国家战略层次。

具体法律层面上，北极航道开通后，航行北方海航道的船只将以散货船和集装箱船为主，船舶燃油污染乃北方海航道大规模通航后必然引发的问题，相关国际公约和《俄罗斯联邦商船航运法典》的不同规定，使我国船舶在该航道中的燃油污染损害赔偿限额不明确。我国《海商法》规定的赔偿限制数额远低于俄罗斯国内法和国际法律规则之规定，这不利于我国沿海燃油污染损害赔偿问题的解决。我国可尝试通过参加相关公约，或借鉴俄罗斯国内法规定，针对国际航线船舶在我国沿海的燃油污染问题提高我国法律中的赔偿责任限制数额。①

### （四）北极航道国际治理的环境制约

对北极航道的开发将给全球贸易带来巨大益处，但开发也将带来一定的环境成本。北冰洋航道一旦发生油船泄漏等污染事件，对海洋生态环境将造成无以复加的破坏。海冰若被石油污染，污渍就永远无法清除，污染将威胁以大块浮冰为依托的海象、海豹和北极熊的生存。

北极的法律制度越来越集中于环境和生态的保护，相关立法的指向不在于鼓励投资，而在于减少开发利用过程中对环境的破坏。近年来围绕着生物多样性保护、气候变化应对、污染控制、濒危动物保护、核污染治理等方面，国际社会从全球层面和区域层面制定了各种保护性的法律，一些北极国家也通过国内立法来强化环境保护。1991年6月，北极地区国家签署了《保护北极环境宣言》，并通过了共同的《北极环境保护战略》。1996年，北极国家又通过了《北极环境保护和可持续发展宣言》。北极理事会所罗列的重要工作包括协调相关国家在气候、环境、污染物处理、生态保护等领域的行动。此外，《关于防止船舶污染的国际公约的1978年议定书》《关于对油污染的预防、应对和合作的国际公约》等重要的环保公约，也适用于北极地区。

《联合国海洋法公约》第十二部分也制定了保护海洋环境、防治和减轻海洋环境污染等行为准则。公约的第234条关于冰封区域特别做出了专门规定："沿海国有权制定和执行非歧视的法律和规章，以防止、减少和控制船只在专属经济区范围内冰封区域对海洋的污染。这种法律和规章应当适当顾及航行和以现有最可靠的科学证据为基础对海洋环境的保护和保全。""冰封区域"是极地环境保护的一个特定概念。这一个概念的确立是为了防止

---

① 白佳玉、杨占波：《我国船舶燃油污染损害民事责任限制法律制度反思——从北方海航道船舶燃油污染损害民事责任限制法律适用谈起》，《中国海洋大学学报》（社会科学版）2014年第4期，第43~47页。

冰封地区海洋污染可能对生态平衡造成重大损失或无可挽救的扰乱，也防止冰封区对航行造成危险。俄罗斯和加拿大等国以此为据，制定了关于北极海域船舶污染的国内法。这些法律既有符合整体环保的一方面，也有扩大自身权力和利益的考虑。俄罗斯、加拿大两国管理航道方面的单边主义政策，给中国参与北极航运的治理以及北极航道的利用带来了挑战。

## 四 中国参与北极航道国际治理的策略

### （一）中国参与北极航道国际治理的角色定位

角色的定位基于现有的法律框架及制度，我国作为《联合国海洋法公约》和《斯约》的缔约国，享有在北极相关海域航行、科研和从事资源勘探开发活动的权利，并且在斯匹茨卑尔根群岛区域享有自由进出、平等从事海洋、工业、采矿和商业活动的权利。这两个条约为我国参与北极航道事务提供了基本的法律依据。

随着我国成为北极理事会的正式观察员，我国处理北极事务的基本原则变得十分明确：坚持尊重北极国家的主权、主权权利和管辖权，在此基础上维护以现有国际法为框架的北极治理体系。《联合国宪章》《联合国海洋法公约》《斯约》等国际文书为处理北极问题提供了基本法律框架。北极国家和北极域外国家依法享有权利并承担义务。以规则为基础的北极治理体系运作良好。支持在现有国际法的框架下推进北极治理，认同北极理事会在北极治理中的重要地位，支持国际海事组织等其他国际平台在北极治理中发挥积极作用，通过维护现有的规则，参与北极治理，进一步加强中国在北极治理中的制度性话语权。

### （二）与北极圈内国家的航道治理合作

北极圈内国家又称环北极国家，指在北极圈内有领土或海域分布的国家。尽管有学者指出中国是"近北极国家"，但此概念是地缘政治上的概念，而不是国际法上通用的术语。因在北极地区无相应领土及海域，中国在进行北极资源开发和在北极航道航行时，应高度重视与北极国家的合作，尤其是与航道沿岸国家的合作。随着我国成为北极理事会正式观察员，越来越多的国家承认我国为"北极利益攸关方"，希望通过我国的资金、技术和人力开发利用北极，对我国参与北极事务的态度趋于开放、积极，主动提出北极航运的合作建议，并期待中国在北极航道治理方面做出更多贡献。

俄罗斯作为北极大国，其北方海航道是东北航道的重要组成部分，同时其远东地区也是东北航道的重要构成，加强与俄罗斯的相关合作将有利于我国参与北极航道的治理。仅在2004年至2014年这10年间，中、俄两国的贸易额就增长了超过3倍，而根据2014年的统计结果，两国贸易额已经达到了950亿美元。中国在俄罗斯联邦对外贸易伙伴的清单上一直占据着第一的位置，而俄罗斯在中国的10大主要贸易伙伴清单上也位居第九。这明确反映了两国的经济合作拥有坚实的基础。2015年8月，俄罗斯总统普京与中国国家主席习近平在莫斯科签署了《关于欧亚经济联盟建设与"丝绸之路经济带"建设对接的联合声明》。[①] 这为中国加强在俄罗斯有关地区的投资，尤其是在作为东北航道重要组成部分的沿海港口的投资提供了方向。

俄罗斯目前为促进国内发展，提振经济形势，加快了对经济特区的开放，在其西部海港地区，摩尔曼斯克港是东北航道中重要的组成部分，俄罗斯于2012年在摩尔曼斯克州（海港）以及哈巴罗夫斯克州（海港）建立了港口型经济特区。俄罗斯不仅欢迎投资者进行技术投资，更欢迎外国投资者参与港口基础设施的建设与运营。不仅俄罗斯中央政府为投资者提供税收优惠，地方政府也将提供一定的税收优惠政策。[②] 这为中国投资者参与东北航道的开发提供了一定基础。

相对于俄罗斯的西部较发达地区，俄罗斯的远东地区目前是投资的

---

[①] V. P. 奥谢普科沃：《俄罗斯经济特区：为吸引外资做好准备》，《中国投资》2015年第10期，第10页，第72~73页。

[②] 俄联邦驻中国商务代表处：《俄罗斯投资环境》，http：//www.nbd.com.cn/articles/2012 - 06 - 07/659331/print，登录时间：2016年6月1日。

"处女地",关注俄远东地区的开放政策,将有利于中国加强对俄远东地区的投资与影响。尤其是海参崴地区,海参崴港作为东北航道的重要部分,不仅是俄罗斯的东部出海口,同时也将成为中国提振东北经济的一个重要构成,将成为中国东北三省参与东北航道开发与利用的跳板。目前,《俄远东优先发展地区法》经过了俄议会审议和通过,为投资者的长期经营提供了法律保障,该文件反映出远东地区经济发展的基本模式,并充分考虑到投资方的利益诉求。亚太企业会成为俄经济特区政策法规的受益者,其在俄的投资保障、税收优惠、减免关税等方面的需求能够得到满足。① 根据我国黑龙江省《推进东部陆海丝绸之路经济带建设工作方案》(2014 年 12 月),我国计划修建哈尔滨—满洲里—俄罗斯—欧洲铁路走廊和连接牡丹江—符拉迪沃斯托克、东宁—乌苏里斯克的铁路。这一系列工程的实施,能够实现以下目标:①推进我国国际运输走廊的建设;②利用哈桑—罗津运输走廊的物流能力;③利用哈巴罗夫斯克边疆地区新的港口基础设施;④扩大使用北方海路。我国还提出要"通过投资、参股、长期租赁等方式参与建设和经营俄罗斯符拉迪沃斯托克(海参崴)港、纳霍德卡港、东方港及扎鲁比诺港等俄罗斯远东港口,增加海上航线和班次。"② 即将启动的俄远东地区自由贸易港对中国东北地区发展意义重大,将为中国北方地区打开新的通向欧洲的出海口,中国商品可以通过海参崴自由贸易港等自贸区,直接运往北欧和美、加的各大港口,销往欧洲及北美市场。

美国是中国参与北极事务的潜在合作伙伴。2013 年 5 月,美国总统巴拉克·奥巴马签署了美国的《北极地区国家战略》,坚称,美国将"支持和保护……国际航行和飞越自由的法律原则"。2015 年 1 月 9 日,美国政府颁布《国家安全及国土安全总统指令》,取代 1994 年北极政策文件。新文件

---

① 汪嘉波:《俄远东经济特区向中国企业敞开大门》,《光明日报》2015 年 7 月 7 日,第 12 版。
② 黑龙江省人民政府:《黑龙江省人民政府办公厅关于印发推进东部陆海丝绸之路经济带建设工作方案的通知》,http://www.hlj.gov.cn/wjfg/system/2015/01/30/010705461.shtml,登录时间:2016 年 6 月 1 日。

宣布美国是一个"北极国家",在北极地区有着广泛而重要的国家利益,其中航海自由被置于"最优先"的地位,美国坚持西北航道和东北航道属于国际航道,美国船只有权过境通行。中、美至今已展开了六轮海洋法和极地事务对话,并在2015年的第七轮战略与经济对话中单独列出了海洋法与极地事务。2015年北极理事会部长级会议于4月24日在加拿大伊魁特举行,此次会议的召开标志着加拿大轮值主席国身份的结束,同时也意味着美国将成为新一届轮值主席国。中美两国在北极有着共同利益和诸多共识,尤其在北极航道问题上,双方都支持自由航行,认为东北航道和西北航道均属于国际航线。两国过去在北极问题上交流有限,但随着相互理解的增加,未来会有更多的合作机会。

由此可见,近几年中国与北极圈内国家的北极合作正在有序开展。但除冰岛与俄罗斯外,与其他北极国家的合作仍主要停留在学术沟通或民间了解上,由政府牵头开展的官方合作比较少。需要注意的是,北极圈内国家的北极战略各有不同,美国、俄罗斯、挪威、加拿大、丹麦这5个北冰洋沿岸国数次召开会议,通过《伊鲁利萨特宣言》,强调五国在北极事务方面的核心作用,并积极协调有关划界和北极渔业的问题。瑞典、芬兰、冰岛等非沿岸国担心在北极相关决策过程中被边缘化,因此坚持北极问题应由北极八国在北极理事会讨论。中国在参与北极治理中有针对性地建立不同层次的对话与合作,与个别国家通过双边互惠开展合作的同时,支持合理、有序开发北极,坚持相关活动应当遵守有关国际规则和北极国家的国内法,尊重北极土著人的利益和关切,保护北极生态环境,以可持续的方式进行。

### (三)与北极圈外国家的航道治理合作

北极海域有公海和国际海底区域。北极域外国家依据国际法有权在北极地区开展科研、航行和开发等活动,上述权利应得到尊重和保障。北极的保护与利用,特别是处理气候变化、生态、环保、航运等全球性问题有赖于国际社会协同努力,国际社会在北极的整体利益应得到尊重。

北极航道治理、环境保护、科学考察和对气候变化应对措施需要北极圈外国家的积极参与。欧洲的英国、爱尔兰、德国、荷兰，亚洲的中国、韩国、日本、印度都表现出了对北极研究的关注。其中韩国、日本、新加坡等国高度重视北极航线的利用及相关研究。韩国与俄罗斯就共同开发俄北极地区、利用北方海航道等问题达成一致。①

日本通过国内规划协调、搜集航行资料、积极参与国际规则制定等多途径加强北极航道开通的前期准备，并积极制定相关防卫政策，保障从北冰洋至东北亚的航道安全。2015年10月16日，日本政府在首相官邸召开了综合海洋政策本部的会议，会议通过了日本首个北极相关政策——"北极政策"。此次"北极政策"的通过向世界宣示了日本在北极问题上的立场，表明日本的目标是在围绕北极航道和资源开发的相关国际规则的制定上发挥主导性的作用。意大利、法国、日本、英国、韩国等域外国家均有企业与北极国家合作开发北极资源。气候变化是全球共同关注的事项。中国目前尚未开展与北极圈外国家的合作，通过国际组织平台开展这类合作将比分散地与北极圈外国家开展合作更具成效。

### （四）与区域性组织的航道治理合作

北极合作机制中的区域性国际组织维度主要针对的是北极国家为维护北极环境，保护北极原住民利益，推动北冰洋沿岸国在能源、运输、林业、环境等领域的合作而建立起的区域性国际组织平台上的北极合作。涉北极的区域性国际组织包括北极理事会、巴伦支欧洲-北极理事会、西北欧理事会，其中最具影响力的为北极理事会。事实上，无论是区域性国际组织，还是全球性国际组织，其成立都伴随着成员或理事国对自身国家主权的限制，是成员或理事国自愿结成联盟并遵守该决议的利益共同体。国际组织决议的适用范围限于成员或理事国主权范围内。

以北极理事会为例，它是北极八国最初以保护北极环境为目的成立的政

---

① 《韩俄拟共同开发俄远东地区推进北极航路开辟》，环球网，http://world.huanqiu.com/exclusive/2013-07/4114001.html，登录时间：2016年6月1日。

府高层论坛，尽管不属于严格意义上的政府间区域性国际组织，但近年来的发展趋势促使其成为了北极地区最具影响力的准区域性国际组织。北极八国根据1996年《成立北极理事会宣言》达成共治北极环境事务的决议，北极理事会制定的软法性决策、政策获得北极八国的普遍支持。中国目前为北极理事会正式观察员，尽管作为观察员的中国对于北极事务没有投票权，但可向部长级会议提交文件，经主席团同意后还可发表意见。非北极国家对北极事务的关注促使北极国家警惕北极圈外国家的参与，通过制定苛刻的条件限制观察员的准入，限制观察员在北极理事会内部的权利，北极理事会维度下的北极合作仿佛成了"鸡肋"。中国要充分利用2015~2017年美国担任北极理事会轮值主席国这一契机，加强中、美北极双边合作，增进同美国的沟通与对话，开展北极航道领域的合作。

### （五）与全球性国际组织的航道治理合作

气候变暖导致北冰洋融化，北冰洋及其底土蕴含的丰富生物和非生物资源是北极国家纷争乱象背后的重要原因。然而，在资源开发、航道通行、科学考察、环境保护及气候变化等领域，北极国家与非北极国家都具有一定的受国际法支持的利益。

在航道通行方面，北极航道包括东北航道、西北航道和中央航道，其中航行东北航道须穿越俄罗斯若干海峡，航行西北航道须穿越加拿大北极群岛，船舶在经过俄罗斯和加拿大有争议的水域后经过的是可供自由航行的专属经济区或公海，因此国际海事组织制定的国际航行规则应予以适用。

我国积极参与北极航运规则制定，开展北极通航研究及试航，我国积极用好海运大国和国际海事组织A类理事国地位，深入参加国际海事组织《极地水域船舶强制性规则》的制定工作，密切跟踪北极理事会北极海运评估项目及北极通航筹备工作进展情况。我国船级社与有关国家船级社就极地航行船舶技术与破冰船技术规范等进行了多次技术交流。我国交通运输部及有关学术机构对北极航线开发利用、海运评估等问题进行了认真研究。2012年夏季，"雪龙号"科考船在第五次北极科学考察期间首次穿行东北航道。

2013年夏季，中远集团所属中远航运的"永盛轮"成功穿行东北航道抵达鹿特丹，实现中国商船首航北极航道①。2015年10月，经过55天、近两万海里的航行，"永盛轮"创造了中国商船首次经过北极东北航道从中国往返欧洲的纪录。② 这是继2013年首航北极东北航道之后，"永盛轮"再次顺利通过这一航道。这些实例对了解北极航道情况、提升我国航运产业链、提高我国航运公司竞争力具有积极意义。

## 五 结语

实践证明，中国是北极治理的参与者、合作者。中国有意愿也有能力为北极的可持续发展做出更多的贡献。目前，外界对中国参与北极事务的关注度远远超出中方的实际参与度。③ 2015年10月29日，中共十八届五中全会公报指出，积极参与全球经济治理和公共产品供给，提高中国在全球经济治理中的制度性话语权。④ 同年11月3日发布的《中共中央关于制定国民经济和社会发展第十三个五年规划的建议》提出，要加强宏观经济政策国际协调，促进全球经济平衡、金融安全、经济稳定增长。积极参与网络、深海、极地、空天等新领域国际规则制定。⑤ 因此，我国在北极航道的国际治理中的角色已经明确，我国是基于北极现行治理结构和法律框架的"北极利益攸关方"，⑥ 我国应积极参与北极航道的治理，在开发与利用中，通过

---

① 《中远集团永盛轮成功首航北极东北航道新闻发布会召开》，腾讯网，http://finance.qq.com/a/20130916/014941.htm，登录时间：2016年6月1日。
② 曾璇：《中国商船首演北极航道双向行》，《羊城晚报》2015年10月12日。
③ Aspirations, China's Arctic, "China's Arctic Aspirations", Sipri Policy Papers (2012).
④ 《中国共产党第十八届中央委员会第五次全体会议公报》，新华社，http://news.xinhuanet.com/politics/2015 - 10/29/c_ 1116983078.htm，登录时间：2016年6月1日。
⑤ 《中共中央关于制定国民经济和社会发展第十三个五年规划的建议》，新华网，http://news.xinhuanet.com/politics/2015 - 11/03/c_ 1117027676.htm，登录时间：2016年6月1日。
⑥ 贾桂德、石午虹：《对新形势下中国参与北极事务的思考》，《国际展望》2014年第4期，第5~28页，第150页。

参与规则制定,提高我国在北极治理中的制度性话语权。

越来越多的国家承认我国为"北极利益攸关方",希望通过我国的资金、技术和人力开发利用北极,对我国参与北极事务的态度趋于开放、积极,主动提出北极科研、航运、能源方面的合作建议,并期待中国在北极事务方面做出更多贡献①。作为《联合国海洋法公约》和《斯约》缔约国,我国有权在北极相关海域航行、科研和从事资源勘探开发活动,并在斯匹茨卑尔根群岛区域享有自由进出、平等从事海洋、工业、采矿和商业活动的权利。

但从目前实践来看,我国参与北极航道治理仍然任重而道远。第一,由于我国参与北极事务的时间较短,各部门参与北极事务存在着时间差异,我国参与北极事务,尤其是北极航道治理存在短板。同时作为正在崛起中的域外大国,我国在北极的活动备受关注,随着我国影响力和在极地活动能力的加强,外界对我国参与北极事务心怀疑虑,担心我国挑战北极国家主导权,甚至怀疑中国要"掠夺"北极资源、破坏北极环境、对北极有军事企图等,"北极中国威胁论"不时泛起。由于前期的一些不好的言论,导致我国需要在澄清自身立场、树立正面形象上下更多的功夫。

第二,在北极航道的国际治理上,由于北极航道利用上仍存在较多的法律问题,如加拿大的直线基线划法、东北航道相关的法律地位问题、联合国海洋法第234条的使用空间范围问题等。我国可以基于利益攸关方的定位,关注这些问题的解决,积极开展外交活动,继续搭建和巩固双边、多边国际合作平台,用好北极理事会正式观察员身份,深入参与北极航道治理,不断提升科研水平,稳妥参与北极开发利用,为北极的和平、稳定和可持续发展做出贡献。通过不同的国际平台参与这些问题的解决,完善非北极国家可以充分参与的合作机制,用好多边平台中的话语权和决策权,维护我国的正当权益,参与航道开发与利用。

---

① Johanna Vagadal Joensen, A New Chinese Arctic Policy? —An Analysis of China's Policies towards the Arctic in the Post – Cold War Period (Aarhus University Student Thesis, 2013), p. 5.

第三,进一步研究和完善国内有关北极事务的法律政策,对内可以为北极相关工作提供正确指引,对外有助于增加我国的政策透明度、客观理性地宣传我国在北极航道等领域所做的贡献,引导国际社会对我国的北极航道政策的认识,为我国深入参与北极航道治理营造有利的国际舆论环境。

# 北极航线通航背景下的中国战略举措研究

张 瑜*

近年来，随着全球气候变暖不断加剧，北冰洋冰层融化速度的加快，连接亚洲、欧洲和北美洲的海上新航线即北极航线的开通和商业化运营有望实现。北极航线开通意义非常重大，其具有重要的航运价值、经济价值和政治价值。与传统航线相比，此航线可以降低运输成本及海上航行安全风险，通航的价值极高。同时伴随北极航线的开通，北极地区的自然资源，比如天然气、石油等，在未来将被更大规模地开采、挖掘和利用，对环北极国家和非北极国家来说都具有重要的战略意义。因此，北极航线的巨大价值让沿线国家纷纷明确本国的战略目标，并出台相应的北极航线战略，以争取在北极航线问题上的主动权。中国作为重要的北极利益攸关方，在北极航线权益争夺中把握机会、争取话语权，制定体系化的北极航线战略尤为重要。因此，研究我国北极航线战略举措，有助于理顺北极航线问题的战略思路，明确北极航线问题重点，在参与北极治理现有的基础上，进一步提升中国在北极航运事务治理中的参与度，进而提升和保障中国在北极事务中的地位。

## 一 北极航线之于中国的战略意义

### （一）北极航线通航有利于中国北极地区的资源开发

北极地区的自然资源极其丰富，其中蕴藏着大量的化学资源、生物资

---

* 张瑜，女，中国海洋大学法政学院 2014 级法律硕士研究生。

源、矿产资源以及水力风力资源。由于全球气候变暖，北极地区冰层融化速度加快，开发利用北极地区丰富的资源逐渐变为可能。北极地区富饶的资源中，矿产资源尤为丰富，根据美国地质局报告，全世界油气资源总储量约1万亿吨甚至更多，主要分布在北极地区，未探明的油气资源占全世界未探明的油气资源的22%，其中包含了全球30%未被发现的天然气储量和13%未被发现的石油储量。[1]

另外，北极地区还拥有大量的铁、锰、金、镍、铜等矿产资源。在挪威、加拿大、俄罗斯、美国的北极地区蕴藏有丰富的矿藏，加拿大产出的铁矿石纯度高达70%，现在加拿大已经制定了向欧洲出口铁矿石的计划。同时，北极地区还拥有丰富的森林、渔业等资源，北极地区的水产品十分丰富，分布有大量具有较高经济价值的寒水区鱼类。北极航线通航，将为北极地区资源的开发利用提供便利。与此同时开辟海外能源采购渠道，扩大海外资源的开发与利用。中国作为一个经济快速发展的国家，应当更加关注能源的全球性供应以及能源的海上运输，北极地区的能源开发和利用以及北极航道的利用将直接影响中国的能源供应和能源战略布局，总之，北极航道的开通对中国意义重大。

## （二）北极航线通航影响我国沿海地区经济发展战略布局

中国地处西北太平洋，北极航道的开通会对中国沿海地区的战略布局产生重大影响。北极航线通航首先可以降低国际海运贸易成本，其次随着国际贸易成本的降低，国际产业布局将发生变化，国际分工亦随之变化，一系列变化将对国际的经济大格局产生影响。最后，从国际延伸到国内，对我国沿海地区的产业分工和布局也会产生较大影响。这种影响对沿海地区最为直接，沿海港口城市作为对外发展交流的交接棒，不仅是连接海外各国经济贸易的通道，更承担着海上交通运输的贯通作用。中国沿海地区经济发展和开

---

[1] United States Geological Society, "Circum-Arctic Resource Ap-praisal: Estimates of Undiscovered Oil and Gas North of the Arctic Circle", http://pubs.usgs.Gov/fs/2008/3049/fs2008-3049.pdf.

发开放已形成了"三大四小"格局,三大是指珠三角、长三角和京津冀地区,四小是指北部湾、海峡西岸、江苏沿海和辽宁沿海。① 北极航道的开通以及北极航运商业化运营的发展,将进一步加强中国东部沿海地区的经济优势地位,促进中国港口经济和国际贸易的发展,从国际航运布局来看,这种影响对上海以北的沿海城市影响最为明显,例如青岛港、天津港、大连港等,这些港口能够利用北极航道通航所带来的航行时间减少和航运成本降低的优势。北极东南航道的通航也将给中国北方港口城市带来丰富的货源,对于沿海城市的影响以及国际航运业的快速发展,必将进一步刺激中国内地货源地的布局改革和规划更新。② 中国北方城市的发展将迎来更大的机会,这对于发展中国北方的经济具有非常重要的意义,比如在建设大连东北亚国际航运中心和实施东北振兴规划中发挥重要的作用,这样一来,更有利于中国区域经济平衡发展。

### (三)北极航线通航加强中国与北极国家之间的经贸联系

中国与北极国家的经济贸易往来已久,相互之间一直保持着文化、经济等方面的交流,北极航道的开通将把中国的沿海地区与北极国家更紧密地联系起来。北极航道通航之后,中国的海上运输需求将得到极大满足,另外,随着北极航道的通航,北极地区将成为新的资源和能源产地。中国将进一步融入到北极地区的经济发展进程中,进一步增强同北极地区国家的经贸联系。

## 二 北极通航背景下域外国家北极事务的参与

近年来,北极地区的变化吸引了众多域外国家的关注,域外国家和行为体在参与北极事务方面存在很多共性,中国在关注其他域外国家北极动向的

---

① 史春林:《北冰洋航线开通对中国经济发展的作用及中国利用对策》,《经济问题探索》2010年第8期。
② 孙凯、刘腾:《北极航运治理与中国的参与路径研究》,《中国海洋大学学报》(社会科学版)2015年第1期。

同时应从中汲取经验，取长补短，不断完善参与战略，深化参与进程，为实现北极地区的善治和谋取全人类的利益做出贡献。韩国、日本还有欧盟等国家及行为体对北极事务持有很高的热情，有更积极的政策实践，因此中国应从它们的实践中学习经验。

（一）韩国

韩国一直高度关注北极地区，其成为北极理事会正式观察员后，对北极事务的参与热情更加高涨。相比较其他非北极国家而言，韩国对北极地区的关注和参与度显得尤为突出，应对北极航线通航采取的种种举措十分具体。同样作为非北极国家，在北极航线通航的大背景下，中国应该提高北极事务的参与和关注意识，善于取他人之所长，结合自身国情，在学习中不断探索，不时进行反思和不断地提高自己，找到适合自己的战略举措。我们对韩国成功经验的理解主要有以下几点。

首先，大力推行北极外交。合作是这个时代的主题。作为非北极国家，想要参与到北极地区事务中，首先要做的就是合作。想要提高自己在北极地区的存在感，就要加强与环北极国家的合作，目前，环北极国家纷纷宣布其在北极地区的领土和水域主权，每个国家都在为自己的利益据理力争，有时为了北极地区整体利益，环北极国家会抱团共同排外。因此，加强与这些国家的合作就显得尤为重要，如果不和这些国家合作，将难以在北极地区开展事务。韩国特别重视与环北极国家的合作，把加强与环北极国家的合作放在本国北极战略目标的首要位置。比如，2012年9月，时任总统李明博对俄罗斯、格陵兰岛和挪威进行了访问，在访问的过程中，李明博就北极地区的一些重要问题与三国领导人进行了会谈，内容包括北极地区的环境保护、气候变化、资源开发和航道的开发利用等。具体成果如下。韩国与挪威进行会谈时，就保护北极的生态环境、资源可持续发展和保护生物多样性等方面的合作达成一致意见。① 韩国政府与格陵兰岛合作，签署了进行共同探测协

---

① 杨元华：《韩国开发北极的举措值得借鉴》，《中国远洋航务》2013年第9期，第48~50页。

议。韩国尤为重视与俄罗斯的合作,2014年2月,俄、韩讨论了进一步开展北极合作的机遇和途径,并表示北极地区是两国富有前景的重要合作领域。① 同时,韩国政府还在推动与丹麦等北极沿岸国家签订资源开发合作谅解备忘录。韩国把与环北极国家伙伴关系的基础打牢,接下来开展事务才会更加顺利。

其次,加强研发力度。全球变暖对全球产生了不同程度的影响,对于北极地区来说,这种影响更为突出,随着气候变暖,北极地区的冰川融化,此种大环境下,对北极地区的探索则显得更加的重要,加强对北极地区的研究,共享北极地区研究成果,不仅有利于北极事务的开展,而且可以造福全人类。

韩国政府在公布《北极综合政策推进计划》后承诺,从现在起到2020年将投资3.6万亿韩元(约32亿美元)用于研发海洋工程技术和北极航行技术。② 高度重视和加大开发北极相关技术的研发力度,是韩国北极战略的一个重要特征。芬兰是破冰船制造技术的领先者,韩国企业不断努力学习芬兰的先进造船经验。韩国企业加大研发海工和北极航行技术的力度,以保持世界领先的船舶装备出口国地位。研发传统的船舶和海工设备建造技术、深海能源开采技术、LNG燃料技术等则是韩国北极战略的另一个重要的特点——重点加强对北极地区的科研研究力度。同时,韩国还加强研发为应对气候变化而采用的二氧化碳收集和存储技术。开发利用北极航道,只有企业积极参与是远远不够的,政府才是利用北极航线的主导力量。韩国政府对北极开发的支持力度是很大的,比如韩国政府为利用北极航道的韩国船舶提供出入港的费用优惠;政府加大对北极地区的科考站建设;建设专门负责极地管理的机构;注重培养航海类人才;奖励研究北极事务的科研机构;培养高

---

① 《俄罗斯和韩国首次讨论北极合作途径》,中新网,http://www.chinanews.com/gj/2014/02 - 09/5815017s.html,登录时间:2014年2月9日。
② Lee Hong Liang, "South Korea Pledges MYM3bn to Offshore and Arctic Shipping Research", http://www.seatrade - global.com/news/asia/south - korea - pledges - MYM3bn - to - offshoreand - arctic - shipping - research.html.

素质的专家和科研人员；完善极地相关的法律法规等。

最后，创造新的商业机会。北极航线与传统航线相比，存在很多的优势，比如可以节约国际运输成本、加快物资的流通、降低船舶能耗，因此，冰川的融化、北极航线的通航带来了很大的商业机遇。在韩国政府的支持下，韩国的企业很快就抓住这个机遇，努力将自己的航运利益转化为商业利益，同时，韩国政府还采取更多的鼓励措施，比如完善港湾建设、完善港口布局、减免国内港口使用费等。

## （二）日本

随着全球变暖，北极冰川融化，北极的各种利益开始凸显，日本同样对北极产生了强烈兴趣。日本是最早关注北极地区的亚洲国家，[①] 曾开展过一系列国际联合调研课题，在如愿以偿地成为北极理事会观察员后，日本更加积极地改变目前自己的北极治理架构，因此研究日本的参与战略也相当的重要。[②] 具体经验如下。

第一，明晰本国的北极利益。国家利益决定国家行为，明晰本国北极利益往往是参与北极事务的起点。作为一个海洋大国和资源小国，日本参与北极事务主要源于两大因素的推动：[③] 一是应对北极气候暖化带给日本生态环境的挑战，二是北冰洋通航带来的战略机遇。日本的北极利益主要包括经济和安全两部分：经济利益主要涉及北方航道利用和北极资源开发，而安全利益则是北极地缘政治变化对其安全保障和东亚格局的影响。[④] 对于日本来说，最现实的北极利益就是经济利益与航运利益。因比，日本的北极外交也是围绕这两大核心利益诉求而展开的。

第二，积极应对海运物流格局的转变。东北航道已经成为缩短日本与欧

---

① 北极问题研究编写组：《北极问题研究》，海洋出版社，2011，第 132~134、364~365、369 页。
② 陈鸿斌：《日本的北极参与战略》，《日本问题研究》2014 年第 3 期，第 1~7 页。
③ 肖洋：《日本的北极外交战略——参与困境与破解路径》，《国际论坛》2015 年第 4 期。
④ 闫德学：《地缘政治视域的日本北极战略构想》，《东方早报》2013 年 8 月 2 日，第 A18 版。

洲之间海运距离及航运时间的一条黄金水道,这将对日本的出口导向型经济产生巨大影响,因此日本政府将积极转变职能以应对海运格局的转变,这包括三方面的内容:一是建立北冰洋海运政策保障体系。包括建立相关法律法规、完善国内基础设施建设、对造船业发放研发津贴,鼓励建造具有国际竞争力的极地货运船舶,系统培训适合北极航运的船员。二是推动北极商业化航运,加大对北极地区自然资源的开发力度,构建北冰洋-西太平洋海运枢纽港的方案。三是推动北冰洋-太平洋航道安全合作,制定应对外国在北冰洋国际航道水域军事行动的对策。①

第三,增强对北极的科学研究。作为亚洲最早关注北极的国家,日本在1990年前后便全面启动了北极研究,并在1993~1999年、2003~2006年开展调研课题,对开拓利用北极航道付出了超前的努力。近年来,日本为加强北极研究动作频繁,如发射卫星观测北极航线,② 决定整修在北极的科考据点和建造观测破冰船等。③

第四,加强与北极国家的外交合作。作为域外国家,加强与北极八国的外交合作是参与北极事务最直接有效的途径。日本在2012年底自民党重新上台后开始在北极外交上发力。2013年3月,其外务省设立"北极担当大使",专门负责日本的北极外交事务。④ 同年4月,安倍首相访问俄罗斯,两国发表联合声明表示愿意充分利用外交磋商机制推动北极合作。同年11月,日本外相岸田文雄在印度参加亚欧外长会议期间与北欧和波罗的海八国外长举行了专门的会谈,其中涉及北极合作。⑤

---

① Kazumine Akimoto, "Introduction to the Principles for Building Confidence and Security in the Exclusive Economic Zones of the ASIA-PACIFIC", *Intelligence Analysis*, June 2014.
② 《日本发射卫星探测北极航线》,《人民日报》2012年5月17日,第21版。
③ 郭桂玲:《日本将强化北极考察整修北极科考点建造破冰船》,日本新华侨报网,http://www.jnocnews.jp/news/show.aspx?id=61089,登录时间:2012年12月28日。
④ 《日本设立驻北极大使拟提高在北极"存在感"》,环球网,http://world.huanqiu.Com/exclusive/2013-03/3747218.html,登录时间:2013年3月19日。
⑤ 庞中鹏:《北极将成各大国博弈的又一热点地区》,新华网,http://news.xinhuanet.Com/world/2013-12/03/c_125801104.html,登录时间:2013年12月3日。

## （三）欧盟

欧盟中除丹麦、芬兰、瑞典外，其余各国都同中国一样为北极域外国家，这些国家对北极事务的关注程度同样很高。在参与北极事务的政策目标方面，中国与欧盟存在很多的相似之处，双方都把积极参与北极事务与自身的利益紧密关联起来。例如，域外国家想要参与北极事务，会受到环北冰洋国家的诸多限制，中国和欧盟都试图突破这些限制，加强自己与环北冰洋国家的合作，从而提高自己在北极地区的存在感；在北极治理方面，中国和欧盟都主张从全球利益角度出发处理北极事务，双方都赞成从全球层面进行北极治理。同时，双方在北极航道的问题上，都坚持在北极地区的自由航行原则。从上述双方参与北极事务目标政策极高的一致性来看，考察欧盟的北极战略目标，对我国北极政策的制定以及实践有着重要意义。

欧盟参与北极事务时，尤其注重各种利益的有机统一，在制定参与北极事务的政策目标时不仅充分考虑北极的航运价值，还结合其他的资源价值、科学价值等综合筹划。旨在实现各种价值和利益的有机统一，将自己塑造成对环北冰洋国家有吸引力的域外行为体。

欧盟在参与北极事务时，特别重视同环北冰洋国家的外交关系，从全球层面强调北极治理，积极提高自己对北极事务的参与程度，从而提升自己在北极理事会等机制中的存在感以及地位。欧盟积极参与区域治理机制的同时，还进一步加强同环北冰洋国家的合作，比如加强与挪威、加拿大、美国的合作，建立长期合作关系。欧盟不同于一般的行为体，其具有建设国际治理机制的经验与优势，同时，欧盟可以发挥自己的经济优势，成为北极地区国家的支持伙伴。正如上文提到，中国与欧盟在参与北极事务的目标上具有很多的相似之处，因此，中国也应该建立与欧盟的长期合作伙伴关系。中国应当学习欧盟的有机统一意识，将自身的利益和参与北极事务的各方利益有效地结合起来，提高自己在北极地区的影响力，树立自己的负责任大国形象。在经济方面，中国与欧盟应该继续加强合作，相互依赖，共同进步，在参与北极事务时，应更加注重全球经济背景下的资源利用和环境保护等问题，完善北极地区关于环境保护和资源利用的法律法规，针对北极航道开通后，北极航道的利用等问题，制定相应规范，相互协调，实现共赢。①

## 三 中国北极航线通航背景下的战略举措

北极的治理涵盖科学考察、冰海航运、自然资源开发、远洋捕捞、安全管理等事务，因此，我国构建北极外交战略体系时应当综合考虑上述问题。

### （一）调整战略目标

北极航线通航将会引起国际经济格局的变化，航运、港口建设及仓储转运服务在产业结构中占的比例会越来越高，港口布局及国家总体经济发展战略布局也会发生相应的变化。同时，北极航线开通后会带动一系列新兴产业的发展，从而促进就业。因此，北极航线的开通将对中国海洋经济的发展乃至整体经济实力的提升产生重要影响。我国在考虑北极航线的开通对国际经济合作、国际贸易发展、国内经济发展战略布局及海洋经济等方面的影响的基础上，提出中国北极航线战略在经济层面的总体战略目标为：以国家经济建设为重点，以北极航线地缘经济为核心，以海洋经济和绿色经济为实施途径，通过加强合作和争取北极航线贸易量提高中国的贸易大国地位。在战略规划和实施方面，首先，我国应加强与北极国家的经济合作，尤其要加强同俄罗斯、冰岛等国的能源贸易合作，促进我国经济发展，缓解目前国内能源危机。其次，我国应根据北极航线发展趋势，大力发展海洋装备业、海洋运输业、海洋油气业等海洋产业，调整港口结构，完善港口转运、仓储等服务功能，形成"新兴海洋产业与传统海洋产业齐头并进，海洋生产力与海洋生产关系和谐发展"的产业格局，使我国港口能更好地适应北极航线的发展要求，实现良好对接。我国的运输、服务贸易等行业可以通过企业联盟等方式加强与其他国家的联系，在吸收优势力量的基础上增强国际竞争力。其

---

① 杨剑：《北极航道：欧盟的政策目标和外交实践》，《太平洋学报》2013年第3期。

他相关行业如物流业应加强基础设施建设，完善运输、仓储及其他增值服务；旅游业应积极参与极地旅游资源开发，提前规划极地旅游事项，在极地旅游这一新兴市场中占据一席之地。此外，针对北极国家常以我国经济发展模式粗放为由，抵制我国参与北极资源开发等事务的现状，我国应积极推进资源节约型、环境友好型经济发展模式，用绿色环保的经济模式保障我国在北极及北极航线问题上的话语权。①

## （二）航运业发展战略

### 1. 造船业

北极航道的水位较深，可承载的重量较大，对于巨型化的船舶航行更为有利。因此，中国海运船舶应向大型化方向发展，这样有利于我国节省海运成本、加速发展造船业，而且随着中国进口能源和海外贸易规模的快速扩大，为了提高单船单次运输量、降低海运成本，目前海运企业普遍倾向于使用大型船舶从事国际贸易，北冰洋航线具备天然优势，是巨型船舶通行的理想航线，也能极大地降低海运成本。北极航道开通后，海运业对船舶的需求将产生变化，特别是对具有抗冰能力的大型船舶的需求会有所增加，这也需要船舶制造业提前做好准备。对于正在制定中的北极航运的船舶标准，为保持中国造船业的国际市场份额，中国造船业应该积极地与中国航海专家进行沟通，这些专家包括专门研究北极的专家学者以及航海人才，最重要的是在国家海事组织等机构中供职的人员。中国造船业应积极从专家处获取有关技术标准发展的最新最全动态，做到心中有数，提前进行规划，进行相关的技术合作。尤其是中国上海要在 2020 年前后建成国际航运中心，更需要开展细致的研究和前瞻性布局。② 同时，中国港口与航运服务业应该提前开始准备，在主要的港口城市提前规划据点，开展和延伸相关业务。这些业务包括

---

① 李振福、尤雪、王文雅：《中国北极航线多层战略体系研究》，《中国软科学》2015 年第 4 期。
② 《北极航道"苏醒"，我国造船业要抓住机遇》，http://www.chinashipnews.com.cn/show.php?contentid=6993，登录时间：2016 年 1 月 11 日。

相关的保险业务及航运服务等。

众所周知，北极地区是一个特殊的地区，它有特殊的气候环境和地理位置，航运企业想在北极地区运营，必将面临很多的困难。航运企业的发展离不开政府的支持，因此，我国政府应该加大对航运企业的支持力度，提供优惠的政策来提高航运企业的积极性。比如，政府可以拿出专项的补贴支持航运企业的发展及其在北极地区的试航，再比如，政府可以减免航运企业的税收，降低其航运成本，减少审批程序与时间等，总之，政府应该动用一切有效办法提高航运企业对北极事务的参与积极性。此外，由于航运业存在投资大、回收期长、风险高等特点，航运企业要想开通一项新业务，通常会选择融资贷款。因此我国应该专门设立北极航线的融资基金，用来降低航运企业的贷款门槛，如此一来，航运企业的资金供应就得到了保证。这样就减轻了航运企业的压力。

2. 完善港口布局

北极航线通航，中国港口将迎来更多的机遇与挑战，对于北方港口而言尤为重要，因此，北方港口应把自己的特点和航道开通的大环境结合起来，制定自己的发展战略，取其精华去其糟粕，争取成为北极航线上的国际航运中心。具体做法如下。

第一，加快关于建设成为北极航运中心的研究，制定合理有效的策略，进一步规划好港口布局。由于没有考虑到北极通航的因素，我国目前的国际航运中心建设及港口布局规划均是以传统航线为基础的，但随着北极航线通航日期的临近，国家应该对此高度关注，重点考虑靠近北极地区的北极港口，结合港口的区位优势和基础条件进行综合规划。在北极航线通航的情况下，构建港口的综合运输网，增强港口的竞争力，提高港口的知名度。

第二，为承接北极能源外运和南方货物分流做准备，应当加强港口基础设施和集疏运能力的建设。众所周知，北极地区资源丰富，北极航线通航后，对港口的需求将增加，尤其是对港口基础设施的需求，对于北方港口来说，这将是一种机遇，同时也是一份挑战。如果想对北极资源进行合理开发利用,我国就要对港口的布局进行提前规划,提高港口的资源存储能力,加强港口的基础设施建设。此外,还应加强港口的集疏运能力,包括海陆联运和内支线建设等。

第三,积极组建港口战略联盟,增强整体的竞争力。从目前的东北亚港口局势来看,对中国北方港口威胁比较大的是韩国的釜山港,其吞吐量中有40%以上属于国际中转货物,其中的30%来自于中国环渤海地区的大连港、天津港和青岛港。因此,从一定意义上来说,这三座港口是釜山港的喂给港。如果青岛、天津、大连这三座港口能够联合起来,相互协作,一定会吸引更多的外贸货物在国内中转,从而提高我国港口的中转箱量。其实,对于大连港、天津港和青岛港来说,日本港口的发展模式值得我们借鉴:组建港口战略联盟,提高整体竞争力,根据各自的优势特点和发展基础,通过相互协商协调来确定每个港口的总体发展方向及定位,明确港口的主营业务和兼营业务,并且合理布局泊位、岸线、大型专用设备等港口资源,使有限的投资发挥最佳的效益,形成各港优势互补、相互协调支撑的发展格局。除此之外,北方的港口若想增加对周边港口货物的吸引力,还应该进一步发展外贸内支线;当然还可以采取各种措施降低港口收费和经营成本,提高装卸的效率和服务水平,以增加对大型班轮公司的竞争力,提高中转箱量[①]。

第四,为了尽可能早地从北极地区获取相关利益,开辟北极航线的任务迫在眉睫。就目前的形势不难看出,各国都在积极主动地致力于北极航线的开通,想来北极航线的通航为时不远。北极地区有着多彩的人文、自然景观和丰富的资源,随着航运成本的降低,许多航运企业都看到了北极航线巨大的经济利益并对其表现出了浓厚的兴趣,相信北极航道的开通在商业运输等方面有着无可比拟的地位。有鉴于此,我国北方港口也应该积极地参与进来。我国北方港口可与相关的航运企业沟通合作,共同对市场

---

① 王丹、张浩:《北极通航对中国北方港口的影响及其应对策略研究》,《中国软科学》2014年第3期。

的前景进行分析预测并加以研究，有效提高北方港口的揽货能力。还可以用合资的方式参与北极航线港口的设备更新等基础设施建设。通过与航运企业等各方的合作以及自身的升级完善，中国北方港口在北极航线上的重要地位将得到彰显。

第五，我国虽然早在2014年就建立了北极科考站"黄河站"。但对北极地区的科考及对北极航线的研究远远不如北极八国甚至日本和韩国等亚洲国家。因此我们应加大考察研究力度，获取更多的北极相关资料，为我国利用北极航道提供帮助。我国应争取更多的机会派出"雪龙号"科考船前往北极实地展开科学考察活动，尤其要对浮冰、水文、气象等情况进行周密的监测，获取有关航道及附近地区的有效资料。再就是要在航道上重要的地理位置如海峡附近建设长期海洋和气象观测站，并配合遥感卫星实时全面地监测航区内的天气以及浮冰的变化状况并加以分析研究。确保船舶进行远洋航行时的安全并提供技术支持和持久保障。还应考虑到北极地区的政治、经济、人文等因素，保证我国开发利用北极航道的可行性。对上述情况加以分析研究，争取在北极地区获得更多的话语权与利益。北极复杂多变的自然环境及全球气候变暖导致的冰川融化，使北极航道上势必会出现大量的浮冰，普通的船舶将难以在此安全航行。所以我国应抓紧建造新型的科技水平较高的现代化船舶，尤其是破冰船，目前的"雪龙号"是乌克兰建造的破冰船。想要确保船舶及航海人员的安全，我国还须努力。据相关资料显示，冰区船舶的船型按照冰区情况分为A、B、C三类，分别适合在海冰覆盖率高于10%、低于10%和无冰的状态下航行[①]。此外，想要通行北极航道必须取得有关的冰区通行证。就目前来说，我国航运企业的远航船舶想要适应冰区航行条件，就必须加以提升改进达到需求。关于A、B、C三类冰区船舶，对于我国来说，比较切实可行的方案应该是研发B类冰区船舶，在浮冰覆盖率低于10%的海面安全航行，无须驶入浮冰覆盖率高于10%的海面，从而

---

① 王丹、张浩：《北极通航对中国北方港口的影响及其应对策略研究》，《中国软科学》2014年第3期。

降低了建造或改造船舶的成本。

第六，为了实际拥有对北极航线的使用权，与北极八国的密切联系及合作是必不可少的。北极国家针对北极航线制定的相关政策以及措施，对中国是否能够顺利合理地使用北极航线有着举足轻重的影响。对此我国应该积极主动地与有关各国如俄罗斯等进行沟通与合作，并制定各方都能够接受的互利互惠政策。还应与韩国等一些虽属北极域外，但能积极参与北极事务的国家多多交流、交换意见，争取对北极航线等问题达成共识。通过实际行动来和主要的北极国家进行商业合作，加强各方的共赢关系。在2012年，中国国土资源部部长专程到格陵兰签署了一系列合作协议，计划共同开发格陵兰岛矿产。在2013年，冰岛成为欧洲第一个与中国签订自贸协定的国家。根据中、冰自贸协定，冰岛对从中国进口的所有工业品和水产品实施零关税。这些产品占中国向冰岛出口总额的99.77%。更为关键的是，作为北极圈国家，冰岛的雷克雅未克港位于北极航线上。相信在不久的将来，中国对北极地区的投资以及与北极各国的合作会越来越多。中国也会越发显现出其在北极航线上的重要性。

3. 培养航海人才

对于航海教育的发展和航海人才的培养，我国是一直十分重视的。教育界等有关部门也在积极探索良好可行的政策。就目前发展现状而言，有几个关键地方需要我们关注。首先，随着国内外的航海事业如火如荼地蓬勃发展，各国对船员的需求量不断增加。虽然各类航海院校及各种航海培训机构如雨后春笋般不断涌现，但是这些院校机构受条件所限，缺乏专业的师资力量和海上实践教学，学生的学习资源、实习机会严重不足，这样培养出来的船员的各方面素质可想而知，很难胜任未来的远航作业。对此，国家应将航海类本科专业和高职高专专业作为重点控制布点专业，并且与海洋权益、经济等专业紧密联系在一起。努力推行可持续发展的海洋教育和海员培训，培养高素质的海员。其次，加大对"卓越工程师教育培养计划"和"航海技能人才的培养培训"的投入。海运业的蓬勃、可持续发展是离不开高素质的工程师和专业人才的。从长远角度来看，高素质的海员必将在国内外海运业发挥巨大的作用。最后，关于船员的适任证书考试和实操评估工作，目前实行的是由海事部门统一考试、发证的管理模式，这对于海员的培养与评估的规范化、科学化十分有利，并且符合相关海事公约的规定。但不得不说这种模式也存在些许问题。比如，有些航海院校把证书考试大纲当作了航海教育的指向标，犹如应试教育般地教人无心向学，这对培养高素质的海员是非常不利的①。

4. 带动航运金融保险发展

北极航线通航对于航运业的意义不言而喻。与此同时，金融业和保险业也能随之得到良好的发展。航运企业如果要参与到新的航线中来必然要投入大量的资金进行技术研发，改造或建造船舶以适应北极的航道。而一般的中小型企业没有大量的资本作为支持很难达到上述条件。这时候航运企业对金融业的需求就会增加，企业通过银行融资贷款来进行升级完善，直至达到远航标准，从而带动金融业的发展。而海运保险自始至终都是与航运业形影不离的，是船舶在海上航行密不可分的项目。船舶在一望无际的大海中航行，随时可能遇到未知的危险，包括自然灾害，人为破坏等。不可否认当今技术的突飞猛进，人类克服困难的能力也随之增强。风险相对减少，但并不代表已完全消失，马六甲海峡、索马里附近，不时发生海盗劫持船舶的事件。导致这些航线上的保险运费、海盗险等居高不下。各国虽有自己的护航编队，但投入的成本极高。与之相比，北极航线因其独特的地理位置和恶劣环境，海盗很难在此活动，因此可以省出这方面的保险费，但也因为航线的恶劣环境，使船舶不得不购买相关的保险。并且出于保护北极地区独一无二的环境的考量，为防止过往船只对其造成污染及其他危害，有关部门一定会制定高标准、严要求的规定，如要求船舶购买环境污染责任险来保护北极地区人文与自然环境。

---

① 《大连海事大学校长王祖温就〈关于进一步提高航海教育质量的若干意见〉答报记者问》，http://edu.ifeng.com/gaoxiao/detail_2012_04/27/14194417_0.shtml，登录时间：2014年10月20日。

## 四 结语

随着北极航线的通航，我国对北极航线的利用将会面临诸多的机遇和挑战，在资源开发和航道开发等领域尤为明显，应对这些机遇和挑战是我国开展北极外交的核心推动力，我国对北极航线的利用不仅是为了维护本国的北极权益，更是为了拓宽我国参与北极事务的渠道，北极航道的利用有助于完善我国的能源产业布局，进一步对港口建设方面进行产业规划等。综上所述，在北极航线通航的背景下，我国应按照循序渐进的原则稳步向前，采取多管齐下的参与路径不断完善自身的北极战略。

## 分论二
## 北极新兴议题及其治理

# 北极核心区渔业法律规制问题研究

刘惠荣　宋　馨*

北极目前所经历的气候条件变化速率是低纬度地区的两倍,长期的气候变化带来了全新挑战。北冰洋沿岸国家200海里专属经济区范围外的海域属公海,即本文讨论的北极核心区海域,由于全球变暖,在2012年夏季已有40%的区域变成无冰海域。科学证明,在这种环境下已有众多海洋物种发生大规模的生态北迁,未来捕鱼船队将随之向北移动,北极核心区海洋渔场渐露轮廓。北极核心区渔业资源的开发与保护问题在北极周边国家国内政治经济中的地位显著上升,国际社会对这一问题的关注度持续提高,其他利益相关国家也开始在北极地区发展远洋渔业。问题也随之而来,海洋物种活动范围的改变对传统捕鱼模式的冲击,将不可避免地产生渔业争端。

生态环境和社会经济的变化对北极地区渔业法律秩序及治理结构产生显著影响,当前北极核心区渔业缺乏统一的治理体系,国际条约缺乏针对性,渔业组织能力有限,在应对未来渔业问题时存在障碍。鉴于目前北极渔业治理混乱的情况,我国有必要对北极核心区渔业法律秩序的现状进行梳理,预判未来该地区法律秩序的走向,并提出自己的应对之策。

## 一　北极核心区海域概况

北极地区是指北极附近北纬66°34′北极圈以内的地区,若以北极圈作为

---

* 刘惠荣,女,博士,中国海洋大学法政学院院长、教授、博士生导师,极地法律与政治研究所所长;宋馨,女,中国海洋大学法政学院国际法学专业2013级硕士研究生。

北极的边界，则北极地区的总面积是2100万平方千米，其中陆地部分占800万平方千米。若从物候学角度出发，以7月平均10℃等温线（海洋为5℃等温线）作为北极地区的界限，则北极地区的总面积就扩大为2700万平方千米。① 北极由陆地和海洋组成，其中北冰洋是一片浩瀚的冰封海洋，周围是众多的岛屿以及北美洲和亚洲北部的沿海地区。北冰洋在四大洋中面积最小、海岸线最曲折且岛屿众多。北冰洋占北极地区面积的60%左右，总面积1230万平方千米，占世界海洋总面积的3.6%；体积1700万立方千米，占世界海洋总体积的1.24%。② 据统计，北冰洋的国际水域面积为280万平方千米。北冰洋绝大部分海域在北极圈以北，通过白令海峡与太平洋连接，通过格陵兰海与大西洋连接。北冰洋上的永冻冰有10万年之久，但随着气候变化，正在融化。尤其是在2012年夏季，北冰洋各国200海里专属经济区以外的海域有40%的区域变成了无冰水域。北冰洋无冰水域范围不断扩大，科研人员称，如若不能遏制这一态势，北极海域可能将在2030年9月彻底"无冰"，这引发了各国对北极海域的关注。北极地区越来越多的海冰覆盖区域变成开阔水域，海冰的减少和开阔水域的季节性增长将对北极渔业资源的开发产生很大影响。③

根据北极冰雪信息中心的数据，2015年7月全球平均海冰面积是877万平方千米，在历年来卫星记录的海冰面积中排名倒数第八。2015年7月的全球海冰面积比1981~2010年的平均水平少92万平方千米。尽管北极海冰在6月回落接近平均水平，但是冰层融化的速度在7月加快使得月底的变化幅度在55万平方千米内，和2012年的同一时期相似，但低于2013年和2014年同期水平。在喀拉、巴伦支海、楚科奇海、东西伯利亚、拉普捷夫海等海域，海冰范围低于全球平均水平，在波弗特海和东格陵兰海附近，海冰范围

---

① 刘惠荣、董跃：《海洋法视角下的北极法律问题研究》，中国政法大学出版社，2012，第1页。
② "北冰洋"，百度百科，http://baike.baidu.com/link?url=KGBe95jq656UZhvaUcoTSte1dFUVZKPFUJ5kSYCxurhNfz46efMRyVlNihgQ_YC，登录时间：2015年12月7日。
③ 焦敏、陈新军、高郭平：《北极海域渔业资源开发现状及对策》，《极地研究》2015年第2期，第219~227页。

与全球平均水平持平，巴芬湾和哈德逊湾附近的海水范围则高于全球平均水平。2016 年 2 月卫星记录北极海冰覆盖面积持续降低。该月的平均海冰面积为 1422 万平方千米，这是有卫星记录以来历年 2 月的最低值，这比 1981～2010 年海冰覆盖面积平均值减少了 154 万平方千米，比 2005 年 2 月出现的海冰覆盖面积最低记录少 20 万平方千米，打破同期最低纪录。在 2 月的前三个星期，由于鄂霍茨克海海冰面积略有增长，北极海域曾短暂出现冰块增长的趋势，但巴伦支海和白令海以及东格陵兰海的冰块覆盖面积均低于历年同一时间平均水平，所以整个北极地区 2 月的海冰覆盖面积低于历年平均水平。①

北冰洋还有 8 个附属海，其中，北欧海域包括挪威海、格陵兰海、巴伦支海和白海，水温和气温均高于北极海域，且冰情缓和，海洋生物资源丰富。而位于斯匹茨卑尔根群岛、欧亚及北美大陆、加拿大北极群岛和格陵兰岛之间的海域，水温较低，浮冰广泛，海洋生物种类与数量都比较少。北极理事会在北极地区原住民的要求与协助之下，起草了《北极气候变化影响评估报告》。该报告指出，各国若不能有效实施二氧化碳等温室气体的减排工作，未来北极地区乃至全球范围将会出现严重后果。北极地区冰川的大面积融化、海冰面积锐减、温度上升、永久冻土层解冻等现象都强有力地证明，全球变暖对北极地区的气候产生了重大影响，北极生物将受到生存环境改变的巨大威胁。② 气候变化对北极海域产生的主要影响包括：与世界上其他海域相比，北极海域的表面温度升温迅速；北极海冰覆盖范围和厚度大幅降低；大量海冰融化会降低北极海域海水盐度；还易造成其他海洋和气象变化，如暴风雨和海浪；二氧化碳摄取量增加，加剧了整个世界海洋的酸化。③ 北极海域受气候变化的影响，海冰加速融化，原本是海冰的海域变为海洋，这一变化对生态、能源、航道、渔业都产生极大影响，特别是对渔业

---

① "Arctic Sea Ice News & Analysis", http://nsidc.org/arcticseaicenews/, Accessed on 7 Dec. 2015.
② 吴琼：《北极海域的国际法律问题研究》，华东政法大学博士学位论文，2010，第 8 页。
③ Molenaar, E. J., Arctic Fisheries Conservation and Management: Initial Steps of Reform of the International Legal Framework, pp. 427 - 463.

资源产生重大影响。大量海洋物种发生生态迁移,活动范围向北延伸,对沿海国及相关远洋渔业国家带来挑战。

## 二 北极核心区渔业资源现状

北极海洋系统是动态可变的,气候变化导致北极海域海水温度升高,海冰厚度和覆盖率降低,盐度降低,酸度增加,海水的这些变化会对鱼类产生直接或间接的影响。由于鱼类的耐受力及其他生物特性的不同,不同鱼种或相同鱼种不同种群的鱼类受影响程度也有差异,有些鱼类难以适应这种变化,将难以生存;而有些新鱼种则会进入北冰洋海域。目前北极各国进行着大量北极海域变化评估及北极生物多样性评估,将更多的目光投注在北极渔业资源上。

北极主要渔业资源为毛鳞鱼(Mallotus Villosus)、格陵兰大比目鱼(Reinhardtius Hippoglossoides)和北极虾(Pandalus Borealis),极地鳕鱼(Boreogadus Saida)和北极红点鲑(Salvelinus Alpinus)也有分布。在北冰洋海域中还存在潜在鱼种,这些鱼种的分布范围限制在北太平洋和北大西洋。重要的北太平洋渔业资源包括阿拉斯加鳕鱼(Theragra Chalcogramma)、太平洋鳕鱼(Gadus Macrocephalus)、雪蟹(Chionoecetes Opilio)以及太平洋鲑鱼(Oncorhynchus);至于北大西洋重要的渔业资源包括大西洋鳕鱼(Gadus Morhua)、黑线鳕(Melanogrammus Aeglefinus)、大西洋鲑鱼(Salmo Salar)、红帝王蟹(Paralithodes Camtschaticus)。[①] 研究历史温度变化对北极渔业资源分布的影响,可以发现在同一纬度、海水深度或以25年为一时间段的区间内,物种变化有明显趋势。在研究的36种海洋物种中,有20种向北迁移,并且有超一半的物种改变了分布边界。分布在北冰洋南界的海洋物种,如毛鳞鱼、鳕鱼和格陵兰大比目鱼,由于受气候变化的影响,已向北迁

---

① Erik, J. M., *Status and Reform of InternationalArctic Fisheries Law*, Arctic Marine Governance, Berlin: Springer-Verlag Berlin Heidelberg, 2014, pp. 103-125.

移。大西洋鳕鱼、鲱鱼也有可能向北迁移，从而扩大了物种分布范围，丰富了物种的分布。①

许多研究表明，全球气候变化是世界渔业资源产量和分布变化的重要原因之一，气候变化会直接或间接影响渔场的位置、鱼群的洄游路线以及渔汛的时间等。② 气候变化会对渔业资源产生影响，包括增长速度、商业鱼类种群分布、商业捕捞和捕鱼者的经济状况。各种因素包括水温、洋流、近岸水与公海的水体交换改变了水体营养物质和幼虫的分布。这种变化不仅带来负面影响，也有积极的方面，如鳕鱼、鲱鱼量的增加，但有些物种适应于在寒冷气候下生存，不能适应气候变化，其数量将减少，如帝王蟹数量即有下降。根据评估，极地鳕鱼、雪蟹、白令海比目鱼等鱼类向北迁移的可能性非常大，格陵兰大比目鱼及其他软骨鱼类也有向北迁移的可能。③ 虽然北极渔业捕捞量在世界渔业总捕捞量中的比重不高，但在北冰洋沿岸国家的渔业捕捞量中占有较高比重，是北冰洋沿岸国家重要的渔业资源地，北极渔业活动是北冰洋沿岸各国的一项重要经济活动。

在北极核心区以南的部分水域如白令海、巴伦支海、巴芬湾及格陵兰岛东西部海岸都存在捕鱼行为，巴伦支海、挪威海和格陵兰海更是世界著名渔场，虽然现在北极核心区还未出现大规模商业捕鱼行为，但该海域22%的区域由山脉和大陆架构成，水深不超过2000米，是适合捕鱼的。未来北极核心区的渔业前景存在不确定性，尤其在该海域缺乏统一全面的治理机制、法律缺失、渔业组织管理范围不能覆盖全部海域的大背景下，各国都无法忽视其特殊地位。目前亟须依靠有法律约束力的手段对北极核心区渔业进行规制，形成一种协调的北极渔业治理机制，规范北冰洋国际海域的渔业秩序。

---

① Jennifer, J., "Climate Change and the Arctic: Adapting to Changes in Fisheries Stocks and Governance Regimes", *Ecology Law Quarterly*, Vol. 37, Issue 3, 2010, pp. 917 – 977.
② 方海等：《气候变化对世界主要渔业资源波动影响的研究进展》，《海洋渔业》2008年第4期，第363~370页。
③ Babcock, H. A., Benjamin, P., Harald, L., "Potential Movement of Fish and Shellfish Stocks from the Sub-Arctic to the Arctic Ocean", *Fisheries Oceanography*, Vol. 22, Issue 5, 2013, pp. 355 – 370.

## 三 北极核心区渔业资源法律规制现状

北冰洋环境独特，现有的治理体系无法满足北冰洋渔业发展的需要，应寻求新的制度以加强对这片海域的保护。有学者指出，北冰洋与半闭海有类似的性质，因而主张对闭海和半闭海制度进行必要变更，并将变更之后的半闭海制度合理地适用于北冰洋。① 但本文并不认为北冰洋有半闭海性质，根据《联合国海洋法公约》（以下简称《公约》）第122条，"闭海或半闭海"是指两个或两个以上国家所环绕并由一个狭窄的出口连接到另一个海或洋，或全部或主要由两个或两个以上沿海国的领海和专属经济区构成的海湾、海盆或海域。首先从名称上看，北冰洋称为"洋"，是世界四大洋之一。"洋"与"海"是有区别的，海洋的中心主体部分叫作洋，边缘附属部分称为海。虽然北冰洋是最小的大洋，其面积仅是世界上最大海面积的3倍，处在海与洋两个概念之间，但不能将概念混淆，应确定北冰洋是洋而非海。其次，《公约》定义的闭海、半闭海是两个或两个以上国家所环绕并由一个狭窄的出口连接到另一个海或洋，而北冰洋除通过白令海峡与太平洋连接、通过格陵兰海与大西洋连接外还通过丹麦海峡、纳斯海峡等出口与其他海域相连，并不符合只有一个狭窄出口的要求。再次，《公约》规定全部或主要由两个或两个以上沿海国的领海和专属经济区构成的海湾、海盆或海域也称为闭海或半闭海，而北冰洋海域除去沿海国领海及专属经济区，还有280万平方千米海域属于公海，在这一点上北冰洋也不符合半闭海的要求，所以北冰洋不是半闭海，不能按照半闭海的标准对待。既然北冰洋属于洋，那么北极核心区则是公海，理应适用规范公海的相关公约或协定。

### （一）全球性公约

1982年《公约》是最权威的国际渔业法律制度，对全球范围的海洋具

---

① Joshua Owens：《闭海半闭海制度——北冰洋是半闭海吗?》，郭玉兰译，《中国海洋法学评论》2013年第2期，第193~218页。

有普遍适用性。在《公约》的基础上，国际社会又制定了一系列渔业协定，完善国际渔业管理实践的发展。包括由联合国跨界鱼类和高度洄游鱼类会议于1995年通过的《1982年12月10日〈联合国海洋法公约〉有关养护和管理跨界鱼类种群和高度洄游鱼类种群的规定执行协议》（以下简称《鱼类种群协定》），联合国粮农组织于1992年通过的《促进公海捕鱼船只遵守国际养护及管理措施协议》（以下简称《遵守协定》）和1993年的《负责任渔业行为守则》（以下简称《行为守则》）。这三个渔业法律文件对公海渔业管理发挥着积极作用，北极核心区属公海，应受以上公约、协定约束，规范渔业资源管理秩序。

《公约》的签署，意味着公海捕鱼自由时代的结束，进入渔业资源管理时代。① 《公约》对渔业资源的规制是区分海域的，在公海海域，各国都享有平等的进行公海渔业活动的权利，但是传统的公海捕鱼自由已被严格限定，所有国家均有权由其国民在公海上捕鱼，但受下列限制：①其条约义务；②除其他外，第63条第2款和第64～67条规定的沿海国的权利、义务和利益；③本节各项规定。《公约》在第111～119条规定了公海生物资源的养护和管理，包括各国为其国民采取养护公海生物资源措施的义务、国家间合作及养护公海生物资源的措施。所有国家均有义务为该国国民采取，或与其他国家合作采取养护公海生物资源的必要措施。各国应互相合作以养护和管理公海区域内的生物资源，并对公海生物资源采取养护措施。② 但是，《公约》主要致力于规范沿海国家在其拥有主权或者主权权利的范围内的权利，而不是公海海域，虽然在第七部分专门设一节"公海生物资源的养护和管理"，但主要是对权利义务作出规定，并没有强制性规定，使得《公约》在全面规范这一海域的渔业时可能会提供一个无效的治理模式。另外，虽然国际海洋法法庭是根据《公约》设立的独立司法机关，旨在裁判因解释或实施《公约》所引起的争端。但是国际海洋法法庭将案件划分为强制

---

① 慕亚平、江颖：《从"公海自由"原则的演变看海洋渔业管理制度的发展趋势》，《中国海洋法学评论》2005年第1期，第67～384页。
② 《联合国海洋法公约》第116～119条。

性与自愿性两种,属于强制性管辖权范围的是区域内海床及其原来位置的一切固体、液体或气体矿物质资源,而区域内的生物资源并不包含其内,也就是说渔业并不属于强制性管辖范畴,所以渔业争端只能由争议方以协议的形式选择争端解决程序,属自愿管辖范畴。[①] 所以,渔业的争端解决机制有待改进。

为实现对跨界鱼类种群和高度洄游鱼类种群的长期养护和可持续利用,《鱼类种群协定》细化了《公约》中有关跨界鱼类种群和高度洄游鱼类种群的条款,制定了严格的养护和管理措施,要求船旗国、港口国和沿海国有效执行,并提出了一系列的基本管理原则。该协定并不适用于所有海洋生物,只限于跨界鱼类种群和高度洄游鱼类种群。《鱼类种群协定》引进了预防性做法的适用、养护和管理措施互不抵触、养护和管理合作、保障渔业研究方面的合作等渔业管理方式,以保护海洋生物资源和保全海洋环境,也进一步完善了《公约》中渔业法律制度。该协定不仅适用于国家管辖外水域,还适用于国家管辖范围内的水域。虽然《鱼类种群协定》只是一个执行性文件,但其影响力是不可忽视的。它的贡献在于,为沿海国和在公海捕鱼的国家对跨界鱼类种群和高度洄游鱼类种群的养护和管理进行国家间合作建立了一个具有可操作性的机制,[②] 避免对海洋环境造成不利影响,保护生物多样性,维持海洋生态系统的完整,并尽量减少捕鱼作业可能产生长期或不可逆转影响的危险,承认需要特定援助,包括财政、科学和技术援助,以便发展中国家有效地参加养护、管理和可持续利用跨界鱼类种群和高度洄游鱼类种群资源。但其只针对跨界鱼类种群和高度洄游鱼类种群,适用对象有局限,并不能对整个渔业进行有效治理。

而《遵守协定》则适用于公海的所有捕捞活动,不仅仅限于跨界鱼类种群和高度洄游鱼类种群,《遵守协定》细化了船旗国责任,规定每一缔约方应采取必要的措施以确保悬挂其国旗的渔船不从事任何损害国际保护和管

---

[①] 杨剑等:《北极治理新论》,时事出版社,2014,第 427~428 页。
[②] 张珊:《公海渔业法律制度及其对中国渔业的影响》,中国海洋大学硕士学位论文,2008,第 23 页。

理措施效力的活动。所有国家都有义务对本国公民采取必要措施以保护公海生物资源,也可与其他国家合作共同保护公海生物资源,要防范渔船通过悬挂或改挂船旗的手段,躲避本应遵守的海洋生物资源国际保护制度。《遵守协定》建立了渔船档案制度,规定渔船档案应全面有效,要保证此类渔船全部都登记存入档案;开展国际合作,包括同发达国家及发展中国家的合作,各方可自行商定合作方式,必要时各缔约方可在全球、区域、多边或双边的基础上缔结协定或做出互助决定,以实现本协定的目标;加强信息交流,通过各缔约方之间,也包括粮农组织及其他有关的全球、区域和分区域渔业组织之间的交流,实现对渔船的科学管理,维护公海渔业秩序。该协定最后还制定了争端的解决方式,各方首先可通过磋商以达成互相都满意的解决办法,若磋商不成可选择谈判、调查、调停、调解等和平手段解决争端,若以上办法都无法解决争端,则可提交国际法院、国际海洋法法庭或交由仲裁解决。①

《行为守则》确立了负责任行为的原则和国际标准,为国际社会和各渔业国家可持续地开发海洋生物资源提供了一个必要的框架,使开发活动最大限度地符合环境要求,确保海洋生物资源的开发、养护和管理能够有序进行。《行为守则》的适用范围很广,是全球性的法律文件,包括粮农组织的成员和非成员、全球性和区域性的政府或非政府组织以及与保护渔业资源或渔业管理有关的所有人,包括渔业人员以及从事鱼产品加工及销售的人员等。守则要求各国实施预防措施,建议使用利于生态环保的渔具与捕捞方法,确保对海洋生物资源进行有效的养护和管理,尊重生态系统和生物多样性。守则指出渔业对经济、社会、环境和文化方面具有重要意义,并考虑了资源的生物学特征和环境特征,以及消费者和其他利用者的利益。守则提出了适用于保护、管理和开发所有渔业资源的原则和标准。它的范围还包括渔产品的捕捞、加工和贸易、水产养殖、渔业研究和把渔业纳入沿海地区管理

---

① 《促进公海捕鱼船只遵守国际养护及管理措施协议》,http://www.fao.org/docrep/meeting/003/x3130m/x3130c00.htm,登录时间:2015年11月8日。

等,并鼓励各国和从事渔业的所有人员应用和实施。但守则并不具备强制性的法律约束力,各国可决定是否采用其标准,因此是自愿性的遵守,而非强制性的执行。①

以上文件都是适用于公海的全球性公约,北极核心区属公海,各国理应在这些文件约束下开展渔业活动,规范渔业秩序。正因这些文件普遍适用于公海,对渔业活动只能进行整体性约束,对北极核心区并不具有针对性,单纯依靠这些公约并不能对核心区渔业实现有效治理。

### (二)区域渔业组织——东北大西洋渔业委员会(NEAFC)

除了全球性公约,在北极海域还有不同种类的渔业组织及渔业多边、双边协议,如东北大西洋渔业委员会(NEAFC)、西北大西洋渔业组织(NAFO)、北太平洋溯河性渔业委员会、1975年挪威-俄罗斯《渔业事务合作协议》、1992年格陵兰和挪威《格陵兰/丹麦-挪威共同渔业关系协议》等。但这些组织及协议大多规范的是各沿海国专属经济区的渔业活动,北极核心区目前并无专门的渔业组织或协议,仅有东北大西洋渔业委员会的管辖范围覆盖部分北极核心区。

东北大西洋渔业委员会是在大西洋东北部渔业协定的基础上建立起来的组织,以建立更为有效的管控机制以打击非法捕捞行为为目的。它适用于大西洋东北部的大部分水域,从格陵兰岛南端开始向东延伸到巴伦支海,向南延伸至葡萄牙,涵盖了世界上渔业资源最丰富的捕鱼区之一的东北大西洋渔场。该组织的缔约国均是北极重要渔业国家:丹麦、欧盟、冰岛、挪威、俄罗斯;另外该组织还有5个合作非缔约方:巴哈马、加拿大、利比里亚、新西兰及圣基茨和尼维斯。从成员构成上可以看出该组织包括北极国家与域外国家,因此,其在制定渔业政策或管理渔业活动时可以获取来自不同立场的建议和意见,对北极渔业管理发挥了积极作用。东北大西洋渔业委员会总部

---

① 《负责任渔业行为守则》,http://www.fao.org/docrep/005/v9878c/v9878c00.htm,登录时间:2015年11月8日。

在伦敦设有秘书处,另设3个常设委员会和4个工作小组以确保组织的顺利运行。东北大西洋渔业委员会作为一个多边合作组织,其目的是在其管辖区域确保长期养护和充分利用渔业资源,提供可持续的经济、环境和社会效益。① 东北大西洋渔业委员会被视为较为封闭的沿海国渔业组织,它通过完善基本框架使其符合现代保护的原则,已经成为其他区域渔业管理组织的榜样,然而,其在长期保护和优化利用公约区域渔业资源方面仍然任重道远。

总的来看,北极核心区渔业法律规制存在一定问题。

第一,目前北极核心区缺少一个全面的区域渔业协定或渔业组织管理并规范北极渔业发展,② 现有公约在治理北极渔业问题上并不具有针对性,只笼统地对全球渔业问题公式化地解答,不能预见未来北极核心区渔业可能面临的挑战。现有渔业组织及区域协议仅对北极海域渔业稍有涉及,并不能对其进行有效管理,而且目前区域渔业组织中只有东北大西洋渔业委员会的管辖范围覆盖了北极核心区的一小部分,其他组织都不涉及北极核心区海域。区域渔业管理组织不能完全覆盖北冰洋,使很大一部分区域不在任何组织的管辖范围内,其他的渔业组织也只是对某一物种进行管理,不具有普遍适用性,难以形成完善的治理机制。

第二,北极核心区渔业制度的另一个问题是很多相关国家并未完全参与进来。《公约》有155个缔约国,③ 而截至2009年6月15日,仅有78个国家或国际组织批准了《鱼类种群协定》。④ 虽然北极国家普遍参加了这两个文件,但很多远洋捕捞国家不是缔约方,所以参与国数量少还是会给北极渔业治理带来一定困难。另外,并不是所有国家都参与了粮农组织的协议及其他渔业相关文书,这也导致标准不能普遍适用。

---

① "North East Atlantic Fisheries Commission", http://www.neafc.org/, Accessed on 7 Dec. 2015.
② Molenaar, E. J., "Arctic Fisheries Conservation and Management: Initial Steps of Reform of the International Legal Framework", *The Yearbook of Polar Law*, 2009 Vol.1, 427–463.
③ 《联合国海洋法公约缔约国家》, http://www.un.org/zh/law/sea/statesparties.shtml, 登录时间: 2015年11月8日。
④ 胡学东:《公海生物资源管理制度研究》,中国海洋大学博士学位论文, 2012,第90页。

第三，当前北极治理呈现"低政治性""软法性""分散性"的特点。①在北极渔业治理框架下，北极周边国家就科学考察和环境保护等领域开展合作，但极少涉及军事或安全等高政治性的领域。北极周边国家之间现有的治理框架主要依靠软法或国家主体的自愿原则运行，此种模式有显著缺点，而且实行机制也不健全。北极渔业治理没有明确的组织负责统一管理，只能依照《公约》和相关协定的规定，依靠成员国的自我约束，这导致其治理模式分散，治理方式不成体系，治理效果缺乏约束力。北极渔业治理面临困境，亟须探讨出一种各国普遍接受、具有法律约束力的治理模式，形成协调的北极渔业治理机制。

## 四 北极海域相关法律制度

若要研究北极核心区渔业法律规制问题，则不应忽视整个北极海域现有的法律制度。与整个北极地区法律治理结构一样，北极核心区渔业法律秩序也呈现"不成体系性"。② 对北极渔业法律秩序影响较大的法律包括全球性公约，区域渔业组织法律文件，双、多边渔业协议以及北极国家的国内法。其中，上文已对全球性条约与区域渔业组织的法律文件做出了有针对性的分析，下文将主要解读渔业协议与北极国家国内法对北极渔业的影响。

### （一）北极渔业双边和多边协议

除了全球性公约和区域性组织协议以外，北极地区还依靠双边和多边协议及据此成立的组织治理北极渔业。包括：1975年挪威－俄罗斯《渔业事务合作协议》以及依此成立的"俄罗斯－挪威联合渔业委员会"，1985年

---

① 孙凯、郭培清：《北极治理机制变迁及中国的参与战略研究》，《世界经济与政治论坛》2012年第2期，第118~128页。
② 刘惠荣、董跃：《海洋法视角下的北极法律问题研究》，中国政法大学出版社，2012，第221页。

《美国和加拿大政府间关于太平洋鲑鱼条约》，1988 年《美国－苏联共同渔业关系协议》，1992 年格陵兰和挪威签订的《格陵兰/丹麦－挪威共同渔业关系协议》，1993 年冰岛和欧盟签订的双边协议，以及俄罗斯、挪威、冰岛三边协议等。俄罗斯－挪威的《渔业事务合作协议》是为了更好地养护苏联及挪威在巴伦支海的共同渔业资源而签订的，该协议确立了巴伦支海海域的年总捕捞配额，又确立了两国各自的捕捞配额，再依总管制原则将剩余配额分配给第三国，以此协调俄罗斯和挪威两国在巴伦支海划界争议海域的渔业活动，实现渔业共同开发，以更好地养护和利用该海域的渔业资源。但是，其管理区域延伸至北冰洋中央区域，引起了加拿大、格陵兰（丹麦）等在北极存在利益国家以及东北大西洋渔业委员会（其管辖区域也延伸到北冰洋中央区域）成员的抗议。[1]

一般来说，签订双边或多边协议、采用小范围的协议或机制治理北极渔业，能减少各国交易成本，便于沿海国表达诉求，更利于其实现自身利益。签订双边或多边协议是更现实的选择，因为让两个国家或少数国家就某一协议达成共识比协商 8 个国家更容易成功。但在制定渔业政策时，制定者更倾向于维护自身利益，意图形成更小范围内的治理是不可避免的，这就容易造成众多零碎和独立的模式，而不是统一的管理。而且采取此种方式对其他北极周边国家有相当程度的排他性，比如上文所说的俄罗斯－挪威联合渔业委员会通过的是双边协议，其他沿海国需通过批准该双边协议，并接受俄、挪双方所决定的捕捞配额与技术标准等要求，才能在相应海域内进行捕捞活动。再者，在气候变化下的北极鱼类种群结构分布变化有很多未知性，北极渔业的发展有着很大的不可预测性，但现有的北极周边国家签订的关于渔业的双边或多边协议似乎对未来气候变化可能给北极渔业带来的影响未做出充分准备，即便是不涉及渔业的协议也很少考虑到气候变化带来的影响，所以预防性的理念应被纳入北极渔业治理。

---

[1] 邹磊磊：《南北极渔业管理机制的对比研究及中国极地渔业政策》，上海海洋大学博士学位论文，2014，第 63~65 页。

## （二）北极国家有关渔业的国内立法及其政策

由于渔业在北极各国的经济发展中占了很大的比重，北极重要的渔业国家都非常重视北极渔业的可持续性发展，制定了严谨的国内法规范渔业活动。

### 1. 挪威

挪威作为渔业大国，渔业是其国内支柱产业之一，挪威的渔业活动基本在其专属经济区内进行，该地区的捕鱼量占其捕鱼总量的70%。挪威的北极相关海洋渔业制度有很大优势，首先，该国重视对海洋渔业资源的法律保护，制定了一系列渔业法规，比如：针对海洋渔业的综合法律《海洋渔业法》，就不同海域的渔业管理制度制定的《十二海里渔业活动法》《专属经济区法》等，就外国渔船管理制定的《外国渔船在挪威专属经济区捕鱼法》等。其次，挪威采用捕捞配额制度，这也是挪威最重要的渔业管理制度之一。由于挪威渔获量中80%是与北极他国共享的渔业捕捞配额，因此总捕捞配额是通过双边或多边谈判后确立的，然后再进行国内捕捞配额的分配。挪威重视渔业科学数据的收集，并利用这些数据制定相应的渔业养护措施。另外，挪威倡导共享渔业资源管理，认为基于生态系统的渔业管理是渔业可持续发展的保障之一，所以与格陵兰、俄罗斯等国家及地区都签有与北极相关的双边渔业协定，共同养护共享的渔业资源。[①] 在2015年由北极域内外国家召开的渔业协商会议上，挪威同其他域内国家达成一致意见——在北极核心区禁止商业捕鱼，除此之外，挪威提出要针对科学议题再举办一次后续会议的提议被各国代表团接受，预计将于2016年9月或10月举行。[②]

### 2. 美国

美国的北极战略在北极国家中具有一定代表性。美国对于渔业管理也有比较完备的制度依托，对于北极渔业的发展，美国支持北极相关海域执行禁

---

[①] 方良、李纯厚、张伟：《挪威渔业资源及其管理》，《中国渔业经济》2009年第2期，第64~68页。
[②] 《北冰洋核心区公海渔业会议：主席声明》，http://www.polaroceanportal.com/article/629，登录时间：2016年4月25日。

捕的政策。美国国家海洋与大气管理局（NOAA）、国家海洋渔业署（NMFS）曾对美国在其北极水域的楚科奇海和波弗特海的捕捞作业事宜进行公众评议，渔业执行主管也表示在未掌握北极渔业活动的持续能力之前，将不会允许商业性捕捞向北扩展。2008年，美国总统签署一项决议，要求美国开始负责北极洄游鱼种和跨界鱼种的国际谈判工作，该决议提出除非有一份科学性的管理计划作为依据，否则将限制北极国际水域内商业性捕捞的进一步扩展。美国还计划自2009年起在其北极专属经济区内执行禁捕政策，并鼓励其他国家效仿其禁捕政策。经过2015年北极周边国家签订的奥斯陆宣言及后续渔业协商会议的谈判，美国、加拿大、丹麦、俄罗斯和挪威五国就禁止商业捕鱼的决定已达成一致。

3. 加拿大

加拿大也是渔业大国，自1986年就制定了渔业法，并重视北极海域的渔业开发。2001年加拿大的《新兴渔业政策》鼓励采用预防性措施和基于生态系统的渔业管理方式管理北极渔业等新兴渔业，而不必完全采取禁捕政策，但也不是完全放任不管。另外，加拿大在不同海域采取不同规定，其东部北极海域较多开展商业捕捞，而西部基本上开展生计渔业并倡导养护与开发利用的协调。加拿大坚持以严谨的科学调查为前提开展北极渔业，既重视海洋生物的可持续利用，也注重北极渔业对本国经济发展的重要作用。但在2014年，加拿大政府为保护北极海域渔业资源，在没有进一步科学证据的情况下，不再批准在波弗特海域的新的商业捕鱼活动。①

随着北极渔业的发展，北极周边国家对于北极渔业的态度基本一致，但各国国内法并未考虑到目前或将来北极地区发生的变化，仅根据现有法律规制不足以应对北极渔业的开发与保护。由于北极现有机制的脆弱性，冰层融化一方面可以带来开发新海域的可能性，另一方面也会带来新的竞合关系，

---

① "Federal Government Restricts Possible Beaufort Sea Fisheries", http://www.cbc.ca/news/canada/north/federal - government - restricts - possible - beaufort - sea - fisheries - 1.2803678, Accessed on 11 Dec. 2015. "Canada to Restrict Large - Scale Fishing in Large Area of Beaufort Sea", http://www.wsj.com/articles/canada - to - restrict - large - scale - fishing - in - large - area - of - beaufort - sea - 1413495729, Accessed on 11 Dec. 2015

需要建立与之相应的管理机制，沿海国的国内法律也需要根据这种变化进行调整，以适应新出现的渔业资源。[1]

综合各国间协议与国内法及上述国际公约、区域组织治理来看，北极渔业法律秩序目前呈现多重交叉管理的态势，反映了不成体系的特征。国际法不成体系是指随着国际法所规范领域的扩大而导致的国际法不同规则之间的不协调、缺乏一致性和冲突。[2] 国际法规范领域的扩展形成大量次级体系，不同的次级体系多能"自成体系"并"专题自主"，这导致规则的冲突增加，造成在适用国际法规则上的困难。[3] 北极地区没有统一的治理机制，所以北极渔业治理主体呈现多层面的特点，国际社会、特定区域、双边或多边、国家层面都制定了不同的制度，各种制度的决策大多源于组织成员自身利益的考量，或着眼于北极渔业的开发，或关注北极渔业资源的保护，采取禁捕措施，这些规则之间常常不协调，甚至存在法律规制的冲突，从而影响了整个北极渔业的有序化和可持续发展。

从上文对北极渔业法律规制现状的分析能看出，各国依靠公约、条约、协议等法律文件对北极渔业进行规制，这些文件都具有软法性质，不具有强制约束力，依靠成员国的自我约束，而且缺乏一个明确的组织负责统一管理，这也导致了其治理模式的分散性。北极渔业治理面临困境，各国需要加强现有的北极治理机制，在此基础上发挥各个国际机构、区域组织的作用，以北极周边国家为核心，吸取所有利益相关国家的积极方面，将政治与法律联系起来，形成一种协调的北极渔业治理机制。

## 五 北极核心区渔业治理的未来走势

自2008年到2013年，北冰洋沿岸各国政府和北冰洋专家逐步制定出各

---

[1] 杨剑等：《北极治理新论》，时事出版社，2014，第417页。
[2] 刘惠荣、董跃：《海洋法视角下的北极法律问题研究》，中国政法大学出版社，2012，第220页。
[3] 王秀梅：《试论国际法之不成体系问题——兼及国际法规则的冲突与协调》，《西南政法大学学报》2006年第1期，第30~37页。

国的政策并提出建议,认为在北冰洋国际水域开始商业捕鱼之前须进行渔业监管并提高监管的科学性。2010年到2014年,来自韩国、日本、中国、加拿大和美国的专家举办了北太平洋北极论坛,以讨论是否需要就北冰洋渔业开展国际合作。2014年,加拿大、挪威、俄罗斯、丹麦和美国达成一致,认为有必要采取新的国际措施阻止北冰洋国际水域上的商业捕鱼行为。2015年,北极渔业管理会议在上海召开,与会各国专家围绕北极自然变化与渔业、北极渔业的科学研究与管理、各北极国家对北极渔业管理的观点、北极渔业已有的管理与协议等问题进行了交流和讨论。

虽然最理想化的情况是在北极地区建立一个综合框架型的治理模式,但在这样一个有着重大的经济、军事战略意义的地缘政治区域,让北极沿海国放弃其现有的利益而认同一个以渔业组织为基础的综合性的治理机制是不现实的。而且不少国家在区域划界和资源所有权方面存在争议,随着气候变化,这些冲突只会增加,因此各国很难出台较大体系的条约或形成全区域共同管理的共识。在这种情况下,国际社会关于如何管理北极核心区渔业有过如下设想:①改良现存的渔业管理机制,使其符合日益变化的渔业现状;②拓展北极理事会的职能;③在北极核心区成立一个新的渔业组织对该海域的渔业资源进行综合管理;④创新一种新的具有针对性的治理方式。下文将逐一分析。

## (一)整合现有渔业组织——NEAFC

目前在北极核心区,并没有专门的区域渔业组织,只有东北大西洋渔业委员会,欧盟曾提出要扩大区域渔业组织的职能,并特别提到东北大西洋渔业委员会。2015年7月16日,北极周边国家签署了《北极核心区渔业临时措施的宣言》,宣言中规定了四项临时措施,并称可以由东北大西洋渔业委员会承担对北极渔业的管理工作。① 虽然上文提到过NEAFC是比较权威的渔业组织,在北极渔业管理方面能发挥一定作用,但种种迹象表明它并不能

---

① "Declaration Concerning the Prevention of Unregulated High Seas Fishing in the Central Arctic Ocean", http://um.dk/da/~/media/UM/Danish-site/Documents/Nyheder/Draft%20Declaration%20on%20Arctic%20Fisheries%2016%20June%202015.pdf, Accessed on 7 Dec 2015.

独当一面，不能从根本上解决北极渔业问题。第一，适用范围有限。虽然NEAFC的适用范围覆盖北冰洋的部分海域，但是也只是北冰洋的一小部分，据统计，北冰洋公海海域只有8%在其管辖范围内，所以仅靠NEAFC管理北极渔业不太现实。另外，从目前的趋势看，海冰融化集中在白令海峡以北海域，也就是说该海域将最早出现渔业捕捞活动，而NEAFC的管辖区域在大西洋东北部，这一海域海冰融化缓慢，近期并不会成为渔业捕捞的发生地。所以，NEAFC对北极核心区即将发生捕鱼活动的海域没有管辖权，假设要通过NEAFC统一管理北极渔业，则要面对调整其适用范围等现实问题。第二，能力有限。NEAFC的规定不覆盖北极渔业治理的各个方面，且规定不具有强制性。第三，成员国有限。该组织仅有5个成员国，加拿大充其量只能算该组织的非缔约方合作国，美国则同该机构没有任何制度联系，世界上大部分国家，包括重要的远洋渔业国均不受NEAFC约束，这导致该组织的规定不具有普遍约束力，不能全面适用于北极渔业管理。综合来看，NEAFC无法单独承担起管理北极核心区渔业的重任，还须寻找其他更合理的方式。

### （二）扩大北极理事会职能

北极理事会是北极周边国家讨论北极事务的政府间论坛，随着北极的关注度在全球范围内日益突出，该组织也受到了越来越多的关注。北极理事会的成员主要限于环北极八国政府以及部分原住民组织，北极理事会同时也接受其他利益相关国家和国际组织、非政府组织作为观察员参与其中。随着北极问题日益突出，北极理事会作为北极周边国家探讨北极事务的政府间论坛，受到各界关注。北极理事会主要讨论环境和可持续发展等事宜，不涉及安全和领土等敏感问题，其约束力主要是"软性"的。但随着自然环境、国际政治环境、北极周边国家国内政治等方面的变化，未来北极理事会将朝向"硬性"以及加强制度建设等方面发展。[①] 北极理事会至今没有对某一目

---

[①] 孙凯、郭培清：《北极理事会的改革与变迁研究》，《中国海洋大学学报》（社会科学版）2012年第1期，第5~8页。

标物种的养护和管理进行关注,也没有表现出对渔业管理的热情,只是对自然资源比较关注,但从来没有涉及过北极渔业的任何事项。目前只有保护北极植物和动物群落项目小组(CAFF)从事部分检测和评估活动,如极地生物多样性监测计划和北极生物多样性评估。

2007年北极理事会高官会议上,美国曾提请北极理事会讨论北极渔业的相关事宜,但当时并未引起其他国家的注意,北极理事会高级官员会议得出的结论仅仅是"在现有的机制内,对这一问题的建立和审议有强有力的支持"。这一举动似乎表明多数北极国家不希望北极理事会直接参与北极渔业的管理和养护,因此,北极理事会暂时不会成为讨论北极渔业的论坛,也不会成为制定有法律约束力文件的场所。近年来召开的各项北极渔业会议上,从未提及北极理事会,而北极理事会也一直未参与北极渔业管理,没有任何迹象表明其将涉足北极渔业管理。2015年5月,美国接替加拿大成为北极理事会轮值主席国,为有效控制北极事务,保持和增强美国在北极治理中的决策权和话语权,美国势必充分利用此机会,巩固和加强其在北极治理中的"领导地位"。[1]。

## (三)成立新的区域渔业管理组织

区域渔业管理机制的快速发展已成为公海渔业资源养护和管理的重要特征。[2] 区域渔业组织在海洋治理中起着至关重要的作用,是保护北极生物资源管理框架的基础,有助于渔业管理策略达成一致,实现国家合作,并确保现有的和新的经济活动能够在北极地区持续开展。但是,北极周边国家在北极渔业管理中占有主导地位,2008年《伊卢利萨特宣言》已经透露了它们主导北极事务的强烈意愿,声称"我们认为没有必要制定新的综合性国际法律制度来管理北冰洋"。[3] 北极沿岸国家历次会议中虽然提出过制定渔业

---

[1] 程保志:《美国实施北极战略的三大主题》,http://www.oceanol.com/gjhy/ptsy/yaowen/2015-01-06/38859.html,登录时间:2015年11月8日。

[2] 周忠海:《论海洋法中的剩余权利》,《政法论坛》2004年第9期,第174~186页。

[3] Jennifer, J., Climate Change and the Arctic: Adapting to Changes in Fisheries Stocks and Governance Regimes, pp. 917-977.

协议,但没有建立渔业组织的提议,在当前北极渔业带来经济利益和地缘政治优势的前提下,建立一个新的渔业组织机制很难得到北极周边国家的认可。然而,其他国家若试图摆脱北极周边国家建立区域渔业组织则更不现实,没有北极周边国家的支持,其他国家很难在北极海域进行捕捞。所以,有学者认为一个成熟的区域渔业管理组织似乎不是最现实的选择,基于事实的成本效益考虑,在短期内很难形成可行的拥有显著商业价值的渔业发展模式。① 建立一个新的区域渔业组织的设想很好,但在实践中困难重重,这种管理北极渔业的方式短期内难以实现。

### (四)制定国际渔业协定

现实中很难通过以上三种方式对北极渔业实现有效治理,那么北极渔业治理应采取何种方式呢?2007 年 11 月在北极高官会议上,美国曾发起讨论,但当时并未引起注意。2009 年 8 月,美国采取预防办法,在科学家能够有效评估不断变化的环境之前,禁止北极水域的商业捕捞活动。10 月,在阿拉斯加举行了第一个国际北极渔业研讨会,吸引了来自 8 个国家的 180 名代表讨论北极渔业管理事宜,提出须防止无管制的捕捞。2010 年 6 月,北冰洋沿岸五国代表在挪威首都奥斯陆会面,讨论在北冰洋核心区制定一项国际协定来规范商业性捕鱼。2011 年 6 月,北冰洋沿岸五国的科学家在阿拉斯加举行会议,讨论如何更好地了解北极核心区的渔业资源。同年 8 月,加拿大北极专家在《纽约时报》发表文章,明确指出北极需要一个新的国际渔业协定。2012 年 4 月,来自 67 个国家或地区的两千多位科学家联合发函,敦促北冰洋沿岸各国政府逐步签订国际协议,以便在完善的科学和预防原则的基础上,保护北极核心区的渔场。2013 年 4 月,北冰洋沿岸五国审议了由美国提出的北极渔业会议的协议草案。2014 年 2 月,美国、加拿大、丹麦、俄罗斯和挪威在格陵兰努克举行了五个沿海国家高官会议,会议对保

---

① Erik, J. M., *Status and Reform of International Arctic Fisheries Law*, *Arctic Marine Governance*, Berlin: Springer-Verlag Berlin Heidelberg, 2014, pp. 103 – 125.

护中央北冰洋不受管制的渔业达成共识，并制定临时措施。2015年7月，北极周边国家签署《奥斯陆宣言》，该宣言在努克会议的基础上，继续对北冰洋公海海域渔业的临时措施进行讨论。① 当年12月，北极域内外国家就北冰洋海域禁止商业捕鱼进行谈判，美国、加拿大、丹麦、俄罗斯和挪威五国就禁止商业捕鱼的决定达成一致。虽然各国预测北冰洋核心区不会有足够支持可持续的商业渔业的鱼群存在，但北极地区发生的快速变化使得这样的预测存在不确定性，因此必须采取预防措施。北冰洋沿岸国家与域外国家在此次会议上讨论了在对该地区有更多的了解之前，应禁止商业捕鱼的议题。②

北极渔业一直是北极沿岸国家重视的领域，近两年利益相关国家也逐渐参与进来。2011年6月，韩国海洋水产开发院发表《北极渔业制度及韩国的启示》，得出的结论是发展北极渔业的可行性正在快速增长；北极渔业能够成为全球渔业的主要支柱之一；并且与中国和日本的合作是必不可少的。2012年7月，在檀香山举行的北太平洋北极会议上，中国代表强调，由于对极地海洋生物资源的了解有限，国际社会有必要出台一个国际北极渔业协定。韩国代表则承诺寻求与北极国家进行更具体的合作。2015年1月，北极核心区渔业管理国际研讨会在中国上海举行，各国北极渔业专家在会上讨论了北极渔业相关问题，他们致力于在北极核心区禁止任何捕捞活动，并关注中国对北极渔业的态度。同年11月1日，中日韩举行了三方首脑会谈，会后就北极问题发表了高层对话的共同宣言。三国表示，应逐步认识全球化的北极问题，共享北极政策，追求共同合作，探求深化北极合作方法，加强北极相关合作。③

从历届北极渔业会议可以看出，北极国家普遍认同制定新的渔业协议治

---

① "Timeline: Toward a Fisheries Agreement for the International Waters of the Central Arctic Ocean", http://www.pewtrusts.org/en/projects/arctic-ocean-international/solutions, Accessed on 7 Dec. 2015.
② 《北冰洋核心区公海渔业会议：主席声明》，http://www.polaroceanportal.com/article/629，登录时间：2016年4月25日。
③ 《中日韩即将召开高层对话，探索北极合作方式》，http://www.polaroceanportal.com/article/863，登录时间：2016年4月25日。

理北极核心区渔业的主张，各方也一直在酝酿新渔业协议的出台。《奥斯陆宣言》中提出北冰洋沿岸五国将授权本国船只在核心区开展商业捕捞，这是此前的历届会议和文件中没有出现过的内容。商业捕捞活动的开展会加速北极核心区渔业协议的出台。

　　虽然北极周边国家积极推动北极核心区渔业协议的出台，但仔细分析会发现，北极周边国家在商讨北极渔业问题时带有明显的主人意识。比如在努克举行的高官会议上，与会五国对保护中央北冰洋不受监管的渔业达成共识，认为虽然根据现有的科学资料，北冰洋公海区域不太可能出现大规模的商业捕鱼活动。但与会者意识到需要采取临时措施以应对将来可能出现的商业捕鱼活动。① 至于临时措施的制定则由北极国家承担，非北极国家只能在恰当的时候就某些具体问题进行讨论。在北极渔业这一问题上，北冰洋沿岸国家无疑拥有更强的话语权，但是，具体到北极核心区水域的渔业问题，世界各国在公海均享有捕鱼权利，若该渔业协议仅由北极周边国家制定而忽略其他利益相关国家则是不符合国际法的，应确保该渔业协议的国际化，让更多的国家参与进来。除利益相关国家之外，还应考虑到原住民，原住民是距离北极最近的群体，他们越来越多地参与北极渔业捕捞，对北极渔业治理有发言权，并对北极渔业有一定影响。他们虽然不是区域组织的主体，但是考虑到北极发展现状，应重新审视他们的地位，使其参与到完整的治理框架内，对北极的未来发挥重要作用。

　　在北极气候变化加剧、融冰逐渐消减等自然变化持续的情况下，北极治理的区域性与全球性特点注定并存；北极的"良治"不仅需要区域视角，更需要全球维度。② 北极渔业问题仅靠部分国家是无法得到有效解决的，需要国际社会的共同关注。目前，北极核心区渔业协议的制定有良好的发展趋

---

① "Consensus to Protect the Central Arctic Ocean from Unregulated Fisheries"，https：//www.regjeringen. no/en/aktuelt/consensus – to – protect – the – centrac – arctic – /id751987/. Accessed on 7 Dec. 2015.
② 刘惠荣、陈奕彤：《北极理事会的亚洲观察员与北极治理》，《武汉大学学报》（哲学社会科学版）2014 年第 3 期，第 45~50 页。

势和现实基础,在推动渔业协议制定的同时,应倡寻北极渔业协议的国际化,使更多的国家或实体参与北极渔业协议的制定,依据具有法律约束力的协议管理北极渔业,以保护北极渔业资源的可持续发展。

依托区域渔业组织管理北极渔业虽然是有效的方式,但无论是改良现有的 NEAFC 还是建立一个新的渔业组织在实践中都是困难重重。虽然北极理事会是讨论北极事务的政府间论坛,但其至今未涉足北极渔业治理,近年来,北极渔业治理的相关会议中也极少看到其身影,北极理事会的功能逐渐弱化,它并不能为北极渔业提供有效治理。本文在梳理历届渔业会议的基础上认为,应积极推动治理北极渔业的具有法律约束力的国际渔业协议的出台,协调好北极周边国家与利益相关国家的权益,重视原住民的利益,以有效应对未来气候变化对北极渔业的影响,保护北极渔业资源,加强环境保护和鱼类养护。

## 六 我国参与北极核心区渔业治理的法律途径

1996 年,中国政府正式加入北极国际科学委员会,并于 1999 年成功实施了首次北冰洋科学考察,由此开始了北极考察活动,至今共进行了五次北冰洋科学考察,考察海区包括楚科奇海、白令海、北冰洋（加拿大海盆）以及波弗特海,开展了海洋、大气、生物、地质等多学科立体综合观测,获得了大批现场数据和样品,建立了部分水域的观测体系,对深刻认识北极环境的快速变化及其对我国气候环境的影响具有重要的科学意义。我国远洋捕捞业兴起于 20 世纪 80 年代后期,大型拖网加工船一直在白令公海进行渔业资源捕捞作业,主要捕捞鳕鱼。从公开数据看,我国 20 世纪 80 年代的年渔获量曾经达到 50 万吨以上,但 1994 年只有 15 万吨左右。受制于国际海洋资源管理法律法规和北极国家单边和双边的管理措施,进入 21 世纪以来,我国在北极几乎没有得到过进行鳕鱼捕捞活动的许可。[①]

---

① 吴琼、吴雷钊:《中国北极海域权益分析——以国际海洋法为基点的考量》,《武汉大学学报》(哲学社会科学版) 2014 年第 3 期,第 52～55 页。

近年来，我国积极参与北极事务，受到国际社会的普遍关注。在美国，无论是政府部门报告还是总统发言，谈到北极时总会提及中国。越来越多的北极国家对中国参与北极事务持欢迎或至少是开放的态度。[1] 新兴大国的崛起必然导致他们对参与北极治理的兴趣，因为北极地区也有他们的利益之所在。[2] 中国外交部长王毅于2015年10月在第三届北极圈论坛大会的致辞中阐释了中国作为"北极的重要利益攸关方"所秉承的三大政策理念——"尊重、合作与共赢"，其中尊重是中国参与北极事务的重要基础，合作是中国参与北极事务的根本途径，共赢是中国参与北极事务的最终目标。[3] 我国尊重北极国家在北极的主权、主权权利和管辖权，尊重北极土著人的传统和文化。但与此同时，北极国家也应尊重域外国家在北极的合理关切和依据国际法所享有的权利以及国际社会在北极的整体利益，在此基础上我国愿意在多方面寻求并开展与北极周边国家的合作。渔业资源的开发与保护看似不是北极地区的重要领域，但作为传统渔业大国，开展北极渔业活动符合中国政府"扶持壮大远洋渔业"的指导方针，参与北极渔业可成为我国全面参与北极事务的突破口，为我国参与其他北极事务提供支持。

北极核心区渔业资源开发与保护缺乏系统性、针对性的法律规制方式，目前的国际趋势是签订管理北极渔业的国际协议。在当前的国际形势下，我国应避免被动，参与北极事务不能仅限于北极理事会观察员的身份，要打破以往的旁观者姿态，更深入地参与北极事务。在北极渔业问题上，第一，我国要紧跟国际趋势，尽早参加北极渔业会议，推动北极核心区渔业协议的出台，促进北极渔业的国际化。我们要利用好这一契机，以此作为参与北极事务的切入点，发挥中国在北极事务中的作用。第二，我国要加强极地科考能力及科研能力，组建科研团队，积极开展与相关北极国家的研究机构及学者

---

[1] 郭培清：《近观北极，中国的战略新疆域》，http://www.polaroceanportal.com/article/454，登陆时间：2015年11月8日。

[2] 杨剑等：《北极治理新论》，时事出版社，2014，第417页。

[3] 《王毅部长在第三届北极圈论坛大会开幕式上的视频致辞》，http://www.fmprc.gov.cn/web/wjbzhd/t1306854.shtml，登陆时间：2015年11月8日。

的交流，实时监控北极海域气候变化状况，分析气候变化对渔业的影响，并对渔业资源进行系统评估，为北极渔业治理提供科学支撑。第三，与北极周边国家保持良好的合作关系，寻求利益共同点，加强同某些国家的双边经贸合作，逐步扩大中国在北极的利益，提高国际影响力。并保持与其他相关利益国家进行沟通，如与日本、韩国等对北极事务感兴趣的国家进行合作，携手面对共同关切的北极核心区渔业问题。第四，我国应对北极问题，特别是北极渔业保持足够的关注，充分利用现有国际制度安排，拓宽参与渠道，国家层面应尽快形成中长期北极战略发展规划，相关部门应积极配合，重视北极核心区渔业的发展。通过多种途径、多角度参与北极核心区渔业的开发与保护，了解国际渔业管理的新动向，积极参与相关渔业管理机制的构建，最大程度维护我国的北极权益。

# 中国北极事务参与方式研究

刘惠荣　胡小明*

2013年5月,中国成为北极理事会(Arctic Council)观察员,这是中国参与北极事务的里程碑事件。但是,中国在通过北极理事会参与北极事务时,要注意其对观察员身份的限制、对自身职能目标以及组织架构方面的限制,尊重北极理事会规则的同时,积极行使观察员权利。

2015年10月,中国首次提出官方的北极事务参与理念——"尊重、合作、共赢",为中国参与北极事务提供了明确的方向。中国若要增强在北极地区的实质性存在,应不拘泥于北极理事会平台,根据既有的国际法安排,加强同北极理事会以外的北极相关合作机制的合作;与北极国家在科研、气候、环保、航运和能源等具体领域寻找共同利益、开展合作,进而实现共赢。

## 一　北极理事会观察员身份的限制

北极理事会是环北极八国就除军事外所有北极事务进行合作、协调和互动的高级论坛,是目前北极地区最权威的北极事务协调处理机制。

北极理事会在建立之初主要关注可持续发展和北极环境问题,对接纳观察员参与北极事务持比较宽松的态度。但是随着北极海冰融化,广阔的油气资源和航运前景使得北极地区受关注度大大提升,北极国家对

---

\* 刘惠荣,女,博士,中国海洋大学法政学院院长、教授、博士生导师,极地法律与政治研究所所长;胡小明,女,中国海洋大学法政学院国际法专业2015级硕士研究生。

北极域外国家参与北极事务越来越警惕，并通过一系列文件①对其进行限制。

## （一）观察员的准入标准

非北极国家和国际组织若想成为理事会的正式观察员，需要同时符合至少七方面的准入标准。② 如，北极理事会要求申请者承认北极国家在北极地区的主权、主权权利和管辖权，尊重北极原住民的价值观和传统，展示其在北极的利益，有能力为北极理事会工作组工作提供技术、资金支持等。观察员资格每四年一审查，不合标准者其资格将被暂停，为观察员参与北极理事会活动设置了严苛的准入门槛。

## （二）观察员的职责权限

观察员可以"观察北极理事会的工作"，通过参与北极理事会工作组层面的工作来做出相关贡献，并可以列会发言、建议计划、参与项目等，这符合国际组织法上观察员权利的一般标准。但这个标准受到参与途径、层级和程序等方面的诸多限制，观察员难以充分行使其权利。

会议参与的权利受限。观察员有列会发言的权利，但是受到参与层级的限制：在北极理事会工作组会议或临时任务组会议上，观察员可发表口头或书面陈述；但在部长级会议上，观察员只能提交书面声明。实际上，观察员

---

① 1996 年《关于建立北极理事会的宣言》（以下简称《宣言》）、1998 年《北极理事会程序规则》（已于 2013 年第八次部长级会议修订，以下简称《规则》）、2013 年的《北极理事会附属机构观察员手册》（以下简称《手册》）。
② 根据 Criteria for admitting observers, Annex 2 to Arctic Council Rules of Procedure, 这些标准为：
(a) 接受和支持渥太华宣言所确立的北极理事会的目标；
(b) 承认北极国家的主权、主权权利和管辖权；
(c) 承认包括 1982 年《联合国海洋法公约》在内的广泛的法律框架（该法律框架为北冰洋的相应管理提供了坚实的基础）适用于北冰洋；
(d) 尊重北极地区的原住居民和其他北极居民的价值观、利益、文化和传统；
(e) 已展示其具有支持永久参与方和其他北极居民工作的政治意愿和财政能力；
(f) 已展示其具有与北极理事会工作有关的北极利益和技术；
(g) 已展示其具有具体的兴趣和能力来支持北极理事会的工作，包括通过与成员国、永久参与方的合作关系将北极关注的问题提交到全球性决策机构。

代表只能坐在部长级会议或高官会会场的角落里，会议主办方甚至不提供麦克风让观察员来进行自我介绍，更别说让他们就相关议题表达观点。[①]

项目参与的权利受限。观察员无权直接在大会上提起项目计划，只能通过北极国家或永久参与方向大会间接提起；所有观察员对某项目的资助总额不得超过北极国家对该项目的资金支持数额，以防止观察员通过提供资金来控制项目；观察员在参与北极理事会工作组项目时，没有相关辅助机制，极大限制了观察员的项目参与权利。

## 二 北极理事会职能架构的限制

北极事务的复杂化以及北极域外利益攸关方的关注与参与，使得北极理事会于1996年制定的职能目标难以适应北极新变化；为了应对北极地区日益增多的挑战，北极理事会增设了许多临时任务组，与原有的六个工作组在工作内容上存在交叉冲突，造成组织架构上的臃肿混乱。

北极理事会职能目标和组织架构方面的限制弱化了北极理事会处理北极事务的能力，也给观察员通过北极理事会平台参与北极事务增加了难度。

### （一）北极理事会职能目标方面

2016年9月19日，北极理事会迎来其成立20周年纪念日，但20年过去了，北极理事会宪章——《渥太华宣言》仍保持不变，这使得《渥太华宣言》所确定的北极理事会职能目标与北极的现实状况产生了脱节，主要矛盾表现如下。

第一，对经济发展问题关注甚少。北极理事会前身北极环境保护战略（AEPS）的成立目标即"专注北极环境保护及可持续发展"，《渥太华宣言》有关经济发展的论述也仅限于第四段最后一句"确保对自然资源进行保护及

---

[①] Terry Fenge and Bernard Funston, The Practice and Promise of the Arctic Council（Greenpeace Report, April 2015）, http://www.greenpeace.org/canada/Global/canada/file/2015/04/GPC_ARCTIC%20COUNCIL_RAPPORT_WEB.pdf，登录时间：2016年4月9日。

可持续利用"。但经过 20 年的发展，北极地区经济发展问题已经难以回避，北极理事会在相关项目中对航道开辟、能源开发等问题也表现出相当程度的关注，并于 2014 年 9 月创建了北极经济理事会（AEC）。AEC 对外宣称是独立的国际组织，一定程度上是在掩饰北极理事会过分关注经济发展的尴尬，北极理事会对于经济事项的关注已然超出了其原定的职能目标。

第二，对军事安全问题不予考虑。1996 年，在冷战结束的大背景下，北极理事会在做职能定位时有意回避北极地区的军事安全问题，并在《渥太华宣言》第一条中明确排除军事安全问题的协调。但是，进入 21 世纪后，北极各国为了强化其国家海权支点，纷纷加强其在北极的军事活动和存在，北极地区军备竞赛已经初现端倪，军事安全已然是北极地区正在面临的不可回避的重大问题之一。

第三，对于观察员接纳问题前后态度不一。1996 年北极理事会成立之时，对接纳观察员持较为开放的态度，《渥太华宣言》对于观察员的接纳和参与并没有过多限制，只在第三条中说明观察员身份将授予能够参与北极理事会工作的非北极国家、区域性或全球性的政府（议会）间组织和非政府间组织。但是，到了 2016 年，北极受关注程度越来越高，越来越多的行为主体想要参与北极相关事务，北极理事会对于观察员的态度愈加谨慎和警惕，陆续出台多个文件来限制观察员准入标准和职责权限，实在是与北极理事会成立之初的职能目标不符。

第四，对于是否修改北极理事会基础性文件，北极理事会各成员国并未达成一致。北极经济发展、军事安全、观察员问题的解决与否都关乎着北极理事会北极事务协调中心的地位能否继续维持下去，有必要通过修改基础性文件来明确北极理事会态度。

### （二）北极理事会组织架构方面

北极理事会主要组织架构包括两年一届的部长级会议、一年两届的高官会议（SAO）和附属机构（包括六个常设工作组、若干临时任务组和专家组）。

部长级会议是最高权力机构，负责最终审核前主席国任期内的附属机构的工作总结,并决定接下来两年的工作计划;SAO负责指导和监督北极理事会附属机构工作,担任部长级会议和附属机构的沟通桥梁,但是近几年来其工作重心越来越偏向外交事务和对外关系管理,对附属机构工作的监督指导作用远不及从前;[1] 附属机构负责北极理事会具体项目的运行,但是近几年来工作组项目的技术自由和决定权越来越大,临时任务组越设越多,[2]部长会议、SAO和工作组等附属机构之间的脱节,加剧了这些机构的工作交叉空白和长短期计划不匹配的问题。[3]

工作组能够自主制定两年期的工作计划,具有极高的独立性,但是工作组内部却没有相关机制来了解其他工作组正在进行的工作,外部公众也极少关注,在缺乏问责制和透明度的情况下,工作组之间难免出现工作交叉冲突。

临时任务组主要负责执行北极理事会优先而紧急的事项,任务完成后即宣告解散。例如,2009年成立的搜救临时任务组(TFSR),在2011年《北极航空搜救协议》达成后即解散;2011年成立的北极海洋油污预防与应对临时工作组(TFAMOPPR),在2013年《北极海洋油污预防和应对合作协议》(OPPRA)达成后即解散。目前,北极理事会已经创建了10个临时任务组[4],这些临时任务组在应对专业和紧急任务时确实非常有效,但实际上却稀释了工作组的力量,加剧了临时任务组与工作组之间的紧张关系;一定程度上也反映了工作组长期计划和与北极理事会优先事项(主要由临时任务组负责)的脱节问题,凸显了北极理事会内部协调机制的脆弱性,给中国在内的观察员参与北极理事会事务增加了难度。

---

[1] Terry Fenge and Bernard Funston, "The Practice and Promise of the Arctic Council", *Greenpeace Report* (April 2015), http://www.greenpeace.org/canada/Global/canada/file/2015/04/GPC_ARCTIC%20COUNCIL_RAPPORT_WEB.pdf, accessed on 9 Apr. 2016.

[2] Report of Office of the Auditor General of Norway, The Office of the Auditor General's Investigation of the Authorities' Work with the Arctic Council (2014-2015), https://www.riksrevisjonen.no/en/Reports/Pages/ArcticCouncil.aspx, accessed on 26 Apr. 2016.

[3] A Report of the CSIS Europe Program, Heather A. Conley Matthew Melino: An Arctic Redesign: Recommendations to Rejuvenate the Arctic Council. Feb. 2016. p. 14.

[4] "Arctic Council Task Forces", http://www.arctic-council.org/index.php/en/about-us/subsidiary-bodies/task-forces, accessed on 9 Apr. 2016.

## 三 北极理事会外的北极事务参与途径

近几年来，北极相关合作机制兴起，以美国为首的北极国家另起炉灶，冲击了北极理事会作为北极事务协调中心的地位的同时，也为欲参与北极理事会事务而不得的域外国家和组织提供了多元化选择。

### （一）北极相关合作机制

现有的北极相关合作机制多集中于北极科学考察和科学研究等"低政治"领域，如国际北极科学委员会（IASC）、新奥尔松科学管理委员会（NySMAC）、北极区域水文测量委员会（ARHC）、北极圈论坛（ACF）、北极研究管理者论坛（FARO）、国际北极研究协会（IARC）、国际北极社会科学协会（IASSA）、北方论坛（NF）等。这些北极合作机制创始国均包括北极国家，但它们与北极理事会并无隶属关系，各自在所在领域独立开展活动；而且这些合作机制具有极高的开放性，冲击了北极理事会相对封闭的治理模式，也为中国参与北极事务提供了多元化的选择。

表1是上述北极相关合作机制的概况以及中国的参与状况。由该表可知，这些北极相关的合作机制对于中国的参与都持欢迎态度，中国也确实在大部分合作机制中发挥了重要作用，与这些合作机制及其成员进行了良好互动和协调。中国的北极科学考察和研究能力获得了较为广泛的国际认可，为今后在具体领域的国际合作打下基础。

**表1 北极相关合作机制的概况及中国的参与状况**

| 名称 | 英文名称 | 官网 | 成立时间 | 宗旨 | 中国参与或参与前景 | 是否为北极理事会观察员 |
|---|---|---|---|---|---|---|
| 国际北极科学委员会 | International Arctic Science Committee（IASC） | http://iasc.info/working-groups/atmosphere | 1990.8 | 旨在协调各国的北极考察活动，就重大科学问题组织国际合作，为不同国家地区的科学家们提供交流平台 | 1996年被接纳为观察员；2012年成为IASC主席团成员 | 是 |

续表

| 名称 | 英文名称 | 官网 | 成立时间 | 宗旨 | 中国参与或参与前景 | 是否为北极理事会观察员 |
|---|---|---|---|---|---|---|
| 新奥尔松科学管理委员会 | Ny-Ålesund Science Managers Committee（NySMAC） | http://nysmac.npolar.no | 1994 | 旨在协调斯匹茨卑尔根群岛新奥尔松地区各个国家的科学考察和研究工作，有"北极科学考察的联合国"之称 | 2004年建立黄河站，并在站区开展了一系列实质性考察活动；2005年被接纳为该委员会成员，并多次参加委员会的旗舰项目（flagship program） | 否 |
| 北极区域水文测量委员会 | Arctic Regional Hydrographic Commission（ARHC） | http://www.iho.int/srv1/index.php?option=com_content&view=article&id=435&Itemid=690&lang=en | 2010.10 | ARHC隶属于国际水文测量组织（IHO），旨在通过下设的3个工作组（战略计划工作组、北极航路指南工作组、业务和技术工作组）协调成员国在北极海域的水文测量、制图和航行活动 | 1979年加入IHO，但是目前尚未有参加ARHC相关活动的记载，今后中国可以派专家参与相关测量、制图和航行活动，为未来北极通航做好水文信息储备 | 否 |
| 北极圈论坛 | Arctic Circle Forum（ACF） | http://www.arcticcircle.org | 2013.4 | 旨在提高北极利益攸关方的对话能力和加强国际对北极未来的探讨 | 2015年10月的第三届北极圈大会上，中国系统阐述了中国的北极活动和政策主张——"尊重、合作、共赢" | 否 |
| 北极研究管理者论坛 | Forum of Arctic Research Operator（FARO） | http://faro-arctic.org | 1998.8 | 旨在促进、优化物流和管理以支持北极的科学研究活动，鼓励在北极研究方面的国际合作 | 2010年加入，并每年向大会汇报中国的北极活动和计划，* 也可获得其他北极行为体的最新动态 | 否 |
| 国际北极社会科学协会 | International Arctic Social Sciences Association（IASSA） | http://iassa.org | 1990 | 旨在增加北极社会科学家的参与；促进北极社会科学信息的收集、交换、传播和归档；促进社会科学家和北方人民之间的相互尊重、交流和合作；促进和其他研究机构的合作和交流等 | 凡对北极社会科学感兴趣的个人均可注册参加（需三年一付费，正式会员是150美元，学生是37.5美元），成员需协助组织北极社会科学国际大会（ICASS）和其他事务（如向北极理事会做汇报） | 是 |

续表

| 名称 | 英文名称 | 官网 | 成立时间 | 宗旨 | 中国参与或参与前景 | 是否为北极理事会观察员 |
|---|---|---|---|---|---|---|
| 北方论坛 | Northern Forum(NF) | http://www.northernforum.org/en/ | 1991.1 | 旨在向北极地区的领导人提供平台以应对挑战、共享可持续发展知识，在北极地区和国际舞台上开展社会经济合作，最终提高北方人民的生活质量 | NF既有永久成员（北方地区的地方政府），也有一年期经济伙伴成员（需缴纳会费，用以资助NF的环境、社会和文化以及可持续发展项目）。中国北方政府可以申请永久成员资格，对北极地区感兴趣的企业可以申请经济伙伴资格，获取与北极地区地方政府合作的机会，加强北极地区民间投资合作 | 是 |

\* FARO Annual Meeting, http://faro-arctic.org/annual-meetings/, accessed on 17 Apr. 2016.

## （二）北极国家

以美国为首的北极理事会成员国另起炉灶，对北极理事会协调中心的地位造成挑战，也为非北极国家参与北极事务提供了更为广阔的途径。

从2008年北极沿岸五国①另起炉灶签订《伊卢利萨特宣言》（The Ilulissat Declaration），到2015年7月《防止北冰洋中部不受管制公海捕鱼宣言》（Declaration Concerning the Prevention of Unregulated High Seas Fishing in the Central Arctic Ocean）的出台，越来越多的北极事务处理绕过了北极理事会，而北极国家对彼此"另起炉灶"的行为均持默认或支持态度。

绕过北极理事会的活动和特别实践越来越多，在一定程度上也鼓励了北极域外行为体寻求更具包容性的途径来解决他们关切的问题。而且，北极国家也在加大对北极地区的关注与投入，在科研、气候、环保、航运和资源开

---

① 是指在北冰洋沿岸有领土的五个北极国家：美国、加拿大、俄罗斯、挪威、丹麦。

发等具体领域释放出与北极域外国家进行双边、多边合作的信号。

科学研究、气候变化和环境保护这三个领域是北极国家一直以来不断关注的领域。由于其低政治性和高共享性的特点,北极国家在这些领域展开的国际合作也比较多,也与中国签订了一系列相关协议和声明,如《中加加强气候变化对话与合作的联合声明》(2003 年)、《中挪关于气候变化对话与合作框架协议》(2008 年)、《中冰政府间北极合作框架协议》(2012 年)、《中美元首气候变化联合声明》(2015 年)等。

北极航道商业利用和油气资源开发是近几年北极国家关注的问题。由于其涉及北极国家的主权、主权权利和管辖权,北极国家只是将航运、资源开采的自然条件调查和油污、搜救合作协议的拟定工作交予北极理事会,其余的工作大多通过双边国际合作的形式完成,如中、俄"扎鲁比诺港(Zarubino)扩建项目""亚马尔液化天然气(LNG)项目"等。

北极国家在北极科研、气候、环保、航运及能源方面的政策侧重点不同,中国很难在北极理事会平台中争取八国的统一意见。但中国可与北极国家在具体领域寻找共同利益、开展双边或多边国际合作,实现北极事务参与向纵深化发展。

## 四 "尊重、合作、共赢"理念下的中国北极事务参与策略

在 2015 年 10 月召开的第三届北极圈大会上,中国首次完整、系统地阐明了"尊重、合作与共赢"的北极事务参与理念和主张。

尊重是中国北极事务参与的重要基础。中国与北极国家在北极事务中应相互尊重彼此的国际法权利。中国在气候变化、环境保护、科学研究、航道运输、资源开发等领域与北极国家、北极相关合作机制存在着广泛的共同利益,应加强彼此间的合作交流,最终实现共赢。[①]

---

[①] 《王毅部长在第三届北极圈论坛大会开幕式上的视频致辞》,http://www.fmprc.gov.cn/web/wjbzhd/t1306854.shtml,登录时间:2016 年 4 月 17 日。

尽管中国已经明确提出了中国北极事务的参与理念，但还应根据北极理事会设立诸多限制、北极相关合作机制兴起活跃以及北极国家另起炉灶等最新形势，进一步细化具体的参与策略。

### （一）遵守北极理事会规则，充分行使北极理事会观察员权利

北极理事会北极事务协调中心的地位虽然受到北极圈大会等北极合作机制的冲击，但目前仍是北极地区水平最高的政府间论坛，其在北极事务协调中的作用仍不可小觑。而且中国为获得北极理事会观察员资格已经作出诸多让步，如果2017年观察员资格审查未通过，这些让步作为沉没成本也难以收回，对中国的国际形象也将产生很大的负面影响。所以，中国目前仍须尊重北极理事会规则和现有国际法安排，充分行使观察员权利。

尽管北极理事会观察员的权利义务并不对等，但是由上述分析可知，放弃观察员资格并不是一个明智的选择，中国仍可在北极理事会框架内行使其观察员权利，尽可能地维护中国的国家利益。

根据《宣言》《程序》《手册》等文件的规定，中国可以通过参与北极理事会工作组层面工作来做出相关贡献，并可以通过列会发言、获取相关文件、建议计划、参与项目等方式间接影响北极理事会决策，获取丰富的信息资源，实现中国的国家利益，又可以因为观察员的地位免受不利决议的约束。

首先，出席会议是观察员参与国际组织事务最基本的途径之一。《手册》第7.1条规定，北极国家代表可酌情在任何时候私下会见观察员代表。所以尽管中国出席北极理事会会议没有表决权且受诸多限制，但是中国在参会期间可以通过游说等方式，对参会方特别是有表决权的环北极八国施加影响，说服对方和自己统一立场，实现观察员的国家利益。

其次，中国在进行口头或书面陈述时，会影响其他参会方，特别是拥有表决权的北极八国的看法，一定程度上可以促使北极国家做出与观察员利益

一致的决定。①

再次,中国通过建议计划和参与工作组层面的项目的执行与合作,可以更深入地了解北极理事会在北极地区气候、环境、科研等领域所做的工作和取得的最新进展,同时还可以通过参与工作组项目报告的制定来对北极理事会决策产生间接影响。

最后,中国在行使观察员权利的同时,还应严肃对待2017年四五月的资格审查,汲取老牌观察员的成功经验,在北极事务参与中展现负责任的大国形象。

### (二)遵循现有国际法安排,为北极事务参与提供国际法依据

北极地区目前尚不存在统一的国际法体系,但中国加入了一系列涉及北极的国际公约、条约,这也是中国参与北极事务的国际法依据。

而且,北极理事会观察员准入标准也要求北极理事会观察员承认包括1982年《联合国海洋法公约》(以下简称《公约》)在内的广泛的法律框架适用于北冰洋。因此,北极理事会观察员基于观察员身份在参与北极事务的过程中,除了要遵守北极理事会相应约束性文件的规定外,还应依据《公约》和其他相关国际公约、条约行事。

尊重《公约》所设定的既有法律秩序是北极理事会和北极国家所认可的行为模式,同样也符合中国等观察员国家的利益。1982年《公约》对迄今为止国际海洋法问题做了最为详尽的编纂和规定,被誉为"海洋宪章"。无论是早期的北极环境保护战略(AEPS)还是北极理事会部长级会议出台的系列文件,均确认了《公约》是北极法律秩序的重要基础性框架,是维护北极秩序、定分止争的重要前提;北极国家也在不同时期以不同形式强调过其重要性,并在近年来愈加重视,即使是未加入《公约》的美国,也将其视为国际习惯法。中国是1982年《公约》的缔约国,该公约是我

---

① 马千里:《北极理事会观察员制度的国际法审视及中国因应》,中国海洋大学硕士学位论文,2014。

国开展北极活动最主要的法律依据。根据该公约，我国在北冰洋领海、专属经济区、大陆架上和公海范围内享有不同程度的进行科学研究、航行和资源开发的权利。

除了《公约》外，对中国参与北极事务有重要影响的国际法依据还有《斯瓦尔巴条约》，国际海事组织（IMO）、国际民用航空组织（ICAO）的相关公约及其议定书等。

1925年，中国等33个国家加入了《斯瓦尔巴条约》，中国在承认挪威对斯匹茨卑尔根群岛的主权的前提下，享有在该地区进行渔猎、海洋、矿业、工业、商业活动和科学考察的权利。《斯瓦尔巴条约》为包括中国在内的非北极国家在"斯瓦尔巴方框"（Svalbard box）及其领海开展北极活动提供了法律依据。

尽管北极理事会出台的《北极航空搜救协议》和《北极海洋油污预防和应对合作协议》中"当事人（the parties）"的范围仅限于北极八国，但是这两份协议均是对国际海事组织（以下简称IMO）和国际民用航空组织（以下简称ICAO）相关公约的细化。比如：《北极航空搜救协议》是1979年IMO《国际海上搜寻救助公约》（the SAR Convention）、1944年ICAO的《国际民用航空公约》（又称《芝加哥公约》）等公约的细化，而中国分别于1985年和1974年加入这两个公约。所以在北极地区发生国民遇难或者海洋油污事件后，中国可以依据已加入的IMO、ICAO的相关公约参与北极搜救活动。另外，根据美国发布的《北极理事会2015~2017年工作计划》①，美国将发起多次搜救演习，将邀请北极国家、区域、部落和行业的利益相关者以及北极理事会观察员，并且将演习总结及演习相关信息与突发事件预防准备和响应工作组（EPPR）及其他团体共享。中国作为北极理事会观察员国，可以利用演习机会，增强我国的冰区救援能力。

中国是《公约》、《斯瓦尔巴条约》、IMO和ICAO的相关公约及其议定

---

① US Department of State: United State releases written description of Arctic Council Chairmanship Projects, http://www.state.gov/e/oes/ocns/opa/arc/uschair/248957.htm, accessed on 27 Apr. 2016.

书的成员国,这些公约、条约为中国参与北极事务提供了法律依据和支持,以《联合国海洋法公约》为基石,以其他有关公约、条约为依据,中国在北极地区有参与国际事务的法律依据,并享有法定权利。[①]

### (三)积极参与北极理事会外的北极合作机制

随着北极事务的复杂化,应对北极挑战的合作机制越来越多,给北极域外国家的参与提供了灵活而又多元化的选择。

据上文分析,北极相关的合作机制多集中于科学考察和科学研究领域,它们独立开展活动,并对中国等北极域外国家的参与持欢迎态度。中国应增强对这些北极合作机制的重视,并积极加以利用,以获得北极最新动态和增强中国在北极地区的实质性存在。

国际北极科学委员会(IASC)、新奥尔松科学管理委员会(NySMAC)和北极区域水文测量委员会(ARHC)等北极合作机制发展较为成熟,有着完整的职能目标、科层结构和进入机制。中国应充分利用这些合作机制提供的北极事务参与机会,积极参与相关的科学考察项目,增强与北极科学考察大国的信息交流与互动,增强中国的北极事务参与能力。

北极圈论坛(ACF)、北极研究管理者论坛(FARO)、国际北极社会科学协会(IASSA)和北方论坛(NF)等北极合作机制多为论坛性质,主要为参与者提供信息交流和讨论的平台,因而具有很高的开放性和官民结合的特点,对北极理事会相对封闭的治理模式形成了一定冲击,是中国等北极域外国家参与北极事务的重要途径。后两个平台还欢迎学者、企业以私人身份注册参加,这有助于推动北极事务的民间交流与合作,国家也应予以一定的资助支持。

### (四)加强同北极国家的具体合作

北极国家之间的国家利益不尽一致,战略考量和价值观念也有所差异。

---

① 刘惠荣、陈奕彤:《北极理事会的亚洲观察员与北极治理》,《武汉大学学报》2014年第3期,第49页。

与相关国家在具体领域中的双边合作有助于北极国家理解中国参与北极事务的基本立场，减少或消除误解，缓解个别北极国家对中国的抵制情绪，提高个别北极国家抵制中国的成本。[1]

中国应明确自身目前有机会和有能力参与的北极事务领域。主要集中于五个方面："低度政治"领域的科学研究、气候变化、环境保护；"较高政治"领域的北极航道商业航行和油气资源勘探开发。后两个方面涉及国家主权、主权权利和管辖权，中国需要谨慎应对，以免引起不必要的恐慌和猜忌，且随着北极自然环境的进一步变化，北极国家的北极开发政策也会有所变动，中国应紧跟形势，及时调整。

1. 科学研究、气候变化和环境保护

在科学研究、气候变化和环境保护领域，中国目前已具备一定的科研能力，随着中国科研条件的进一步成熟，在开展北极海洋、气候、环境变化科学考察的国际合作时，要兼顾航道、资源的调查，为后期参与北极航道商业航行、北极油气资源勘探开发提供第一手资料。

2. 北极航道商业利用

北极航道商业利用主要涉及的国家为美国、加拿大（西北航道）和俄罗斯（北方海航道），中国应根据不同国家政策导向、航段特点与其分别进行合作。

中、美两国对于北极航道（北方海航道、西北航道）法律地位和通行权的立场一致，都主张这两条航道是用于国际航行的海峡，沿岸国不得阻止他国船舶行使过境通行权和无害通过权。

而且，中美作为世界上排名靠前的两个航运大国，北极航线的开辟对两国的国际贸易发展意义非凡。在全球变暖大趋势下，西北航道开通只是一个时间问题，开展国际合作的筹备工作宜早不宜迟，中美两国北极航运的协调也应及早提上日程。

---

[1] 郭培清、孙凯：《北极理事会的"努克标准"和中国的北极参与之路》，《世界经济与政治》2013年第12期，第139页。

但是，也应注意到，中美两国对北极航运自由问题的理解有着根本的不同。中国提倡的北极航行自由属于商业性质，是基于《公约》的基本原则的互惠行为；而美国提倡的北极航行自由既包括商业航行自由，也包括军事船只的航行自由。中国在与美国进行相关协调时，应对此加以区分。

俄罗斯和加拿大都认为北方海航道和西北航道是其国内交通干线，其所在水域为本国管辖范围内水域，① 沿岸国可基于其主权、主权权利和管辖权控制或禁止外国船只进入该航道进行。但这并不意味着中国与俄、加就北极航道商业航行全无合作可能。

应当认识到，俄罗斯、加拿大确实对北方海航道和西北航道掌握着实际的控制权，并依据《公约》第234条"冰封水域"条款对其主张管辖的水域制定了严格而周详的国内法，而这些法规在绝大多数情况下也得到了其他国家的认可和遵守。

但是，也应看到，俄罗斯近年来在北方海航道的商业利用问题上持积极欢迎的态度：对北方海航道国内法律文件进行修订，修改了强制破冰引航和高额收费的内容，大幅降低北部海航道的通航限制；同时，采取一系列措施对北极运输系统进行全面的恢复和现代化建设，希望北方海航道能够在服务成本、安全性及质量方面与传统贸易航线形成竞争，变成"具有全球意义和规模的最重要的贸易航线之一"以及"未来国际运输大动脉"。

因此，从中国在北极事务参与中的远期利益出发，不妨转换思路，不再过多纠结于北方海航道和西北航道的法律性质认定问题，而是早作准备，与俄、加分别展开航道利用方面的谈判，达成有利于中国未来航运的双边协议，获得超越其国内法的特殊权益。

### 3. 北极油气资源的开发利用

中国在北极资源开采领域中，至少不能放弃按《公约》规定享有的在北极公海和国际海底区域所拥有的权利以及按照《斯瓦尔巴条约》所享有

---

① 白佳玉：《北极航道沿岸国航道管理法律规制变迁研究》，《社会科学》2014年第8期，第86~88页。

的在"斯瓦尔巴方框"(Svalbard box)及其领海开展资源勘探开发的权利。

目前比较可行的方案是同北极国家进行能源合作，采取国际投资中的资源合作开发合同的形式来参与北极资源的勘探和开发活动。以中、俄能源合作为例，两国在能源领域的合作具有很强的互补性、互利性，尤其在2015年丝绸之路经济带建设和欧亚经济联盟建设的契机下，中、俄能源合作取得长足进展，中、俄能源投资合作的机制平台相继建立，并达成多项天然气、原油合作项目，两国间能源领域的标准对接交流不断加强。

## 五 结语

北极理事会严苛的观察员准入标准以及在职责权限、自身组织和职能方面的限制，给中国通过北极理事会平台参与北极事务造成诸多障碍。但中国仍应尊重北极理事会规则和现有国际法安排，充分行使相应观察员权利，履行相关义务，展示负责任的大国形象。

随着北极事务的复杂化，应对北极挑战的合作机制越来越多，北极国家对北极地区的投入的关注也不断增加，为中国等北极域外国家提供了多元化的参与途径。对于北极理事会外的北极相关合作机制，中国应积极参与，在获取北极最新动态的同时，增强中国的北极存在。对于北极国家，中国应把握其最新政策动态和国际形势，从具体国家、具体领域寻找共同利益，开展合作，最终实现共赢。

# 北极海洋保护区法律问题研究

董 跃　李静雯*

海洋保护区的主要发展理念源于陆地保护区，目的在于维护基本的生态学过程、保护生物多样性、确保生物资源和生态系统的可持续利用以及保护人类文化历史遗产等。[①] 国际自然保护联盟（IUCN）将海洋保护区定义为："任何通过法律程序或其他有效方式建立的，对其中部分或全部环境进行封闭保护的潮间带或潮下带陆架区域，包括其上覆水体及相关的动植物群落、历史及文化属性"。依照所受管辖的不同可将海洋保护区分为国家管辖范围内海洋保护区和国家管辖范围外海洋保护区。前者即狭义的海洋保护区，而国家管辖范围外的海洋保护区又可根据所在区域不同分为公海保护区和"区域"海洋保护区。[②] 本报告所指的北极海洋保护区，既包括在北极各国管辖范围内建立的海洋保护区，也包括在北极公海区域建立的国家管辖范围外海洋保护区。

在北极地区设立海洋保护区意义重大，不仅对北极治理有着重要推动作用，也是海洋法和海洋政治整体意义上具有研究价值的范本。其一，北冰洋常年气温较低，生态环境尤其脆弱，海洋生物极易受到自然环境变化、人类捕捞等因素的影响，而海洋生物数量的变化将直接影响北冰洋的食物链。目前来看，对北极生物多样性的法律保护是不完善的，没有与南极类似的公约

---

* 董跃，男，博士，中国海洋大学法政学院副教授，极地法律与政治研究所学术秘书；李静雯，女，中国海洋大学法政学院法律硕士专业2014级硕士研究生。
① 刘洪滨、刘康：《海洋保护区——概念与应用》，海洋出版社，2007，第97页。
② 桂静、范晓婷、王琦：《国家管辖以外海洋保护区的现状及对策分析》，《中国海洋法学评论》2011年第1期。

框架，而是采取了对各个物种分别进行保护的方式。在此基础上，建立海洋保护区可以有效地维护这一独特的生态系统和原住民传统生活方式，恢复北极生态和保护生物多样性，维持北极生态系统良性循环。其二，近三十年来，北极在国际政治中的地位日益上升，已经成为众多领域科学研究的重要场所，在北极地区建设海洋保护区，尤其是国家管辖范围外海洋保护区，牵涉到北极八国与利益攸关方在北极的政治博弈及协调合作。

就当下的北极海洋保护区而言，由于各方利益较量未达成共识，导致北极尚未出现公海保护区；而北极区域国家管辖范围内海洋保护区又更多地依赖各国国内法的约束，不具备统一性，尽管北极理事会自2004年起便有构建北极海洋保护区网络的设想。无奈北极理事会自身的功能定位和管理权限有限，更要迁就北极各国对于北极海洋保护与资源开发的态度，导致问题重重。当前学界对于该问题的研究，呈现出关注度不足、对该问题未来走向把握不准的现状，但伴随着国际社会对国家管辖范围外海域生物多样性的关注以及北极问题的热度不断上升，该问题在未来必将引发更深层次的研究。联合国大会在2015年6月19日通过决议启动国家管辖范围以外海域生物多样性养护和可持续利用问题国际协定谈判，并提出三步走的路线图，分别是成立协定谈判筹委会、决定是否召开政府间大会以启动谈判正式进程和出台BBNJ国际协定。① 这一背景表明联合国已将国家管辖范围外生物多样性养护纳入议事日程，而公海保护区作为生物多样性养护的重要手段，也将被广泛关注。此外，2016年3月，在北极公海建立第一块海洋保护区的建议获得东北大西洋海洋环境保护公约（OSPAR）的认可，试图建立占北极公海面积的10%、与英国面积相当的公海保护区来保护北极公海。② 这无疑将加速各国对北极公海保护区的战略地位探讨。

---

① Development of an International Legally-binding Instrument under the United Nations Convention on the Law of the Sea on the Conservation and Sustainable use of Marine Biological Diversity of Areas Beyond National Jurisdiction. Sixty-ninth session Agenda item 74 (a). 25 June 2015.
② 《北极公海保护将取得重大进展》，http://www.polaroceanportal.com/article/769，登录时间：2016年4月26日。

本报告在对北极海洋保护区相关法律制度和现有的各国家管辖范围内海洋保护区建设现状的研究基础之上，试图对北极海洋保护区法律问题进行梳理，为北极海洋保护区的设立与管理保驾护航，为北极海洋保护区网络的设立奠定基础。

## 一 北极海洋保护区相关法律制度

根据前文分类，北极海洋保护区可分为国家管辖范围外海洋保护区与国家管辖范围内海洋保护区。前者也称北极公海保护区，是依据国际条约、协定等设立在公海区域的海洋保护区，目前在北极地区尚未设立，但 OSPAR 等国际机制正在积极筹备设立中；后者是狭义的北极海洋保护区，由北极国家依据国内法在其位于北极区域的专属经济区内设立，并接受北极理事会的管理建议。两者所适用的法律制度及其构建情况有所不同。

### （一）国家管辖范围外海洋保护区相关法律制度分析

20 世纪中叶以来，《联合国海洋法公约》（以下简称《公约》）等全球性及区域性法律文书确立了国家管辖范围外海洋生物多样性保护的国际法律框架。适用于北极公海保护区的国际法律制度不仅包括《公约》等调整全球海洋生物多样性的制度，还包括只适用于北极地区的协定及宣言。由于目前尚无专门的条约来规范国家管辖范围外海洋保护区的管理和实施，故须从相关国际条约和规范中寻找根源。

1. 海洋法层面

《公约》全面系统地规定了现今关于海洋的国际法律制度，是当代一项极其重要的国际法律文献。《公约》强调了各国在海洋环境保护保全方面的义务。[1] 由于《公约》生效时间较早，其并未提及有关海洋保护区的具体规定，但在第十一部分"区域"及第十二部分"海洋环境的保护和保全"中

---

[1] 刘丹：《海洋生物资源保护的国际法》，上海人民出版社，2012，第 79 页。

阐述了相关海洋环境保护的原则。第十一部分的一四五条确立了保护海洋环境的目的为防止、减少和控制海洋环境的污染和其他危害，防止干扰海洋环境的生态平衡与保护和养护"区域"的自然资源，防止对海洋环境中动植物的损害。"海洋环境的保护和保全"部分第一九二条规定了各国在海洋环境保护保全方面的一般义务，明确肯定了海洋环境保护的迫切性和全球意义，同时将这项工作从一般道义性要求上升为各国必须履行的国际法律义务。《公约》第一九三条规定了各国开发其自然资源的主权权利，即各国有依据其环境政策并按照保护和保全海洋环境原则的要求开发其自然资源的主权权利。第一九四条规定了防止、减少和控制海洋环境污染的措施，其中第五款规定，按照本部分采取的措施，应包括为保护和保全稀有或脆弱的生态系统，以及衰竭、受威胁或有灭绝危险的物种和其他形式的海洋生物的生存环境，而很有必要的措施。

海洋环境保护在《公约》中占有非常重要的位置，除了第十二部分"海洋环境的保护与保全"对此做了全面规定之外，《公约》各实体部分几乎都涉及环境保护问题，调整内容也由单纯的污染防止向全面保护海洋环境过渡。

除《公约》本身外，其配套执行协定也对生物资源养护提出了要求。《跨界鱼类和高度洄游鱼类种群养护与管理协定》（以下简称《协定》）对《联合国海洋法公约》提出的三种海洋生物资源中的跨界洄游鱼类种群与高度洄游物种的养护做出了规定，是用以规制这两个种类海洋生物资源的国际法规范。该《协定》旨在确保跨界鱼类种群和高度洄游鱼类种群的长期养护和可持续利用，改善各国之间的合作，要求船旗国、港口国和沿海国更有效地执行为这些种群所制定的养护和管理措施，谋求处理联合国环境与发展会议通过的《21世纪议程》第17章方案领域C所指出的各种问题。

《协定》适用预警原则，这是该协定中颇具创新性的条款，也是与海洋保护区相关的内容。该协定在第5条（c）款引入了"预防性参考点"（Precautionary Reference Point）的概念并在第6条和附件二中做了详细的说明。第6条为"预防性做法的适用"，其中第一款规定各国对跨界鱼类种群和高度洄游鱼类种群的养护、管理和开发，应广泛采用预防性做法，以保护海洋生物资源和保全海洋环境；第二款规定各国在资料不明确、不可靠或不充足时应更为慎重，不得以科学资料不足为由而推迟或不采取养护和管理措施。此外，附件二"管理跨界鱼类种群和高度洄游鱼类种群方面适用预防性参考点的准则"详细论述了"预防性参考点"的概念，为渔业资源保护提供了依据。

在《公约》生效之前，国际上通用的条约是生效于 1966 年 3 月的《公海捕鱼和生物资源养护公约》（Convention on Fishing and Conservation of the Living Resources of the High Seas），用以规范各国在公海捕鱼和保护公海生物资源方面的行为。该公约仅承认沿海国在保护其领海附近的公海渔业资源方面的"特殊利益"，并在第 1 条第 1 款列出了公海捕鱼自由的三个原则来限制各国公海捕鱼的权利，其目的在于养护公海生物资源、避免过度开发，从而使得渔业资源保持最高持续产量。

此外，《养护公约》提出了国家之间捕鱼与生物资源保护方面的具体规定，如第 6 条第 1 款规定，任何沿海国为保持海洋生物资源之生产力起见，得为邻接其领海之公海任何区域内任何一种鱼源或其他海洋资源，单方采取适当养护措施，但应与其他利益攸关方就此事举行谈判，并于六个月内达成协议之情形为限。从此项规定也可以看出，公约的根本目的在于促进经济发展，即保护海洋生物资源的生产力。这便要考虑到第一次联合国海洋法会议的主题——"沿海国的管辖权"，在这一阶段，世界各国关注的焦点是渔业资源的分配，而不是环境的保护，采取种种措施也不过是为了最大量的产出及所谓的更为合理的分配。但仍然可以肯定的是，该公约签署之后，各国开始放弃公海生物资源放任主义，转而基于全人类的共同利益保护海洋生物，并将尊重其他国家的权利纳入自身的义务范畴。[①]

**2．环境与资源保护法层面**

（1）《里约环境与发展宣言》《联合国人类环境宣言》《世界自然宪章》

---

① 刘丹：《海洋生物资源保护的国际法》，上海人民出版社，2012，第 111 页。

《里约环境与发展宣言》《联合国人类环境宣言》《世界自然宪章》均属国际组织和国际会议的决议,具有"软法"性质。作为为世界环境保护提供框架性、纲领性指导建议的国际条约,这三个国际条约均未提及具体的保护海洋环境的措施,亦未提及海洋保护区,但其纲领性的指导意见为海洋环境的保护指明了方向,并较早地唤醒了各国保护环境的意识,为各国采取措施铺下了坚实的道路。比如《里约环境与发展宣言》在"原则四"中提出将环境保护纳入持续发展进程的组成部分中,并在"原则九"中倡导各国通过合作、加强科技知识交流提高持续发展的内生能力;《联合国人类环境宣言》更强调保护人类的利益;《世界自然宪章》则呼吁人类认识到养护自然资源的重要性,倡导各国展开合作等,这些观念都为后续相关国际条约、双边条约或协定的订立奠定了基础,决定了人类对海洋环境保护的方向。

(2)《关于特别是作为水禽栖息地的国际重要湿地公约》

《关于特别是作为水禽栖息地的国际重要湿地公约》(以下简称《湿地公约》)作为保护湿地生物多样性的重要公约,至今仍在国际法上起到重要作用。该公约第四条第一款规定,缔约国应设置湿地自然保护区,无论该湿地是否已列入名册,以促进湿地和水禽的养护并应对其进行充分的监护。第二款规定,缔约国因其紧急的国家利益须撤销已列入名册的湿地或缩小其范围时,应尽可能地补偿湿地资源的任何丧失,特别是应为水禽及保护原栖息地适当部分而在同一地区或在其他地方设立另外的自然保护区。

上述规定仅提及湿地自然保护区,并未涉及海洋保护区。但仍可参照湿地自然保护区的设立,为设立海洋自然保护区提供思路及措施。尤其是强调了对湿地和水禽的养护进行充分的监护,来保障生物多样性和生态环境得到最大限度的保护。

(3)《生物多样性公约》

1992年《生物多样性公约》适用于国家管辖范围以内的陆地及海洋区域,同样适用于国家管辖范围外的区域。虽然其内容与《联合国海洋法公约》存在适用上的重叠,但对于海洋生态系统的关注更为全面具体。

221

《生物多样性公约》首先指出保护生物多样性是全人类应该关注的事项，其次在保护措施方面做出了"就地保护"和"移地保护"的规定。公约第2条指出，"保护区"是指一个划定地理界限、为达到特定保护目标而指定或实行管制和管理的地区。在第8条"就地保护"部分，公约指出每一个缔约国应尽可能保护生物多样性，必要时应制定准则依据以选定、建立和管理保护区，管制或管理保护区内外对保护生物多样性至关重要的生物资源，以确保这些资源得到保护和持续利用。在"移地保护"部分提出，为达到保护生物多样性的目的，可对生物资源进行整合，迁移生物到统一的区域以便加以保护和管理。

尽管着墨不多，《生物多样性公约》还是直截了当地提出了保护区这一概念，指出了保护区的建立条件，规定了保护措施，阐明了保护对象，对各缔约国保护生物多样性提供了更多的思路。此外，尽管《生物多样性公约》与《联合国海洋法公约》在适用上存在一些重叠，但我们仍认为二者是各有侧重的平行关系，其中《生物多样性公约》更关注海洋生态系统，其签署在某种程度上也代表了1992年《里约宣言》出台后国际环境法的发展趋势。

（4）《保护毛皮海豹条约》《北极熊保护协议》《国际捕鲸管制公约》

《保护毛皮海豹条约》是由美国、英国、俄罗斯和日本为保存和保护毛皮海豹而制定的法律文件，1911年7月7日签订于美国华盛顿，属于专门性的北极环境保护多边条约。该条约规定了禁止捕猎毛皮海豹的航行范围、适用主体、行为规范、惩罚机制，并强调各国可以在相关水域独立巡逻或进行水域保护，各签约国就一些经济问题达成共识。虽然该公约签订的目的不在于保护海豹本身，但仍因其规定的禁令措施而导致海豹实际上得到了保护。公约到期后，由1957年《养护北太平洋海豹临时公约》替代，签署国有加拿大、日本、美国和苏联，之后又于1976年、1980年进行了修订。《养护北太平洋海豹临时公约》引入了"节制原则"，缔约国中日本和加拿大被要求节制猎捕海豹，但美国和苏联被允许继续猎捕，但须将海豹皮毛的15%作为回报返还给日本和加拿大。该原则更多出于经济学上的利益考量，或多或少体现了"公平利用和分配原则"。① 其经济学的考量可以为海洋保护区的设立提供借鉴。

《北极熊保护协议》于 1973 年 11 月 15 日签订于奥斯陆,缔约国为加拿大、丹麦、挪威、苏联和美国。协议签订主要是认识到了各国在北极的特殊利益,以及保护北极熊的重要性,属于较早开始关注北极海洋哺乳动物的多边协定。尽管未提及海洋保护区,但其对北极熊在北汲区域活动的保护以及海洋保护区的设立有一定借鉴价值。

1946 年的《国际捕鲸管制公约》更多地体现了捕鲸的国际管制,该公约适用于所有缔约国管辖范围内的领海、专属经济区,且同样适用于公海。该公约有两层目的,不仅要养护鲸鱼种群,还需要尽可能采取措施以保障捕鲸业的科学有序发展。该公约在第五条第一款提及通过设立"禁渔区"以保护鲸鱼,并考虑到解禁期和禁渔期、解禁水域和禁渔水域、捕鲸的时期和方法、所使用渔具和设备的类型以及规格说明书等。可以认为,设立"禁渔区"作为前奏,为海洋保护区的设立规范提供了有用的借鉴。

## (二)国家管辖范围内海洋保护区相关法律制度分析

由于设立国家管辖范围外海洋保护区操作难度较大,目前世界范围内存在较多的是国家管辖范围内海洋保护区,也即狭义的海洋保护区。北极区域内目前存在一些由北极国家设立并管理的北极海洋保护区,并有持续增加的趋势。当下对于北极区域国家管辖范围内海洋保护区,除了各国依据国内法进行管理外,北极理事会也通过各种框架协议试图将各国的海洋保护区纳入北极海洋保护区网络中,以面对海洋生物常穿梭于各国的事实,对北极生态系统进行整体保护。

### 1. 北极理事会相关框架协议

北极理事会在 2004 年的《北极海洋战略计划》中第一次提出建立包括代表性网络在内的北极海洋保护区,随后北极海洋保护区的发展依赖于北极

---

① 刘丹:《海洋生物资源保护的国际法》,上海人民出版社,2012,第 171 页。

理事会下设的保护北极海洋环境工作组（PAME）设计的管理专家工作组的系统方法（EA-EG）、北极理事会专家小组设计的基于生态系统的管理工作（EBM）、北极动植物保育工作小组（CAFF）设计的北极生物多样性评估及环极地保护区网络（CPAN）工作，这种情况一直持续到 2015 年 5 月北极理事会提出相当于"软法"的《泛北极地区海洋保护区网络框架》。

（1）环极地保护区网络（CPAN）

北极动植物保育工作小组（CAFF）于 1996 年出台了《环极地保护区网络战略和行动计划》，该保护网络的首要职能是通过以保护区的形式进行的栖息地保护来永久维护北极地区生物多样性的动态化，尽可能全方位地保护北极生态系统，增强环极地海洋保护区之间的物理的、信息的及管理上的联系。该计划强调要在国家和环极地层面采取行动，以填补栖息地保护的空白，推进网络的整体功能。[1]

环极地保护区网络建立的基本原理在于：第一，很多北极动物种群是迁徙的，单一的国家不能保证在所有物种生命周期的关键阶段对其进行保护；第二，某些对保护北极生态系统生物多样性和生产力十分关键的特定区域可能受多国交叉管辖；第三，许多北极国家的土著社区和当地偏远地区人口严重依赖消费北极动植物群，因此难以保持当地生态系统的完整性；第四，北极国家已意识到尽最大可能保护北极生态系统的重要性，包括保持生态系统在自然范围的变化，保持所有北极物种种群自然的丰度和分布模式；第五，在全球环境背景下，北极范围内多数动植物群仍相对完整，在自然遗产正逐步减少的今天，北极动植物群对全球自然生态系统具有重大意义。[2]

自《环极地保护区网络战略和行动计划》出台以来，北极地区增加了许多新的保护区，原有的保护区也在不同程度地扩大或者改变，面积大于 10 平方千米、属于世界自然联盟第四类管理类别的保护区数量已在六年中增加到 405 个。俄罗斯和加拿大在北极地区的进展是最引人注目的。然而，

---

[1] Framework for a Pan-Arctic Network of Marine Protected Areas, Annex 5 "Circumpolar Protected Areas Network Group", p. 46.

[2] Timo Koivurova, Governance of Protected Areas in Arctic, Utrecht Law Review.

生态系统和栖息地的失衡问题仍须进一步解决。最北部地区的北方森林和北极沙漠、冰川的面积从过去北极地区总面积的 27% 降到 5.4% 和 1.7%。加强对这些弱势地区的保护是北极动植物保育工作小组及环极地保护区网络在接下来几年里的主要任务。

（2）《泛北极地区海洋保护区网络框架》

该框架由北极理事会下设的保护北极海洋环境工作组（PAME）的专家成员起草，基于目前北极海洋保护区的实践和北极理事会诸多计划中提出的关于北极海洋保护区国际合作网络发展和管理的共同愿景，旨在把握目前北极国家管辖范围内的海洋保护区及网络的发展，制定未来北极海洋环境保护的合作规划、管理和行动计划。框架是指导性的，不具有法律约束力，北极各国可根据自身的发展状况、优先对象和时间表来具体操作。

泛北极海洋保护区网络由各国单独的海洋保护区网络和其他地区性保护措施组成，旨在保护和修复海洋生物多样性、生态系统功能及特殊的自然特征，为当代及后世留下宝贵的文化遗产和生存资源。框架指出，建立北极海洋保护区网络框架对北极国家有诸多益处，诸如通过在北极国家间加强海洋保护区及网络间的生态联系提升国家间凝聚力，达到更好的保护效果；支持国内保护的成效和国际目标；解决一些共同关心的物种问题等。此外，该网络框架对实现北极理事会的目标具有极大意义，包括 2013 年《基律纳宣言》中提到的保护北极环境、实现基于生态系统的管理、北极生物多样性评估及油气资源评估等部分。[①]

框架还提出，在泛北极海洋保护区网络发展和实施的各个阶段都需要遵守以下原则：方法一致且系统原则，将专属经济区、公海及陆地区域有机结合起来；尊重权利和活动原则，需要考虑原住民依照法规和法律协议进行的正常活动；确保过程开放、透明原则，优化北极海洋保护区网络规划的流程；应用最先进技术原则，在考虑优先领域的政策时使用预防性方法；关注弹性适应原则，在实际气候环境下设计并努力实现北极海洋保护区网络建

---

① Framework for a Pan-Arctic Network of Marine Protected Areas, p. 5.

设；充分考虑文化及社会经济原则，设计一个发展最优、成本最小的优质网络；适当保护原则，尽最大可能确保保护措施可以很好地体现保护目标；适用并评估最佳管理实践原则，对措施和实践的有效性进行检测和报告；跨机构整合资源原则，确保相关机构的合作和整合来保证海洋保护区管理的有效性。[①]

泛北极海洋保护区网络的目标与北极理事会的部分目标是相契合的，包括保护北极海洋生物多样性和生态系统功能、保障北极居民的健康和繁荣、推进北极资源的可持续利用。此外，泛北极海洋保护区网络还有四个相互关联的目标。

其一，强化生态修复以应对人口压力和气候变化带来的影响，促进对北极海洋生物多样性、海洋生态系统功能和特别自然文化特征的长期保护。措施包括重点保护自然生态生产力高的地区，保护栖息地或物种多样性强的地区，保护生态学意义上有重要地理特征和持久海洋学特征的地区等。

其二，采用集成管理方式保护和管理北极海洋资源、物种和栖息地，保护其提供的文化及社会经济价值、生态服务系统。

其三，提高公众对北极海洋环境和丰富的海洋历史文化的认识和认可。措施包括对原住民及当地社区居民、从北极生态系统获益的公众及商业团体进行教育和拓展活动来宣传北极海洋保护区及网络的生态、社会和经济价值；采取措施将娱乐活动与生态保护相融合；利用文化遗产和历史遗迹的保护管理发展旅游业。

其四，促进北极国家间的协调和合作，建设更有效的海洋保护区规划和管理机制。措施包括提升管理能力来增强海洋保护区管理的有效性，建立政府间合作交流机制，确定优先发展的领域进行科学合作发展，扩大土著人民参与等。[②]

2. 北极八国相关国内法规定

尽管北极地区海洋保护区问题在国际法层面未被明确提出，但在北极大

---

[①] Framework for a Pan-Arctic Network of Marine Protected Areas, p. 9.
[②] Framework for a Pan-Arctic Network of Marine Protected Areas, pp. 10 – 11.

部分地区，尤其是北极国家内部，在地方政府、原住民社区和商业部门的推动下，保护区的制度和立法在不断地发展进步，管理责任和决策更多地与地方政府分享。有诸多证据表明保护区在保护自然物种和自然资源方面发挥着明显的作用，保护区也得到了更为广泛的认可和理解。接下来我们就从分析北极国家的北极海洋保护区相关法律法规入手，更好地理解北极海洋保护区。

（1）加拿大

《加拿大航运法》（CAS）下设《北极船舶污染防治法规》对加拿大北极海域内的船舶污染做了详细规定。该法规中规定的加拿大的国际义务符合《国际船舶污染防治公约》相关规定，遵从该公约附件一防止石油污染措施的规定。①

加拿大海洋保护区设立的纲领性文件是《加拿大联邦海洋保护区战略》。该战略发布于 2005 年 6 月 8 日，由加拿大渔业与海洋部和环境部联合发布，是继"加拿大海洋战略"和"加拿大海洋行动计划"发布后联邦政府的又一重大举措。"联邦海洋保护区战略"将由加拿大渔业与海洋部、环境部和公园局共同组织实施，其主要内容包括：自然和社会科学研究、特定海洋保护区的管理以及为公众提供咨询服务等。② 该战略的主要目的是提高海洋保护区建设的生态效率以及各个海洋保护区之间的连通性，从而实现对海洋生态系统结构与功能的保护。③ 此外，其还强调了在更大范围内对海洋管理进行规划，建设海洋保护区网络。

加拿大建设海洋保护区的主要模式是积极建设海洋保护区网络，而《加拿大联邦海洋保护区战略》便为保护区网络建设和发展奠定了基础。该战略在第四部分首先解释了海洋保护区网络的具体含义为包含一个生态海洋

---

① 董跃、刘晓靖：《北极石油污染防治法律体系研究》，《中国海洋大学学报》（社会科学版）2010 年第 4 期。
② 《加拿大发布"海洋保护区战略"》，科技部，http：//www.most.gov.cn/gnwkjdt/200510/t20051019_25511.htm，登录日期：2016 年 3 月 20 日。
③ 刘康：《加拿大海洋环境管理》，《海洋开发与管理》2011 年第 1 期。

保护区的，可跨界与全球范围的海洋、陆地保护区网络联结的网络。随后，第四部分指出建设保护区网络是一个创新性的方法，可以在一个更广泛的可持续海洋管理规划框架内管理海洋事务，并且可以创建跨界联系，整合全球范围海洋和陆地保护区网络。加拿大许多地区已经采取行动，通过设立机制谅解备忘录和跨部门工作小组，在国家和区域两个层面确保加拿大的海洋保护区网络能够在一个包容、协调和互补的框架内运转。

《加拿大联邦海洋保护区战略》第十部分为"战略框架"，主要包括加拿大为建成海洋保护区网络而制定的四个目标和行动计划。目标一为"对海洋保护区的规划和确立创建更系统的方法"，其行动计划包括为跨部门合作设立形式化机制，利用各类科学指南和决策工具来确定和选择新的海洋保护区，加强各级政府、原住民和利益相关方的参与，形成一个更加系统的海洋保护区规划建设模式。目标二为"加强海洋保护区管理和监测上的合作"，行动计划包括探索具有不同地域特色的合作管理模式，联通各个独立的海洋保护区（包括土著群体），确立评估海洋保护区网络生态效率的目标和指标，采取共同行动以加强对海洋保护区的合作监测与管理。目标三为"提高加拿大人对海洋保护区网络的认识、理解和参与"，其行动计划为建立海洋保护区研究项目（自然科学和社会科学层面），启动一个基于网络平台的海洋保护区地理参照系，开发共同的海洋保护区，通过沟通与公共宣传来提高全体加拿大人的海洋意识，以及制定可被广泛接受的联邦海洋保护区相关立法与政策概念，有效地提升加拿大人对海洋保护区建设的理解与参与，如生态可持续利用、生态系统的基础管理、预防方法等。目标四为"将加拿大海洋保护区网络与区域、全球网络相连接"，行动计划包括与美国、墨西哥建立区域性海洋保护区行动计划，为国际社会提供经验借鉴及相关技术与方法支持，共同推动全球海洋保护区网络建设。

综上所述，《加拿大联邦海洋保护区战略》较为全面地阐述了加拿大在建设海洋保护区网络方面的现状、立场及策略，虽未特别提及北极地区，但仍能从已有的材料中得到借鉴。此外，该战略还详细列举了各政府部门的责任重点，详述了如何通过合理分工来使效率最大化，在联合治理机制方面对我国有一定借鉴意义。与此同时，其详细阐述了海洋保护区网络建设的理念，通过科学的方法确立海洋保护区，协调各方力量进行保护，并上升到区域及全球的层面。这种一体化的建设理念对我国建设海洋保护区有一定借鉴意义。

《加拿大海洋法》（以下简称《海洋法》）提出了海洋开发与环境管理的预防性方法和基于生态系统的管理原则，并赋予加拿大渔业与海洋部发展与实施国家海洋保护区系统、整合三大联邦机构的海洋保护区计划的权力。[1] 目前，加拿大联邦海洋保护区网络由三大核心保护区组成：一是依据《海洋法》建立的海洋保护区（marine protected areas），主要用来保护重要的鱼类与海洋哺乳动物栖息地、濒危海洋物种、具有独特的属性与生物生产力或生物多样性高的区域；二是海洋野生动物保护区（marine wildlife areas），重点保护和保全多种野生动物生境，包括迁徙鸟类与濒危物种；三是国家海洋保全区（national marine conservation areas），主要用来保护和保全有代表性的加拿大海洋自然与文化遗产，并提供公共教育与欣赏机会。除了上述核心保护区外，具有海洋成分的候鸟禁猎区、国家野生动物保护区和国家公园也是联邦海洋保护区网络的重要内容。[2]《海洋法》的实施明确了加拿大联邦政府在海洋环境管理中的作用，尤其是提出要统筹考虑海洋环境保护与海洋开发活动来维护海洋生态系统的健康，其包含三大海洋政策动议，即海洋保护区计划、海洋生态系统健康计划与海洋综合管理计划。

在加拿大的国家实践中，由加拿大渔业与海洋部牵头建立的狭义的海洋保护区的设立主要是依据《海洋法》的相关规定，旨在保护和保全鱼类和海洋哺乳动物的栖息地、独特的海洋生境、海洋生物多样性和生产力高的海域以及任何其他需要保护的海洋生境或资源。《海洋法》有提及北极的内容，这是因为加拿大在积极主张对北极大陆架的认定以及航道的使用权，但并未提及"海洋保护区"字样。但《海洋法》中预防性的观念

---

[1] 朱建庚：《〈加拿大海洋法〉及其对中国的借鉴意义》，《海洋开发与管理》2010年第4期。
[2] 刘康：《加拿大海洋环境管理》，《海洋开发与管理》2011年第1期。

可对中国提供些许借鉴，其要求针对所有可能影响到加拿大近海环境的海洋开发活动制定综合管理规划并加以实施，用以预防可能发生的对环境的污染及破坏。

《加拿大国家海洋保全区法》（以下简称《保全区法》）发布于2002年，其前身为1994年根据《国家海洋公园政策》修订的《国家海洋保全区政策》，该法颁布的主要目的是保护和保全海洋栖息地、保证海洋资源可持续利用，以及维护海洋生态可持续发展。《保全区法》共分为十一部分及两个计划表。该法案制定了一个海洋保全区的发展框架，根据沿海不同的地质特色、海岸带地形、海洋学过程和相关野生生物分布等将加拿大三大海岸带和大湖系统划分为29个"海洋区"。从加拿大的现实发展来看，国家海洋保全区的建立便主要依照该法案。在保全区内不允许进行不可再生资源的开发及海洋倾废等活动，允许在保护生态系统前提下的捕捞活动，实施分区规划，在不破坏生态系统和维持野生生物种群稳定的前提下允许进行科学研究以及土著居民的狩猎和捕鱼活动。[①] 根据1999年的资料，北极地区没有该类海洋保全区。

《加拿大国家公园法》于2000年10月20日通过，旨在规范加拿大的国家公园。法案提出，加拿大国家公园致力于服务加拿大人民的利益、教育和享受，因此公园应受本条例和法规约束而进行维护和使用。法案提到优先考虑通过保护自然资源和自然过程来维护或恢复生态的完整性。《加拿大国家公园法》主要应用于加拿大的联邦海洋保护区滨海国家公园和候鸟保护区的建立，包括海洋公园、国家海洋公园与候鸟禁猎区等。根据前文描述，国家公园也是加拿大海洋保护区网络的一部分，但并未有具体涉及北极的部分。

综上所述，加拿大已就海洋保护区的设立、管理等形成了较为完整的法律框架，并在北极地区建设有一定数量的北极海洋保护区，其规范模式值得

---

① 王敏敏：《国外海洋自然保护区的法律保护研究及对我国的启示》，中国海洋大学硕士学位论文，2010。

各国借鉴。

(2) 美国

《北极考察和政策法案》(以下简称《法案》) 颁布于 1984 年, 修正于 1990 年和 2004 年, 其制定目的在于为美国的北极考察需求和目标制定全面的方针。《法案》定义了北极地区的范围: "北极地区"指美国和外国领土在北极圈以北的地区, 所有波丘派恩、育空和卡斯科奎姆河形成的边界以北和以西的美国领土, 所有毗邻的海域, 包括北冰洋和波弗特海、白令海和楚克海, 以及阿留申群岛。尽管《法案》并未直接提及建设保护区用以保护环境, 但其还是规范了美国北极科考的组织、实施、财政拨款等事项, 为美国在北极地区的一切活动提供指导性原则。

2001 年 7 月, 美国国会通过了《2000 年海洋法令》(Oceans Act of 2000), 这是美国针对海洋保护区的建设和管理发布的总统令, 授权美国政府成立海洋政策委员会, 制定新的海洋政策。由商务部国家海洋大气局 (NOAA) 负责协调国家层次的海洋保护区认定和管理, 并加强和扩展了国家海洋保护区系统(包括国家海洋庇护区、国家河口湾研究保护区等), 鼓励国家海洋保护区管理部门和机构加强合作来提升现有的海洋保护区管理, 并建议创建新的海洋保护区。2000 年 5 月, 国家海洋大气局建立了国家海洋保护区中心, 负责管理国家海洋保护区, 制定相关政策, 提供信息、技术、管理工具以及协调海洋保护区科学研究等。该行政法规侧重于海洋保护区的组织管理领域, 在国家层面重视并协调了海洋保护区的建立, 为更好地规范美国海洋保护区的建立提供了依据。

《国家海洋庇护区法》界定了"庇护区资源"的含义, 即庇护区内所有有助于保护、休养、生态、历史、教育、文化、考古、科学, 或具有审美价值的有生命或无生命的资源。《国家海洋庇护区法》规定由国家海洋和大气局负责编制未来可能成为海洋庇护区的备选海域, 限制或禁止疏浚、倾倒、海底工程建筑、采矿和油气钻探与开发活动, 但不禁止捕捞活动, 即允许与庇护区设立目的相协调、可持续的资源利用活动。在实践中, 美国已建立了 13 个国家海洋庇护区, 作为一种多用途资源管理区, 其可分为历史遗迹保存、珊瑚礁、近海浅滩、岛屿和海域五大类。

《海岸带管理法》颁布于1972年10月27日，并已修订八次。该法案侧重对海岸带的保护，列举了一系列具体的措施，为海洋环境的保护提供了一种新的可供借鉴的思路。

《渔业保全和管理法》于2007年出台，由美国商务部、美国国家海洋和大气管理局及国家海洋渔业服务组织共同制定，属于部门规章的范畴。该法案主要针对美国渔业资源捕捞、养护现状提出要进一步规范渔业资源的管理，将对渔业资源的养护和管理列入国家计划，即要防止过度捕捞，重建过度捕捞库存量以及便于长期保护的重要鱼类的栖息地，以确保养护并挖掘全国渔业资源的全部潜力。根据《渔业保全和管理法》，美国建立了一些渔业管理区，通过对渔具的限制和分区管理对渔业资源进行保护。

《国家安全总统指令与国土安全总统指令》（以下简称《指令》）颁布于2009年1月9日，也称"第66号国家安全总统指令""第25号国土安全总统指令"，主题是北极地区政策。《指令》指出，该政策符合有关北极地区的国家安全和国土安全的要求；保护北极环境，保护北极生物资源；确保该地区自然资源管理和经济发展环境的可持续性；加强北极八国之间的合作（美国、加拿大、丹麦、芬兰、冰岛、挪威、俄罗斯、瑞典）；使北极原住民社区能参与影响他们自身的决定；以及加强针对当地、区域以及全球环境问题的科学监测和研究。

在第八部分"环境保护及自然资源的保护"中，《指令》指出北极环境独特并处在不断变化之中，对北极的研究极为重要，美国赞同对北极地区脆弱的海洋生态系统进行保护，反对破坏性的渔业捕捞，并寻求采取必要的强制措施以保护北极地区的海洋生物资源。在"执行"部分，美国提出五个举措以配合对北极的环境及资源保护：①与其他国家一起积极应对日渐增多的污染物及其他环境问题；②在考虑北极地区某些物种分布区域与范围的变化基础上，不断探寻新方法，以保存、保护并持续管理北极物种，以及采取必要的强制措施保护海洋生物资源；③寻求新方法以应对北极地区不断变动、日渐拓展的商业化渔业，措施包括借助国际协议或组织管理北极地区未来的渔业；④在北极地区推行基于海洋生态系统的管理活动；⑤加大力度来获取有关污染物对人体健康及环境的不利影响的科学知识，并与其他国家合作，减少主要污染物进入北极地区。①《指令》将北极环境与自然资源的保护提到了一定高度，虽未提出具体采取什么措施保护海洋生物资源，但仍为资源的保护提出了方向性意见。

随着气候变化以及北极地区地缘政治形势的变化，北极问题在奥巴马政府议程中的优先程度逐渐提升，北极地区的政策也被纳入美国海洋政策和美国全球战略中。② 2013 年 5 月，美国颁布《北极国家战略》，沿袭了布什政府对北极的一些主张，更加强调了对北极地区国家安全和国土安全利益的维护，通过广泛的国际合作实现美国的主导地位。此外，该战略指出对北极地区负责任的管理是美国北极政策的核心，"保护北极地区独特的、变化中的环境是美国北极政策的核心内容，美国将采取一系列支持性措施以促进建立和维持北极地区健康的、可持续的生态系统"。在此基础上，美国政府试图提高北极管理相关措施的整体性，从而平衡经济发展、环境保护与文化价值在北极地区的位置。

（3）俄罗斯

目前俄罗斯对海洋保护区的法律规制多见于 1995 年 2 月 15 日通过的《联邦特保自然区法》中。该法案对特保自然区进行了详细的界定、分类，并制定相应的管理方案，是北极八国中除加拿大之外对保护区的规定较为直接、明确的国家。

法案首先界定了特保自然区的含义，即某些陆地、水面及相应的天空，因分布着具有特殊的环保、科研、文化、美学、疗养和健身意义的资源和设施，经国家权力机关决定，全部或部分地禁止经营开发，并制定专门法规预以保护者。法案阐明特保自然区属于全民财产。法案明确界定了特殊自然保护区的种类，划分如下：国家自然保护区，包括生态环境保护区；国家公

---

① 林新珍：《美国海洋保护区法律制度探析》，《海洋环境科学》2011 年第 8 期。
② 孙凯：《奥巴马的北极政策及其走向》，《国际论坛》2013 年第 5 期，第 55~60 页。

园；自然公园；国家禁伐（禁猎、禁渔）区；自然遗迹区；森林公园及植物园；医疗健身区及疗养区。其分类基本与国家自然保护联盟的分类相似。同时规定，特保自然区分为联邦级、地区级和地方级三个级别，其中，国家自然保护区和国家公园属于联邦级特保自然区，国家禁伐（禁猎、禁渔）区、自然遗迹区、森林公园和植物园、医疗健身区和疗养区，既可列为联邦级特保自然区，也可列为地区级特保自然区。医疗健身区和疗养区还可列为地方级特保自然区。

法案对各部分的功能及惩罚机制规定得较为明确，为俄罗斯国家海洋保护区的建立提供了规范性依据，同时走在了其他国家海洋保护区立法的前面，可以作为海洋保护区立法的典范。①

（4）丹麦、挪威、冰岛

丹麦对于海洋保护区的规定多见于格陵兰岛地区的捕鱼规定，如《格陵兰岛北部渔区行政法令》详细界定了格陵兰岛北部渔区的界限，《格陵兰岛北极区域捕鱼的行政法令》限制北极红点鲑鱼的钓捕，《格陵兰岛关于休闲性打猎和捕鱼的行政法令》详细阐述了如何在法规规定的范围内进行休闲性打猎和捕鱼，《格陵兰岛关于东部和北部格陵兰岛国家公园的行政法令》阐明了保护景观、植物、野生动物、史前遗迹和过去的其他文物的措施。

较为详细的《格陵兰岛梅尔维尔海湾自然保护区的行政法令》于1989年5月17日生效，将梅尔维尔湾（Qimusseriarsuaq）的一部分土地和冰指定为一个自然的保护区，其中所有野生动物都被保护，具体范围为内陆冰500米水平线上，从76°22′30″N/64°01′00″W 到75°40′30″N/57°56′00″W 的区域。自然保护区内，在低于海拔500米的区域进行打猎、钓鱼、蛋收集、通道、航海或航空运输都是被禁止的。只有有本市常住户口并持有有效证明的、主要职业是狩猎的人员才被允许在此区域内继续进行传统的狩

---

① 王敏敏：《国外海洋自然保护区的法律保护研究及对我国的启示》，中国海洋大学硕士学位论文，2010。

猎和捕鱼活动。

挪威相关的法律制度较少，只有在《科学研究和海洋自然资源的勘探开发法案》中对海底科研成果转化、在领海和大陆架勘探开采石油等资源加以规定。

冰岛《渔业管理法》通过于 1990 年 5 月，在总则部分便阐明冰岛的渔业资源是国家的共同财富，该法的目的是促进其渔业资源节约和高效利用，从而确保稳定就业和解决全国各地需求。冰岛作为依靠捕鱼的国家，法案对于"捕鱼许可证和配额""实施与监督"等规定得较为详细，并规定了相应的惩罚机制。作为一个行政规范性法案，《渔业管理法》较为详细地阐明了冰岛渔业资源管理的方式、内容及惩罚机制。但未提及建立保护区以更好地保护渔业资源及生物多样性，可见现阶段对冰岛而言生物多样性保护并没有被提到与渔业管理同等重要的位置。

此外，冰岛用于规制海洋环境保护的法案还有《责任渔区行为守则》。该守则在前言部分即说明，本规范规定了以确保有效养护、管理水生生物资源开发为目的，对生态系统和生物多样性方面进行负责任行为的国际标准。准则承认渔业在营养、经济、社会、环境和文化上的重要性，以及所有那些与渔业部门相关的利益。守则考虑到资源和环境、消费者和其他用户的利益的生物学特性。从其宗旨及内容中可以看出，该守则为行政规范，旨在更好地养护、管理和开发水生生物资源，同时保护生态系统和生物多样性，更多地侧重开发与利用。

（5）芬兰和瑞典

《芬兰环境保护法令》于 2000 年通过，该法案详细规定了环境保护的相关措施，属于比较具有全面性、系统性、框架性的法令，旨在为全国的环境保护活动提供依据。《芬兰船舶安全控制法》则首先说明了其适用于在芬兰海域使用船舶以及芬兰商船在芬兰海域外行驶的情形，并且也适用于政府船舶。但是，该法不适用于使用该类船舶的芬兰国防军和边防服务，除非他们使用载有乘客或货物的公共交通服务。《有害物质对水体环境污染控制法》颁布于 2006 年 11 月，是在《环境保护法》的基础上颁布的，旨在预防及控制有害物质对水体环境的污染。

芬兰《自然保护法》颁布于1996年，在第一部分"总则"中，法案规定，本法适用于自然景观的保护和管理，列举了根据该法应考虑到的经济、社会和文化方面的问题，包括景观保护、地方和区域特色。在管理部门方面，由环境部负责最高自然和景观保护的指导及监督。在第二部分"自然保护计划"中，其强调，为了维护国家利益的自然特征，一个自然保护程序可以制定，具体哪个部分被分配用于自然保护的目的，此外，自然保护计划应当载明被视为危及其目标的任何措施。在第三部分"海洋保留区与自然纪念地"中，法案规定，海洋保留区包括国家公园、严格的自然保留区及其他的自然保留区，并对自然保留区的确定设立了诸多必须遵守的条件。在"国家公园"部分，其阐明国家公园的名称和目标应当由法律规定，且国家公园只能建立在国有土地上。一个国家公园的规模应不小于1000公顷，且要对社会有一定影响力。其对严格的自然保留区的规定包括：严格自然保留区的划定和目标应当由法律规定；规模至少达到1000公顷且只能建立在国有土地上；区域内动、植物应能不受干扰地自然发展；还是促进科研和教育发展的手段。此外，该法案还对自然保留区做了一些详细的禁止性规定。通过通读全法案，可以发现其对保护区的区分基本按照国际保护联盟的标准，且更多地是针对陆地景观及陆地自然保护区做的具体规定，并为海洋保护区的设立提供了借鉴。

瑞典《环境法》于1999年1月1日正式生效，为瑞典环境方面立法的纲领性法案。《物种保护条例》生效于1998年，立法目的为保护物种。《渔业保护区法》生效于1997年，该法规定两个或两个以上产权单位可以合并成一个渔业保护区，在此区域内的捕鱼权所有者可以形成一个渔业保育协会，为统筹捕捞和渔业的目的保护和促进渔业权业主的共同利益。该协会的活动可能不包括钓鱼，根据《渔业法》，在私人水上不支持私人捕鱼的权利。该法案更多地涉及渔业管理的相关内容，虽有提及渔业资源的保护，但更多侧重开发与管理。

## 二 北极海洋保护区建设现状

北极八国根据各自的国内法,积极响应保护北极地区生态环境的号召,建立了一些海洋保护区,有的国家如加拿大甚至形成了海洋保护区网络的雏形。

### (一)加拿大

加拿大于2015年公布了《国家保护区计划》,旨在加强保护包括北极在内的海洋和沿海环境。目前加拿大有40个海洋保护区,此外还有两个已在建设当中。在加拿大,海洋保护区规划是共同责任。加拿大联邦海洋保护区网络的建设由三个有立法权的联邦机构负责,其中渔业与海洋部负责设立海洋保护区,公园管理局负责设立国家海洋保育区,环境部负责设立海洋野生动物保护区。① 联邦海洋保护区的建立与管理还涉及其他多个联邦机构,其职责多与政策规制、项目服务有关。在很多情况下,环境部、渔业与海洋部及公园管理局需要与其他相关联邦部门,如交通部、国防部和自然资源部等密切合作,同时也涉及省级、领地及其他团体的作用。随着全球气候的变化以及西北航道交通量的增加,加拿大政府一直致力于保护北极地区,保护其认为的最为特殊的自然特征。②

加拿大海洋保护区的设立工作由渔业与海洋部牵头,以其与加拿大公园管理局、环境部协调各省于2011年出台的《加拿大海洋保护区网络框架》为指导纲领。该文件为建立北极生物区域海洋保护区网络提出了总体方向,此外,加拿大地方和省级规划也在制定当中,相应地会增加对北极海洋区域的保护,包括野生动物保护和管理。

加拿大北极海洋保护区根据管理机构不同可分为联邦海洋保护区和省立

---

① 刘康:《加拿大海洋环境管理》,《海洋开发与管理》2011年第1期。
② 《加拿大斥巨资研究建立"北极海洋保护区"》,http://www.hycfw.com/Knowledge/knows/no13/2009/12/15/36452.html,登录时间:2016年4月26日。

海洋保护区。加拿大现有的北极海洋保护区中有 29 个联邦海洋保护区、10 个省立海洋保护区及 1 个未提及管辖机构的保护区，在建的 2 个海洋保护区都是联邦海洋保护区。在目前管辖机构明确的 39 个海洋保护区中，由加拿大渔业与海洋部管理的只有 1 个，即 Tarium Niryutait 海洋保护区，面积为 1740 平方千米，作为自然遗产被首要保护；由加拿大公园管理局管理的有 6 个，分别是 Aulavik 国家公园、Ivvavik 国家公园、Quttinirpaaq 国家公园、Ukkusiksalik 国家公园、Sirmilik 国家公园和 Auyuittuq 国家公园，同样作为自然遗产优先被保护；由环境部管理的有 22 个，而省立海洋保护区中的 9 个由魁北克省管理，1 个由马尼托巴省管理。

加拿大北极海洋保护区所保护的物种较为广泛，如位于西北通道口的海洋保护区，每年夏季世界上绝大多数的独角鲸、世界上三分之一的北美白鲸、大量的北极露脊鲸、环斑海豹、格陵兰海豹以及海象都会在此出现。

### （二）美国

美国已在北极地区建立了 15 个多用途的海洋保护区，其中 8 个由渔业局管理以保护海洋哺乳动物免受渔业活动影响，其并不提供广泛的海洋生物多样性和海洋生态系统保护。另外有两个海洋保护区为国家公园，两个为国家野生动物庇护区。美国现有的海洋保护区体制包括现存的由联邦、州和部落管理的海洋保护区，旨在通过合作和能力建设加强管理。加强和扩大海洋保护区国家系统的措施正在实施，其中 3 个北极地区的海洋保护区是国家系统的组成部分。美国并未将北极海洋保护区作为单独的区域性保护区采取措施，而是将其纳入国家的体系中。

除了建立海洋保护区，美国还采取了诸多有效的区域性保护措施，现有的数据表明共有 36 项措施，其中 24 项为联邦实施的，包括建立阿拉斯加海底山的栖息地保护区、阿留申群岛珊瑚礁栖息地保护区、北极管理区域、白令海栖息地保护区域等；有 12 项为各州独立设立的，包括设立帝王蟹封闭区、拖网齿轮限制区等。

作为本届北极理事会的轮值主席国，美国于 2015 年底发布的《北极理事会 2015～2017 年工作计划》显示，与强调发挥原住民作用的前任轮值主席国加拿大相比，美国似乎更强调采取行动应对气候变化、加强海洋保护和促进可再生能源开发。计划提及"北极理事会将增强北极海洋环境保护工作组（PAME）关于泛北极地区海洋保护区网络（MPAs）的建设工作"，"美国还希望能在创造北极海洋保护区网络和利用可再生能源装备北极村等领域取得进展"。① 美国已经意识到气候变化对北极生态系统的影响越来越显著，产业界开始慢慢加大对该地区的投入，各国也已经开始提出领土要求，在此背景下，缔结海洋保护协议等努力或将开辟新的天地。"一个贯穿北极的地区性海洋协议连同保护区网络，将是一份美国领导的团队留下的巨大遗产。"② 因此可以预见，在美国担任轮值主席国的两年，北极海洋保护区将会有较大的发展。

此外，在北极地区海洋安全和保护北极海洋环境战略方面，美国有意与中国展开广泛的合作。2017 年 1 月将要生效的《极地水域运作船舶安全规则》是完全符合中美两个海洋大国共同利益的，两国的双边合作还可以包含制定海洋保护措施，如建立海洋保护区，并考虑如何将这些措施融合到未来的北冰洋商业航行的法规之中。③

### （三）俄罗斯

在北极区域内，俄罗斯联邦有一个国家保护区网络和 7 个地区保护网络。现在俄罗斯正在采取措施强化和扩大国家及地区海洋保护区系统，5 个新的联邦海洋保护区正在紧锣密鼓的建设中，建设计划由联邦和地方政府通过独立的过程制定。现在，俄罗斯并没有独立的海洋保护区规划系统。新海洋保护区的识别和建设是一般区域保护系统的一部分。

---

① 《北极理事会 2015～2017 工作计划》，国际极地与海洋门户网站，http://www.polaroceanportal.com/article/573，登录时间：2016 年 4 月 26 日。
② 张章：《美欲勾勒北极研究新图景》，http://wap.sciencenet.cn/info.aspx?id=318224，登录时间：2016 年 4 月 26 日。
③ 《加强中美两国北极合作的建议》，国际极地与海洋门户网站，http://www.polaroceanportal.com/article/424，登录时间：2016 年 4 月 26 日。

2008年，基于国家差距分析，俄罗斯为保护北极确立了37个主要海洋区域。2011年，俄罗斯海洋和沿海生物多样性地图册出版。北极海洋保护区的差距分析目前正在筹备中。从目前的数据看，俄罗斯国家保护区网络中有14个联邦海洋保护区，由自然资源和环境部管理，另外有41个地方保护区，由地方政府管理。俄罗斯有8个计划中的专属经济区内的海洋保护区，均由联邦发起设立、自然资源和环境部管理。另外，俄罗斯在其专属经济区内设有3个有效保护区域，为临时休渔区、海洋哺乳动物保护带和海洋渔业保护带，均由渔业署具体进行操作管理，以期进行渔业的可持续生产。

根据世界野生动物基金（WWF）的资料显示，俄罗斯北极海洋区由2个大海洋生态区域组成，即白令海和巴伦支海，各有独特的生物群和丰富但脆弱的生态系统。鉴于两个海洋区域都有丰富的石油和天然气等自然资源储存，目前俄罗斯真正的海洋保护区只有一个——远东海洋生物圈保护区。[①] 俄罗斯现阶段尚未制定具体战略保护海洋环境和生物多样性，但在世界趋势和各国的倡议下，其未来北极开发的重心也将转向海洋环境保护。

### （四）丹麦

根据北极理事会《泛北极海洋保护区网络框架》规定的标准，丹麦符合规定的海洋保护区有5个。格陵兰也有其他区域性的保护动植物群及生态系统的措施，比如建立海鸟繁殖庇护区、设立规定限制海鸟繁殖季节的人类活动等。在过去的这些年里，丹麦投入了很多精力将易受石油泄漏影响的海洋区域和海岸线设立为关键栖息地、迁徙路线等，进行了大量对油气勘探和开发活动的战略环境影响评估。

丹麦现有的5个分布在专属经济区内的海洋保护区均由丹麦政府环境与自然部管理，均为多用途的海洋保护区，但5个海洋保护区的保护内容各有

---

① Protecting the Russian Arctic, WWF Global, http://wwf.panda.org/who_we_are/wwf_offices/russia/index.cfm?uProjectID = RU0127，登录时间：2016年4月26日。

侧重。比如东北格陵兰国家公园旨在保护大片荒地，允许科研活动的进行和公众进入，保护风景地貌、植物群、野生动物、史前遗迹和其他文物是其全部目标；而伊路利萨特冰湾保护区则旨在保护冰湾的自然美景及自然历史和文化。

丹麦在其专属经济区内还有一些有效的保护措施，包括为保护鸟类而设立分布带，以及设立13个鸟类储备区。这两项措施都由格陵兰政府牵头实施，由渔业部和狩猎与农业部具体管理。

## （五）挪威

在2001年秋季的就职演说上，挪威政府承诺将月生态系统保护的方式来管理挪威海区域。《巴伦支海－罗弗敦群岛管理计划》（2006年出台）确定了特别有保护价值和特别脆弱的区域，同时也确立了生物多样性丰富和高生物产量的区域。气候变化可能会对这些区域产生更为持久和不可逆转的影响，因此需要特别谨慎。此外，挪威提交了7个国家公园和4个位于斯瓦尔巴的自然保护区作为由东北大西洋环境保护委员会管理的海洋保护区。此举反映了国家规制的缺乏和东北大西洋环境保护委员会整体管理方式的优越性。此外，挪威计划沿海岸线建立起由一系列小面积的保护区组成的网络，旨在保护生物多样性和保证一些生态脆弱的地区免受科研和监测的打扰。此海洋保护区的计划已经制定，但具体的选址仍在进一步商讨中。

挪威目前共有8个北极海洋保护区，提交给东北大西洋环境保护委员会管理的7个保护区均作为自然遗产优先被保护，留在挪威国家管辖下的Saltstraumen海洋保护区虽作为自然遗产，其首要目的是保护濒危灭绝的物种和生物多样性，但拥有世界上最强的潮流的该地还是科研和监测的参考区域。

除了建立海洋保护区，挪威还采取了一些其他的措施来保护海洋生态环境。《巴伦支海－罗弗敦群岛管理计划》提及的特别需要保护的区域有10处，均由联邦设立、董事会进行管理，多数区域是作为自然遗产被优先保护，但也有例外。比如从罗弗敦群岛到特隆姆瑟夫拉克特的区域（包括大陆架边缘），其保护的首要对象是鱼类的卵、幼虫、海鸟和海洋哺乳动物等。

### （六）冰岛

在现有的法律框架下，冰岛在其专属经济区内有30个北极海洋保护区。其中有一些保护区的目标是基于《自然保护战略》的规定保护脆弱的鸟类物种，更多的区域是作为北极海洋保护区来保护水珊瑚。有两个保护区含有海洋生态系的深海热泉，还有一个名为叙尔特塞的保护区是世界遗产。冰岛这30个北极海洋保护区或者是多用途的保护区，或者是契合保护目的的禁捕区，其中14个海洋保护区已提交至东北大西洋环境保护委员会。所有的北极海洋保护区都位于环冰岛的大海洋生态系统（LME）里。除了这30个海洋保护区，冰岛还通过在其专属经济区内设立临时关闭区域或永久关闭区域以保护更广泛的区域。在这些地区，为保护鱼类资源、产卵地及底栖生物物种，冰岛采用禁止捕鱼或者禁止使用特定渔具的措施加以限制。冰岛正在采取措施加强和扩大国家海洋保护区管理体系。冰岛现有的北极海洋保护区均由国家设立，其中10个由渔业理事会管理，20个由环保部管理。

## 结　语

北极未来面临一系列的挑战，预测北极变化比应对更为关键。北极研究具有全球性和跨学科的特点，这需要增加国际科学合作，关联不同学科、多种知识体系乃至全球系统，以增加对北极生态系统、环境、社会脆弱性和适应性的了解。对北极海洋保护区相关法律制度和现状的梳理，对北极治理和中国参与北极事务都具有重要的意义。

近年来，对北极公海保护的讨论持续升温，现有国际法律规范的立法供给不足是北极公海保护面临的重要问题。伴随着在北极公海建立第一块海洋保护区的建议获得东北大西洋环境保护委员会的认可，设立北极公海保护区将正式写入其议事日程。而北极国家管辖范围内的海洋保护区也在北极理事会的协调管理下往海洋保护区网络的方向迈进。保护北极海洋生态环境和生物多样性，各国须展开精诚合作以保护全人类的共同利益。

作为"全球变化的指示器"，北极的未来发展关乎人类共同命运。中国是北极利益攸关方，也是世界上最大的发展中国家和发展迅速的经济体，中国与北极的发展变化息息相关。中国高度关注北极海洋保护区设立及管理事业的推进，一方面旨在保护人类在北极的共同利益，贯彻中国参与北极事务"尊重、合作与共赢"的理念，树立负责任的大国形象，承担起北半球发展中大国的责任，为北极生物多样性和生态系统的保护尽到应尽的责任，促进建立和平稳定、环境友好和可持续发展的北极；另一方面，要警惕少数北极域内国家以"保护"之名行不义之事，利用保护区的形式划分势力范围，以达到"瓜分北极"的企图，这样的行为不利于北极海洋环境的保护，更不利于北极治理格局的形成。

因此，中国要在北极海洋保护区相关规则的确立及保护区的设立过程中发挥积极的作用，展现大国风范，为和谐北极的建立做出应有的贡献。此外，也应借此机会强化自身的实力。首先，应完善国内和国际法相关法律法规的研究，在建立公海保护区的多边协商中维护自身利益；其次，应加大北极科考的力度，更深入地研究北极环境、气候变化及生物多样性，抓好时间差加快深入北极地区研究的进度，在海洋保护区网络的设立中掌握话语权；最后，中国应借此机会借鉴其他国家海洋保护区的成功案例，从生物多样性的角度扩大本国海洋保护区的范围，形成海洋保护区网络，维护本国海洋权益及生物多样性。

# 北极原住民
## ——现代国际法发展进程中的孤独特例

陈奕彤*

北极地区的原住民是北极的主人。原住民在北极地区的居住历史要远远长于后来的西方殖民者和移民者。北极原住民面临土地权利被剥夺、资源开发对自然环境和传统生活方式带来挑战、新移民的融入和科技变革对劳动技能要求提高、缺乏政治和社会经济话语权等众多问题。这些问题大部分都与全世界的原住民所面临的困境相似。但是北极原住民又因北极独特的地理位置和文化传统具有不同于世界上其他原住民族群的特点,尤其是在国际议程的参与方面,北极原住民突出的表现吸引了多方关注。在近几十年来北极变迁的过程中,与地球上其他地区原住民不同的是,北极地区原住民更大程度地参与到了国际规则制定的进程中,扮演了先行者和开拓者的角色。本文拟从 20 世纪的原住民权利运动发展伊始着手,尝试讨论北极原住民在国际法进程中所扮演的角色和独特之处。

## 一 原住民权利运动与相关国际制度的建立

### (一)从地方到联合国的原住民权利运动和相关机制的建立

根据联合国原住民议题常设论坛统计,地球上大约有 3.7 亿原住民,分

---

\* 陈奕彤,女,上海交通大学凯原法学院博士后。

布在70个不同的国家。① 虽然分布于世界各地的原住民群体在文化风俗和生活方式上各不相同，但他们却经历着类似的体验，并分享了彼此的抗争经验。尤其是在移民国家，例如美国、澳大利亚以及南美洲的一些国家，移民来的迁居者给未经"开发"的大陆带来了创新的、更高水平的科技和生产方式，很快就掌握了当地社会的话语权。在这种移民国家中，移民往往迅速就成为社会的主流，政治力量反而要比原住民的强大许多，其人口数量也飞速超越了原住民的数量。移民国家的政府对原住民往往采取镇压和同化政策，试图改变原住民固有的、被认为是"野蛮落后"的生活方式和文化传统习惯，促使其进化成为更为现代化的、融入主流社会的群体。在这种情况下，原住民在当地的社会地位逐渐降低，也越来越受到歧视性国家政策的困扰，甚至遭到直接的武装镇压和屠杀。许多移民社会的这种"黑历史"不胜枚举，且原住民权利贬损的速度在移民社会发展早期是非常快的。初到美洲大陆的欧洲移民对当地印第安人的屠杀持续了近一个世纪，实施了诸如"头皮政策""野牛政策""自留地政策"等一系列种族灭绝政策，从各个方面剥夺了原住民的土地、食物、生活方式乃至生命。在加拿大和澳大利亚，政府都曾有组织地实施过将原住民儿童从原生家庭送养至非原住民家庭的社会政策。

早在20世纪初联合国成立之前，就曾有原住民领袖向当时的国际联盟表达过，希望国际联盟能够认可原住民为特别的民族群体的意愿。但显然当时的国际法还没有发展到能够将原住民群体认定为一个特殊的国际法实体，并与其他国际法实体区分开来的程度。原住民无法作为一个单独的实体与国际社会中的国家和其他国际组织打交道，而只能转而聚焦于其国内事务，例如当地原住民群体和地方政府、中央政府的关系等。即使世界上许多国家散落分布了多个原住民族群，并面临相同的困境，但各国政府对待原住民的态度仍然是将其视为国内事务，并杜绝本国原住民群体和他国原住民群体联合

---

① "Global Actions"，http：//indigenousfoundations.arts.ubc.ca/home/global-incigenous-issues/global-actions.html，Accessed on 2 April. 2016.

在一起，组成更广泛的国际同盟。

与之相反的是，分布在各国境内的原住民愈发认识到，与其他原住民群体团结起来，跨越国家边界进行国际合作，有利于提高权利斗争的效率。在20世纪早期，虽然原住民运动逐渐成星火燎原之势，但由于原住民群体的社会经济力量还不够强大，所以散落在世界各处的原住民群体并没有组织起来进行国际合作以形成集体力量。随着社会经济的发展，最近四十年来原住民逐渐积蓄了一定程度的社会和经济力量。20世纪70年代以来，越来越多的原住民在其政治领袖的带领下，超越国家、政治组织和自然地理的边界与居住在他国的原住民群体联合起来进行合作，以求国际社会关注到他们的努力和呼吁。

在世界各地原住民组织纷纷建立并发展壮大的背景下，联合国原住民工作组（U. N. Working Group on Indigenous Peoples）于1982年在原住民组织和联合国成员国的支持下成立。工作组的设立意义重大，是联合国认识到原住民群体的特殊性并对其权利加以保护的第一个具有创新性的尝试，在联合国层面迈出了保护原住民权利、接受原住民咨询意见的第一步。

联合国原住民工作组由五个独立的专家组成，并接受原住民志愿者的咨询。工作组的其中一个目标就是增加关于原住民权利的国际标准。工作组在1994年起草了《联合国原住民权利宣言》的草案，13年后，该草案最终定稿被联合国大会接受并通过。

虽然世界各地的原住民群体相继成立了属于自己的国际组织并发展壮大，还获得了联合国的认可和咨询地位等成果；但原住民工作组仍然经常被联合国忽视，也不能充分反映和解决很多原住民关切的议题。于是在2000年，联合国项下又建立了一个新的组织，即联合国原住民议题常设论坛（U. N. Permanent Forum on Indigenous Issues），致力于促进原住民在联合国框架下的有效参与。该论坛作为咨询机构，就原住民议题向联合国提交建议和报告。该常设论坛有16名成员，一半由成员国任命，另一半则由原住民组织任命，任期三年。由国家任命的成员同联合国分类方式一样，是按照地区划分的。由原住民组织任命的成员则代表着联合国指定的具有广泛代表性的原住民区域-文化地区，包括非洲，亚洲，中、南美洲和加勒比海，北极，中欧和东欧，俄罗斯，中亚和外高加索，北美，以及太平洋地区。①

联合国原住民议题常设论坛的设立是迄今为止在联合国层面最重要的原住民活动成果。在逐步获得了确认性的国际地位之后，原住民组织及其相应活动逐步从"求认可和确认"转向了如何真正实现对原住民权利的保护。为促进原住民权利保护行动的进一步实施，联合国又创立了原住民工作专家机制。专家机制作为咨询类机构，任命了五个独立的专家对联合国人权理事会提供咨询意见。自2008年第一次会议以来，专家机制每年都会召开为期一到三天的会议，每期会议讨论解决不同的议题，并向观察员开放。

### （二）《联合国原住民权利宣言》及其他国际文件的制定过程与主要内容

2007年9月13日，《联合国原住民权利宣言》（United Nations Declaration on the Rights of Indigenous Peoples）正式发布，成为联合国大会决议中第一个致力于保护原住民权利的国际性文件。与联合国以往的人权类国际文件不同的是，《联合国原住民权利宣言》致力于保护在其他强调保护个人权利的人权宪章中少有涉及的集体权利。将原住民视为一个特殊的人类群体，将其权利视为集体权利加以保护是该宣言不同于各种人权类宣言的最大特点。当然，在保护集体权利的同时，宣言也同样涉及了对原住民个人权利保护的内容。《联合国原住民权利宣言》是继1982年联合国原住民工作组设立这一开创性举动之后，时隔二十五年后在原住民群体和联合国层面的努力下做出的进一步重要努力，代表着原住民权利保护的国际政治进程进入了一个新的发展阶段。虽然该宣言不是国际条约，对成员国并不具有强制约束力，但在国际道义上有极大的宣示意义和影响力。

宣言内容第二条到第四条分别依次阐述了原住民享有的自由平等权和自

---

① Statement by Prime Minister on Release of the Final Report of the Truth and Reconciliation Commission, United Nations Permanent Forum on Indigenous Issues, "Structure within ECOSOC", http://www.un.org/esa/socdev/unpfii/en/structure.html, Accessed on 2 April. 2016.

决权。联合国对自决权的定义是：基于自决权，原住民可自由决定自己的政治地位，自由谋求自身的经济、社会发展；在行使自决权时，在涉及其内部和地方事务的事项上，以及在如何筹集经费以行使自治职能的问题上，享有自主权或自治权。① 在明确了自主权和自治权的同时，公约第四十六条也特别强调了宣言的任何内容都不得被理解为认可或鼓励任何全部或局部分割或损害主权和独立国家的领土完整或政治统一的行动。

在宣言通过伊始，有四个国家投了反对票，分别为加拿大、美国、新西兰和澳大利亚。这四个国家境内均有原住民族群居住，有着非常相似的殖民历史，因此对此宣言有共同的关切，也都曾有过歧视原住民、减损原住民权利的历史事件。这四个国家都认为，给予原住民自治权的行为是不恰当的，会破坏自己国家的主权，尤其是在有土地纠纷和自然资源的地区更容易引起争议。虽然根据宣言第四十六条内容，宣言所列的各种权利的行使都应受到法律规定的限制约束，并符合国际人权义务的要求，但这些国家依然坚持认为原住民权利会因此具有优于其他基本国际人权的优先权。2009 年以后，澳大利亚和新西兰相继转变立场，表示支持宣言并完成签署。② 美国在 2010 年通过美国驻联合国大使在联合国原住民问题常设论坛宣布将重新审议其对宣言的立场，正在组织与部落领袖商谈，并知会利益攸关方。随后终于在同年完成了对宣言的签署。③ 加拿大最终也签署了该宣言。④ 去年 12 月，接替之前保守派总理哈珀的新总理特鲁多表示，除了要向原住民郑重道歉之外，也要和原住民彻底和解，就之前政府拆散原住民家庭的历史事件承担责任，

---

① "United Nations Declaration on the Rights of Indigenous Peoples", http://www.un.org/esa/socdev/unpfii/documents/DRIPS_en.pdf, Accessed on 2 April. 2016.

② Lightfoot, "Emerging International Indigenous Rights Norms and Over-compliance in New Zealand and Canada", *Political Science*, Vol. 62, No. 1, 2010, p. 96.

③ United States of America Government, Office of the Press Secretary, "Remarks Made by the President at the White House Tribal Nations Conference", http://www.whitehouse.gov/the-press-office/2010/12/16/remarks-president-white-house-tribal-nations-conference, Accessed on 2 April. 2016.

④ "Canada's Statement of Support on the United Declaration on the Rights of Indigenous Peoples", http://www.ainc-inac.gc.ca/ap/ia/dcl/stmt-eng.asp, Accessed on 2 April. 2016.

重建与原住民的关系。①

在2014年9月，联大高级别会议即"世界原住民大会"上，联合国就原住民议题再次发布并通过一项决议，②重述了联合国在促进和保护原住民权利方面的重要性。这是联合国于2007年发布《联合国原住民权利宣言》之后，再一次就原住民议题发布重要文件。决议重申要坚持2007年《联合国原住民权利宣言》中的各项重要原则，并回顾了在过去二十年中，联合国在促进世界原住民权利保护方面取得的重要成就，包括建立了讨论原住民议题的常设论坛、就原住民权利保护设立专家机制和建立特别报告员制度等。决议呼吁有关国家尽快签署和批准1989年出台的《国际劳工组织原住民和部落人民公约》（International Labour Organization Indigenous and Tribal Peoples Convention），并敦促已批准该公约的国家采取协调一致且系统的行动，以保护原住民权利。这项决议阐述了联合国对原住民社会和经济发展、残疾人身体和生理健康、儿童教育、妇女权利、教育、原住民青年的能力建设、司法机制在促进原住民权利中的作用等多项议题。决议第二十二条还特别指出，联合国认识到原住民和当地社区运用传统知识进行创新和实践，为生物多样性的可持续利用和保护做出了巨大的贡献。原住民在尽可能的情况下分享其知识以及创新和实践带来的惠益，是至关重要的。

国际劳工组织作为联合国的一个组织机构，一直致力于改善成员国公民的工作条件。1957年，劳工组织制定和批准了《原住民和部落人民公约》（以下简称107号公约）③，以提高二战后原住民的生活水平和确定相应的工作标准。107号公约是国际制度层面第一个真正致力于保护原住民权利的国

---

① "Statement by Prime Minister or Release of Final Report of the Truth and Reconciliation commission?", http://pm.gc.ca/eng/news/2015/12/15/statement-prime-minister-release-final-report-truth-and-reconciliation-commission, Accessed on 2 April. 2016.

② The General Assembly, "Outcome Document of the High-level Plenary Meeting of the General Assembly Known as the World Conference on Indigenous Peoples", http://www.un.org/en/ga/search/view_doc.asp?symbol=A/RES/69/2, Accessed on 2 April. 2016.

③ "U.N. Declaration on the Rights of Indigenous Peoples", http://www.ilo.org/ilolex/cgi-lex/convde.pl?C107, Accessed on 2 April. 2016.

际文件，具有先驱意义。上述提到的《联合国原住民权利宣言》虽然是在联大会议上通过的，但该宣言是不具有法律约束力的软法类文件，其作用更多体现在政治影响、号召和宣示层面的意义上，无法真正有效地约束签约国的行为。而107号公约作为最早的有关原住民权利保护的国际法文件，是具有强制性的法律约束力的。公约也规定了原住民应该拥有一系列政治权利，例如投票权、公民权等，这些内容对当时的原住民权利运动起到了正向的促进作用，例如在公约的影响下，加拿大于1960年终于允许境内原住民享有选举权。公约也有关于支持原住民参加职业培训以更好地融入市场经济进程的一系列保护性条款。

但是107号公约也有自己的固有弊端，这是由其所产生的历史年代决定的。当时国际社会对原住民的认识并没有发展到今天的程度，这种弊端也反映到了公约当中。据公约内容，原住民群体与欧洲其他族群相比，处在一个较低水平的发展阶段，远逊于他们的殖民者。公约认为原住民在现代化进程中，逐步丧失其部落特色是不可避免的。公约第12条是有关土地权利的内容，虽然根据其规定，在未经公约成员国的原住民同意的情况下，不允许原住民被政府强行迁离其惯常居住地，但政府遵从原住民自己的意愿进行的开发活动除外。这样的例外性内容实际上还是给政府侵犯原住民权利，在不考虑其利益的情况下开发工业、商业用地，开采资源等恣意行为留下了操作空间。由于原住民自己的意愿是很难界定的，政府是否可以完全代表原住民的意愿和利益，原住民拥有怎样的渠道向政府表达和反馈自己的意愿，在双方沟通机制不畅或出现意见扭曲的情况下，是否有合理方式进行修正，少数原住民领袖能否代表成员国内的整个原住民群体，向政府表达"原住民自己的意愿"，是否会产生原住民领袖和相关利益集团勾结以交换利益的情况，在这些问题没有明确解决之前，公约第12条的内容实际上是弊大于利的。因为相较于政府，原住民本身就处于弱势地位，对于"他们的意愿"的解释权不在原住民自己手里，而是由政府所把控着。

当然尽管如此，107号公约还是在保护原住民免于被不平等地同化和迁徙、确认原住民对土地所享有的权利等方面迈出了具有先驱意义的第一步。

在此之后，公约在 1989 年被修订，并被重新命名为《原住民和部落人民公约》（以下简称 169 号公约）①。

169 号公约进一步保护了原住民的政治权利和对土地等事务的参与权。公约规定，原住民有权参与到会对原住民社会和地理地区有所影响的决策活动中，包括自然资源开采，保持社会、居住地和原住民文化的完整性等；进一步保证原住民的权利平等和公平就业的机会、接受卫生保健的权利、受教育和使用自己语言的权利等。相较于 107 号公约，修订后的 169 号公约代表了原住民群体和企业、政府之间的平衡与妥协。虽然公约更大程度地确认了原住民群体的独立性和特殊性，呼吁原住民在参与相关议题的过程中发挥更大的影响力，但也限制了原住民在政治、社会和经济等由政府和公司控制的领域活动的权利。例如，虽然根据 169 号公约，政府在能影响原住民生活的政策和立法调整等内容方面需要向原住民进行咨询，但公约却并没有赋予原住民对这些内容或项目的否决权。②

目前只有 21 个国家批准了 169 号公约，很大程度上是由于公约赋予了原住民民族自决权，许多国家认为这样的条款会导致其国家主权和治理能力的削弱。但总的来说，即便 169 号公约有自己的历史弊端，但确实为之后的《联合国原住民权利宣言》的出台奠定了重要的基础。

## 二 北极原住民在相关制度建构中扮演了至关重要的角色

根据北极理事会的统计，北极地区的居民中，大约有 50 万人可被称为原住民。北极地区的原住民组织一直是 20 世纪原住民政治运动中极具代表性的一股政治力量，北极原住民在促进全世界原住民权利保护方面一直起到

---

① "Convention No. 169", http://www.ilo.org/indigenous/Conventions/n0169/lang-en/index.htm http://pm.gc.ca/eng/news/2015/12/15/statement-prime-minister-release-final-report-truth-and-reconciliation-commission, Accessed on 2 April. 2016.

② "ILO Convention 169: Can it help?", http://pm.gc.ca/eng/news/2015/12/15/statement-prime-minister-release-final-report-truth-and-reconciliation-commission, Accessed on 2 April. 2016.

了先驱者的作用。1973年，第一次北极人民大会在丹麦首都哥本哈根召开，会议致力于认识和解决北极人民所面临的共同问题并维护人民权利。会议代表成员包括来自格陵兰、加拿大地区的因纽特人和来自斯堪的纳维亚地区的萨米人等。随后，在1974年，成立于美国南达科塔州的国际印第安人条约委员会成为了联合国承认的第一个国际原住民组织，并于1977年获得了联合国经社理事会授予的咨询地位。为促进居住在不同国家的因纽特人加强合作，因纽特极地理事会（Inuit Circumpolar Council）于1977年6月成立。作为一个国际性的非政府组织，该理事会代表着居住在美国阿拉斯加、加拿大、俄罗斯、格陵兰的15万因纽特人。因纽特极地理事会在联合国同样享有咨询地位，当前在气候变化、北极主权和环境等议题上持续性地积极参与讨论并占据了较高的话语地位。2013年欧盟被北极理事会拒绝授予正式观察员资格这一事件背后，因纽特极地理事会起到了至关重要的作用：由于欧盟通过的海豹产品进口禁令严重损害了因纽特人的经济利益，因此因纽特极地理事会强烈反对欧盟成为北极理事会的正式观察员。

在北极地区，除了因纽特极地理事会之外，代表了斯堪的纳维亚地区萨米人的萨米议会也发挥着重要作用。挪威、芬兰、瑞典和俄罗斯的北极地区都有大量萨米人居住，虽然这些萨米人分布在上述四个国家，但他们作为同一个原住民族群，享有共同的历史和文化，使用共同的语言，具有同样的传统生活方式。挪威于1989年建立了萨米人议会，成为第一个建立原住民议会的国家；随后在1993年和1996年，芬兰和瑞典也相继建立了萨米人议会。

与地球上其他原住民类似，北极地区的原住民与他们的传统土地和周围自然环境有着密切而不可分割的联系，这种联系的维系和保全，无论是对原住民的物质还是文化生活都是非常必要的。气候变化所引发的北极剧烈变革，严重影响了北极地区人民的生存和生活方式。近乎与世隔绝的北极原住民，实际承受着北极变迁带来的最严重后果。在北极自然环境逐渐变化的过程中，国际社会为应对这一历史变革，创造性地建立了包括北极理事会这一高层次论坛在内的一系列具有创新性的国际机制。北极理事会为原住民设立了"永久参与者"这样的特别身份,并通过《观察员手册》中的规定,确保原住民作为永久参与者具有高于所有观察员的地位。除了程序限制和活动层级限制之外,北极理事会还对观察员财政输入进行了限制,其目的是避免观察员通过经济手段过分影响北极理事会的工作和决策议程,防止其通过财政注资间接地获得高于永久参与者的地位。

8个北极国家的首都,没有一个坐落于北极圈以为。显然,无论这些国家的政治家和智囊团多么不遗余力地调研与考察原住民的诉求,都依然对北极变革缺乏切身体验,无法真正考虑和体会到原住民群体与北极环境之间深刻而密切的联系。它们的政策制定和机制建设只能依靠理性的逻辑推演、材料分析和想象,政策制定者在缺乏对原住民文化的理解以及身份认同的情况下做出的政府决策,很容易存在治理漏洞和矛盾之处,无法真正有效地解决北极变迁给原住民带来的问题。近年来,越来越多的北极原住民通过其政治代表和NGO组织等行为体发声,要求在北极相关议题中扮演更加积极主动的角色,获得更广阔的参与空间。

从萨米人议会这样的境内组织到北极理事会中的永久观察员,再到一系列国际制度尤其是联合国项下机制的建立,回望原住民在国际法发展中的身份定位与演化,无不可以看出原住民确实在国家和国际层面扮演着越来越重要的政治角色,并逐步获得了一定程度的作为国际法主体的合法性。在北极理事会、北方论坛这样的跨国网络中,原住民群体得以在一些与其有关的特殊议题中,通过国际合作,跨越其所处的国家政治疆域,参与到全球治理的进程中,这也给予了他们参与构建全球制度和造法的机会。在参与的过程中,原住民群体又可以将他们特有的使命(保存传统文化和生活方式、保全生存栖息地等)融入人权保护的规范框架中,使得原住民独有的诉求和主张可以转化为国际层面早已被认可和识别的人权诉求。[1]

---

[1] Anaya, J., "Indigenous Peoples' Participatory Rights in Relation to Decisions about Natural Resource Extraction: The More Fundamental Issue of What Rights Indigenous Peoples Have in Lands and Resources", *Arizona Journal of International & Comparative Law*, Vol. 22, No. 1, 2005, pp. 1-17.

回顾本文第一部分讨论过的原住民权利运动和相关国际制度的建立，可知最早的原住民权利运动和人权运动并没有完全区分开来。早期的原住民组织试图在人权运动的框架中进行活动，而未意识到应将原住民视为一个共同的群体以保护其集体性权利。然而这种尝试后来被证明是失败的，大部分主流国际人权法律文件都没有特别提及和关注到原住民。原住民在其所处国家遭受的被歧视、被剥夺权利的情况，并不是通过一般性的人权运动就能够加以解决的。实际上原住民群体所面临的困境是一种集体困境，权利的减损也绝不仅仅是个人权利的减损，而是整个族群的权利减损，不仅包括传统意义上的生命权、健康权等基本人权，更包括保存与保全原住民既有生活地点、地理环境和生活方式，维护其传统文化等这些原住民作为一个集体所独有的特殊权利。这些权利与个人权利是截然不同的。事实上，在经历了原住民权利运动和人权运动"合并捆绑"的误区之后，国际社会才真正意识到基本的人权框架是无法解决原住民集体权利问题的，或者说只强调个人权利的传统人权法是无法满足现代社会对原住民集体权利保护的需要的。20世纪80年代以后，国际人权法才逐渐开始有了权利的集体维度的概念，并将其应用于原住民权利保护，人权法领域才真正成为原住民在一系列国际和区域的制度机构中进行法律与政治斗争的主战场。[①]

北极地区的原住民权利斗争成果是国际人权法中"集体维度"权利获得认可的最可靠、最具有创新意义的证明。在北极理事会中，原住民组织作为"永久观察员"甚至获得了比其他非北极国家的观察员更高的地位。原住民组织不仅可以参与北极理事会的政策制定过程，包括部长级会议和高级别官员会议，同样也可以在6个工作组项目下开展活动、参与项目，贡献其传统知识和经验。这给国际法理论造成的冲击是不言而喻的：我们很难想象某国政府就气候变化或海洋环境问题直接在国际组织中与原住民组织代表坐在一起进行沟通和协调。即使以往有类似的情况发生，原住民

---

[①] Engle, K., "On Fragile Architecture: The UN Declaration on the Rights of Indigenous Peoples in the Context of Human Rights", *European Journal of International Law*, Vol. 22, No. 1, 2011, pp. 141–163.

也更多的是以"提供咨询方"这样的公共产品提供者的身份出现，或是以"提出诉求方"这样的权利要求者身份出现。在国际舞台上，没有其他场合如北极理事会一般，允许原住民作为近似国家的"平等方"出现，并就同一议题进行平等磋商和讨论。原住民在北极理事会中固然也扮演了多次"提供咨询方"和"提出诉求方"的角色，但他们的表现和成就已经远远超越了原有的历史维度。原住民组织的利益并不完全与本国政府相容，原住民组织之间可供分享的利益反而更多。原住民们可以共享文化和价值观，在原住民组织之间进行利益互换和协调共融；他们有自己的利益诉求——保护环境、尊重其传统并促进北极的可持续发展；他们有了正式的政治地位——永久参与者的身份；他们有极大的活动范围和活动权限，甚至超越了中国等非北极观察员国家——可以列席所有会议并拥有所有议题的咨询权和讨论权等；他们有巨大的政治影响力——尊重原住民并为其提供援助是北极理事会授予域外国家观察员资格的考虑前提。除了环境保护以外，原住民的关注议题和参与范围也广泛涉及资源开发、航运规则制定、商务投资等多方面领域。原住民组织既不是政府间组织，也不同于各种环境类非政府组织。在以往的任何国际组织中都没有出现过吸纳原住民或原住民组织为其成员的情况，传统国际法下的国际组织也很难允许原住民群体参与其议事日程，即使这种参与是非常有必要的。

## 三　结语

原住民政治权利运动至今已持续了近一个世纪。原住民权利从被剥夺、践踏到被认可和尊重，既是原住民组织、人民及其领袖多年来持续斗争和争取的结果，也离不开联合国层面的制度建设和国际社会对原住民的认知转变。原住民组织在北极地区获得了与国家近似平等的国际地位，从以往的建言献策跨越到政策制定的实质过程中。然而，原住民组织在北极地区的突出表现和极高的地位，只是现代国际法发展中的一个孤例。虽然在气候变化、海洋环境污染、渔业保护等国际议题中，许多原住民组织也起到了一定的积极作用，作为专家咨询方或传统知识和经验的提供方为国际规制框架建言献策，然而都没有获得与北极地区原住民组织近似的地位和受重视程度。北极地区原住民参与北极治理过程中的突出表现是无法在世界其他地区复制的。至少到目前为止，北极原住民在国际法律文件制定、相关制度建构中扮演积极角色，仍旧是现代国际法发展进程中的孤例。

# 中国参与国际合作开发北极油气资源法律问题研究

董 跃　王文良*

近年来，伴随着全球气候变暖，北极冰川融化加快，开发北极资源成为可能，并日渐引起各国的关注。北极地区蕴藏着丰富的自然资源，有着"地球的资源宝库"之称。其中，北极地区油气资源最为丰富。当前国际市场，油气资源短缺，价格不断攀升，北极油气资源的开采日渐引起各国的关注。近几年在北极地区的油气资源开采活动也逐渐增加，域内外国家及其他私主体的参与既降低了北极地区油气资源开发的难度，也分担了资源开发的风险。但当前的国际实践还没有形成完善的国际合作开发模式，逐步确立完善的法律制度来规范相关的油气资源开发活动，以减轻对北极地区的破坏是必要的。我国是油气资源的需求大国，同时作为近北极国家，我国坚持"尊重、合作和共赢"三大理念，积极参与北极事务，支持合理、有序开发北极，坚持相关活动应当遵守有关国际规则和北极国家的国内法，尊重北极土著人的利益和关切，保护北极生态环境，以可持续的方式进行资源开发。①

---

\* 董跃，男，博士，中国海洋大学法政学院副教授，极地法律与政治研究所学术秘书；王文良，女，中国海洋大学法政学院国际法学专业2014级硕士研究生。

① 外交部副部长张明：《中国的北极活动与政策主张》，http://www.polaroceanportal.com/article/511#rd? sukey = 66d4519b2d3854cd80af6f6627df24d4bccecca140f523b3e20dbe1cb262d3a8d6fa1949ecb118879695b4358660d59b，登录时间：2015年10月25日。

## 一 我国参与北极油气资源开发的背景

### （一）国际背景

**1. 北极油气资源储量丰富**

地理上，北极地区是以地球北极点为中心的一大片区域，该区域包括了北冰洋及其岛屿、北美大陆和欧亚大陆的北部边缘地带。北极地区自然资源丰富，既包括可再生的生物资源，如渔业资源、森林资源等，也包括不可再生的非生物资源，如矿产资源、化学资源等，非生物资源中煤、石油、天然气最为丰富。据统计，目前全世界所利用的能源，有95%是石化能源（石油、天然气、煤等）。其中，石油占47%，煤占28%，天然气占20%，说明石化能源是目前人类消费的重要来源。世界上有4个石油资源极其丰富的地区：①中东及其毗邻的里海、黑海、红海和波斯湾；②北美和南美之间的区域；③亚洲和大洋洲之间，包括苏门答腊、加里曼丹和爪哇的岛屿，也包括南海的大部分地区（西沙群岛和南沙群岛）；④南极和北极地区。[1] 据保守估计，北极地区潜在的可采石油储量有1000亿~2000亿桶，天然气储量在50万亿~80万亿立方米。可以看出，当世界上其他地区的油气资源趋于枯竭的时候，北极将成为人类最后的一个能源基地。

北极地区虽然自然条件恶劣，但可以称得上是"冰冷的油气热区"，该地区的油气资源开发已有80多年的历史。[2] 显然，北极地区资源开发的成本较高且面临着巨大的政治和环境压力，但随着全球气候变暖，北极冰川融化加快，北极航道开通成为可能，加之世界油价日渐升高，越来越多的国家开始关注北极地区的资源开发。北极域内的美国、俄罗斯、加拿大、挪威、瑞典、冰岛、芬兰、丹麦八国利用自身的地理位置优势积极对外主

---

[1] 北极问题编写组：《北极问题研究》，海洋出版社，2011，第18页。
[2] 朱亚明、平瑛、贺书锋：《北极油气资源开发对世界能源格局和中国的潜在影响》，《海洋开发与管理》2015年第4期，第3页。

张资源权利，同时也不断加强同域外国家的合作，积极推进北极油气资源的开发。

2. 各国油气资源开发利用的现状

北极地区的油气资源可以分为两部分，一部分是北极海底的石油和天然气资源，相关的统计表明其蕴藏量占到全世界总量的 25%；另一部分主要分布在沿岸的大陆架和岛屿。目前勘探开发出的油气资源主要集中在沿岸的盆地或者大陆架中。北极地区在政治、经济、航运等方面的重要性日渐明显，尤其是巨大的资源开发潜力，位于北极地区的美国、俄罗斯、加拿大与挪威等北极国家纷纷加快了对北极的考察与勘探开发，以争夺北极地区的主权及丰富的资源。

（1）俄罗斯

俄罗斯北极地区的油气资源储量丰富。俄罗斯在北极地区的石油开发历史可以追溯到 1864 年在北高加索的第一口油井。20 世纪 90 年代，随着俄罗斯国内形势的变化，俄罗斯政府允许国外石油公司进入北极海大陆架进行油气调查与勘探工作，使该地区的油气资源勘探有了很大进展。20 世纪 90 年代之后，特别是进入 21 世纪后，由于国际石油市场需求量加大和油价的暴涨，俄罗斯在其北极地区的石油年产量达到 4.5 亿立方米，平均每月 28 亿桶，为美国和加拿大在其北极地区开采石油的年度产量的 4 倍。①《根据 2007 - 北极环境监测与评价报告》统计：自 20 世纪 60 年代到 2004 年的 40 年间，俄罗斯在其北极西伯利亚和蒂曼 - 伯朝拉河地区开采石油累计总量约 120 亿立方米。

2008 年 9 月，俄罗斯总统批准了《2020 年前俄罗斯联邦北极地区国家政策原则及远景规划》，确定了俄罗斯的北极资源政策和方向。在该规划中明确了俄罗斯的北极地区开发将分为三个阶段。第一阶段（2008~2010 年）是地质论证、落实预算和项目阶段。第二阶段（2011~2015 年）的任务是"划定有国际法效力的俄罗斯北极地区外部边界，在此基础上确立俄罗斯在

---

① 北极问题编写组：《北极问题研究》，海洋出版社，2011，第 17 页。

能源资源开采上的竞争优势……"第三阶段（2016～2020 年）的要求为"整体提升俄罗斯在北极地区的竞争优势，将俄属北极地区变成俄罗斯联邦主要资源战略基地"。① 2011 年底，俄罗斯政府在新修订的《2030 年前俄罗斯大陆架调查与开发计划》中明确提出投资 6 万亿～7 万亿卢布来开发北极大陆架，实行税收优惠等具体的政策措施。② 目前俄罗斯石油开发区的主要方案计划为："采用配套技术方法建设开发伯朝拉海附近的海洋石油资源，通过积累经验，为海上中型或者大型油田吸引投资、合作开发创造良好的条件。"③ 不难看出，即便是俄罗斯这样的北极资源开发强国，也越来越重视与其他国家的合作。

（2）美国

1968 年，美国首先发现了坐落于阿拉斯加北坡的普罗德霍湾油田，经过进一步的钻探证明了巨型油田的存在，这也是美国于 20 世纪在北极发现的单井大油田。1985 年，美国又在该油田及邻近的库帕鲁克地区发现了日产原油高达 160 万～170 万桶的大型油田，其年产量占当时美国原油生产总量的 19%，占其消费量的 11%。这两个油田所生产的原油日产量已达 400 万桶，约占美国石油产量的 26%、美国石油总消耗量的 11%。2011 年美国内政部数据显示，美国北极圈海域预计拥有 220 亿桶原油储备和 93 亿立方尺天然气资源。美国当前原油日均产量约 950 桶，天然气日均产量约为 900 立方尺。④

由于阿拉斯加州的一部分位于北极圈内，因此美国也是北极国家。美国一直是极地事务的重要参加者，美国政府不断宣示其在极地资源开发问题上

---

① 钱宗旗：《俄罗斯北极开发国家政策剖析》，《世界经济与政治论坛》2011 年第 5 期，第 4 页。
② 李连祺：《俄罗斯对北极资源主权控制的法律分析》，《俄罗斯中亚东欧研究》2012 年第 6 期，第 7 页。
③ 韩学强：《俄罗斯北极大陆架油气资源勘探开发战略规划概要》，《石油科技论坛》2012 年第 6 期，第 8 页。
④ 美国内政部：《暂停销售北极圈海域两个油气开发经营权》，http：//finance.sina.com.cn/money/forex/20151017/063923501238.shtml，登录时间：2015 年 10 月 25 日。

的政策立场,并推动和参与有关问题的国际谈判。二战后美国多次颁布关于北极事务的立法和行政命令,其中北极的资源开发问题是这些政策的主要内容之一。早在1971年,尼克松政府就在第144号国家安全决策备忘录中阐述了美国的北极政策:"要求国家安全委员会提出行动方案来促进美国与其他国家合作勘探开发北极资源、进行科学研究,并提高美国在北极行动和存在的能力。"① 此外,尽管美国先后于1994年、2009年发布《美国北极政策》等文件,但比起俄罗斯、加拿大等北极国家,美国对北极事务的重视程度和资源投入都"保持一种低姿态"。② 奥巴马政府上台以来,积极调整北极政策,把更多的精力和资源投入北极的开发和考察中来。2013年5月初,奥巴马政府颁布了《北极地区国家战略》,11月22日美国国防部又颁布了《国防部北极战略》。2015年因油价走低以及能源企业兴趣下降,美国内政部于10月16日宣布,将暂停出售2016~2017年阿拉斯加北部北极圈海域的油气开发经营权,同时也不再对上述海域现有油气开发经营权给予延期。③

(3) 加拿大

加拿大是北美洲北极大陆架海域最长、最宽的国家,其北极海域储藏有丰富的石油、天然气资源。据估计,加拿大北部地区的石油和天然气储量与阿拉斯加相当或者更多,石油蕴藏量为300亿桶,天然气蕴藏量为25万亿立方米。此外,铁、镍、铅、锌、铜、铀等矿产也十分丰富。④

2013年,加拿大开始担任北极理事会轮值主席国,为期两年。加拿大北极地区的早期开发以野蛮地占有资源和掠夺为主,这样不仅造成了严重的环境问题,也使原住民的社会生活遭受到了巨大的破坏。因而,之后加拿大实行的策略是贯彻私有企业、地方利益相关者和政府的公共合作方针,以调动各方资源,平衡北方人的文化和经济愿望,同时也推进政府的北极战略。

---

① 沈鹏:《美国的极地资源开发政策考察》,《国际政治研究》2012年第1期,第6页。
② 陆俊元:《北极地缘政治与中国应对》,时事出版社,2010,第157页。
③ 《美国北极油气开发梦灭》,http://paper.people.com.cn/zgnyb/html/2015-10/26/content_1626343.htm,登录时间:2015年10月27日。
④ 北极问题编写组:《北极问题研究》,海洋出版社,2011,第18页。

为了加强对经济活动的支持,加拿大政府计划设立一个新的北方经济发展机构,该机构的一个核心任务就是研究北方经济发展战略投资计划。经济发展计划的核心是促进矿物资源开采产业的繁荣,支持战略资源的可持续开发利用。① 在2009年7月,加拿大发布《加拿大的北方战略:我们的北极,我们的遗产,我们的未来》(简称《北方战略》),详细描绘了该国北方地区未来的发展蓝图;2010年8月,加拿大政府又颁布了《加拿大北极外交政策宣言》,归纳了政府的目标,并提出了现行的政策。②

(4)挪威

巴伦支海大陆架是挪威七大主要含油气盆地之一。自1969年开始,挪威就已经在巴伦支海进行一系列的测量和调查工作。挪威石油理事会的分析专家认为,巴伦支海未探明的化石能源储量为石油1400万立方米,天然气2340亿立方米,液化天然气1100万吨。巴伦支海南部已经确定了60个勘探区块,其中近50个已归政府管理,20世纪80年代勘探活动频繁,平均每年钻井7口。在20世纪90年代之后,挪威政府加大了对挪威海、巴伦支海的油气资源的基础调查与勘探开发开采规模,其开采的石油量也逐年攀升。

挪威政府一直采取严格控制油气资源开发速度的政策,强调国家在石油项目中的利益,油气资源大部分掌握在挪威本国石油公司手中,其设立的国际石油合作开发条件一直较严。1963年5月31日,挪威政府宣布对其大陆架油气资源进行勘探开发;6月21日,通过了海洋自然资源勘探开发的法律。进入21世纪后挪威先后于2005年、2006年和2009年发布了三份北极战略文件。2005年,挪威政府宣布北极"以后将是挪威最重要的战略地区";2006年12月发布《挪威政府北极战略》;2009年3月又发布了《北方的新进展:挪威政府下一步北极战略》,该文件规划了挪威未来10~15年的北极发展战略,体现了挪威处理北极问题的思路。③

---

① 潘敏:《近年来的加拿大北极政策——兼论中国在努纳武特地区合作的可能性》,《国际观察》2011年第4期。
② 赵雅丹:《加拿大北极政策剖析》,《国际观察》2012年第1期,第5页。
③ 曹升生:《挪威的北极战略》,《辽东学院学报》(社会科学版)2011年第6期,第3页。

综上，主要的北极国家不仅拥有丰富的油气资源储量，同时都在不同时期开始了各自的油气资源开发利用活动。特别是在近年全球油气资源价格飞涨、气候变暖加剧、北极航道的利用与争夺等因素的刺激下，各国纷纷完善自己的北极政策及相关的法律法规。在长期的开发利用过程中，各国已逐渐意识到合作开发利用北极油气资源的重要性。

此外，域外国家也逐渐开始关注北极，2015年10月16日，日本政府召开了综合海洋政策本部会议，会议通过了日本首个北极相关的政策"北极政策"。日本通过该政策向世界宣示了日本在北极问题上的立场，表明日本的目标是在围绕北极航道和资源开发的相关国际规则的制定上发挥主导性作用。2015年12月，日本领导人在访问美国时与美国高官进行会谈，并讨论了如何在北极问题上加强日、美之间的合作。预计今后日、美在北极问题上的合作将不仅局限在环境保护、海洋观测、北极航道的利用上，还将会确定两国合作的具体方面。①

（二）国内背景

北极地区资源丰富，自然环境敏感而脆弱，北极地区环境的快速改变将对北美、欧洲、东亚等北半球地区乃至全球产生深刻影响，这关系到世界范围内的人类共同利益。北极资源开发等北极事务不可能仅依靠北极国家各自的努力就得到解决，必须依靠国际合作。尽管中国不是北极国家，但国内外的双重背景表明中国有必要参与北极油气资源的开发并应当积极推进与北极国家合作开发北极油气资源的进程。

1. 国际法依据

尽管作为域外国家，我国不享有在北极地区主张主权的权利，在北极地区问题的处理中处于比较弱势的地位，但是依据现存的相关国际公约和法律文件，中国在北极地区的合理利益诉求是有法律保障的。

---

① 《日美加强北极合作》，http://mp.weixin.qq.com/s?＿＿biz=MzA4NTcyMzI3Mw==&mid=400838011&idx=6&sn=9bf0e4a284eac6c16662fb1a53101b86&scene=0#wechat_redirect，登录时间：2015年10月25日。

首先，我国是《联合国海洋法公约》的缔约国，这是我国参与北极油气资源开发的国际法依据之一。北极问题实质上是海洋问题，海洋问题的基本法就是1982年的《联合国海洋法公约》，它制定了人类开发和使用海洋资源的一些基本原则。① 中国政府在1996年5月被批准加入《联合国海洋法公约》。根据《联合国海洋法公约》的规定，北冰洋沿岸五国200海里专属经济区及其自然延伸的大陆外部界线至北极点的水体和底土分别属于公海和国际海底区域。中国不仅享有在北冰洋公海部分的捕鱼自由，而且有权通过国际海底区域的"平行开发"制度对其中蕴含的油气及其他矿物资源进行勘探和开发，分享"人类共同继承的财产"。

其次，我国是《斯瓦尔巴条约》的缔约国之一。在1982年《联合国海洋法公约》诞生之前，北极地区的治理也并非没有任何法律依据。1920年的《斯瓦尔巴条约》是当时国际社会治理北极地区的法律典范。1920年，英国、美国、丹麦、挪威等18个国家签订了《斯瓦尔巴条约》。《斯瓦尔巴条约》是迄今为止北极地区第一个也是唯一一个国际性的政府间非军事条约。尽管《斯瓦尔巴条约》与之后产生的《联合国海洋法公约》在一些方面并不完全一致，但是二者之间的不统一也是"国际法不成体系"的一种表现，② 通过对条约的解释可以实现二者的协调。我国同时是《斯瓦尔巴条约》和《联合国海洋法公约》的缔约国，尽管我国是域外国家，但是这两个法律文件为我国参与北极科研活动及勘探开发北极资源提供了国际法律依据。

最后，2013年我国成为北极理事会的正式观察员国。北极理事会（Arctic Council），又被称为北极议会、北极委员会、北极协会。北极理事会是由加拿大、丹麦、芬兰、冰岛、挪威、瑞典、俄罗斯和美国这8个北极国家组成的政府间论坛，于1996年9月在加拿大渥太华成立，是一个高层次国际论坛，关

---

① 潘敏：《论中国参与北极事务的有利因素、存在障碍及应对策略》，《中国软科学》2013年第6期，第7页。
② 刘惠荣、张馨元：《斯瓦尔巴群岛海域的法律适用问题研究——以〈联合国海洋法公约〉为视角》，《中国海洋大学学报》（社会科学版）2009年第6期，第3页。

注邻近北极的政府和当地人所面对的问题。其宗旨是保护北极地区的环境,促进该地区在经济、社会和福利方面的持续发展。理事会主席一职由8个成员国轮流担任,每一任期为两年。尽管作为观察员国,我国并不具有投票权,也无权在年会上发言,不能参加部长级会议,但在北极议题上具有合法的权利,可以列席北极理事会的会议。这也将增加我国参与北极事务的机会。

2. 北极航道与"一带一路"战略

随着北极航线通航前景日渐明朗,环北极八国纷纷提出自己对其的管辖及利用等权利主张;国际海事组织、北极理事会等国际组织也在加紧制定国际海事公约对船舶航行安全进行规范。北极航道开通后将成为新的"大西洋－太平洋轴心航线",欧亚和北美之间的航程将大大缩短。众所周知,北极航道的开通将极大地缓解开发北极资源的交通压力。权益和资源始终是国际竞争的焦点,美国、俄罗斯、加拿大等国家已经采取各种方式,在北极地区圈占势力范围,进行资源开发和国际战略通道权利争夺。① 特别是北极航道沿线的俄罗斯和加拿大在意识到北极航道背后巨大的资源和交通战略价值后,分别宣称东北航道和西北航道为其国内交通线,对外国船只通航提出了较为严苛的国内法规则。目前,尽管有一些声明和学者著述对北极航道以及其所在水域的法律性质和通行权问题进行了详细的阐述和论证,但争议依然存在,难以达成一致。我国作为安理会常任理事国、《联合国海洋法公约》的缔约国以及国际海事组织的理事国应积极参与到北极航道相关国际规则的制定和修改中,以维护我国在北极航道通航中的国家利益。

为了不断提升我国的对外开放水平,习近平主席在2013年相继提出了构建丝绸之路经济带和建设21世纪海上丝绸之路的战略构想。"一带一路"战略与北极航道密切相关,从地理上说,三条路线及支线与沿线国家和地区可构成覆盖中国、贯穿东西、连接南北的国际性交通运输网络。② 21世纪海

---

① 李振福:《中国参与北极航线国际机制的障碍及对策》,《中国航海》2009年第2期,第5页。
② 李振福、王文雅、朱静:《北极航线在我国"一带一路"建设中的作用研究》,《亚太经济》2015年第3期,第2页。

上丝绸之路是对古代丝绸之路的传承和提升，现有海上丝绸之路的布局主要依托传统国际航线，从中国沿海各港口到达印度洋、欧洲和南太平洋，而中国的对外贸易不限于这一范围，逐步通航的两条北极航线可以成为中国提出的21世纪海上丝绸之路潜在的拓展航线，形成中国完整的对外经贸网络。①从战略制衡和安全角度看，开发利用北极航线会对南部航线沿岸国包括海峡、运河管理国产生竞争压力，刺激其加强航线建设、提升航线通航条件和服务质量。同样，南部航线通航条件的提升也会促进北极航线的优化，二者相互补充，对保障中国航线安全、提升中国航道使用方话语权有益。

2014年11月8日，国家主席习近平宣布出资400亿美元成立丝路基金投资项目。同年11月9日，在APEC工商领导人峰会上，习近平表示，丝路基金将为"一带一路"沿线国基础设施建设、资源开发、产业合作等有关项目提供投融资支持。2015年中国丝路基金收购中俄亚马尔项目9.9%的股权后，中方成为亚马尔项目的第二大股东，加快了中国参与北极油气资源开发的进程。总而言之，"一带一路"战略的提出不仅是一种经济合作战略，也是一种外交战略。就资源开发而言，北极航道与"一带一路"战略各有自己的优势和弊端，在资源开发的过程中实现两者的互补和对接，将极大提高资源的运输和开采效率。

3. 我国油气资源的利用现状

伴随经济的快速发展，中国能源需求居高不下，对外依存度高，中东局势不稳，加之南部航线存在安全风险，加快建立稳定多元的能源供应渠道对保障中国能源安全、经济安全具有重要意义。刚刚起步的北极大陆架资源开发为中国开辟新的海外能源基地提供了机遇。

从国家层面来看，目前，中国超过50%的石油进口来自中东，主要集中在沙特阿拉伯、阿曼、伊朗等高风险国家，这势必会对中国石油安全造成很大影响。②中国面临增加石油和天然气进口所带来的巨大压力，2012年中

---

① 刘惠荣、李浩梅：《北极航线的价值和意义："一带一路"战略下的解读》，《中国海商法研究》2015年第2期，第4页。
② 栾溪、高晓荣：《国际石油合作及法律法规》，石油工业出版社，2010，第39页。

国石油和天然气对外依存度分别达到58%和29%，参与北极油气开发对保障我国的能源安全具有重大意义。从企业私主体层面看，北极油气资源开发在短期内可能很难为中国石油公司带来非常明显的经济效益，但对公司未来的发展具有重要战略意义。一方面，参与北极油气资源开发有助于实现公司可持续发展战略，推动区域高新技术产业化和技术进步，有利于促进中国石油公司从技术扩散中获益并形成公司的核心竞争力；另一方面，北极油气资源开发需要加大基础设施建设，有利于实现公司一体化、全球化战略。

综上所述，北极地区由于其独特的地理位置和环境特点而拥有丰富的自然资源，这也使北极地区的资源开发区别于一般的资源开发，不能简单地与一般的油气资源开发等同视之。北极自身的地理条件决定了北极非生物资源开发难度大，技术要求高，成本高，风险大，因而应主要以国际合作的形式实现油气资源的开发。此外，各国都在积极开展油气资源开发活动，资源及海域等权属争议不断，加大了北极地区油气资源开发的难度。此时，"搁置争议，共同开发"是实现争议地区资源开发的有效方式。

尽管在北极地区进行油气开发困难重重，但是一方面，随着全球人口增长和经济发展，世界对能源的需求猛增已是事实。国际能源署预计，到2050年，全球对能源的需求同今天相比将大增，世界经济发展需要每一种可获得的能源。另一方面，北极地区油气资源的开发潜力对于俄罗斯、美国、中国、欧盟诸大国的全球能源战略有重要影响，挪威、加拿大、丹麦等北冰洋沿岸国家也将油气开发当作其北方地区经济发展的主要支柱。因而在正视北极地区油气资源的开发潜力并理清该地区开发困难之后，我们需要寻找国际合作解决之道来平衡能源需求和开发风险之间的矛盾。

## 二 国际合作开发北极油气资源概况

### （一）国际合作开发北极油气资源的含义

国际石油合作本质上是石油资源国与石油消费国或石油经营者之间进行

的石油经济交往活动，它在各国的石油开发活动中发挥着越来越重要的作用。

北极地区油气资源丰富，然而北极地区地理环境条件特殊，资源开发的难度大，技术要求高，资金的需求也非常大。此外，北极地区存在棘手的领土主权归属和海洋界线划定这两大政治和法律争端。这也使北极地区的油气资源开发活动不同于其他海洋油气资源的开发活动。因而，北极油气资源的国际合作开发应当是一种包括共同开发制度而不局限于共同开发制度的国际合作开发形式。充分使用国际合作开发油气资源的方式可以降低北极地区资源开发的困难；在对涉及边界线的有海域主权或权利主张重叠的争议海域的油气资源进行勘探开发活动时，适用共同开发制度可以作为一种争端解决方法，以促进油气资源开发活动的顺利进行。

### （二）国际合作开发北极油气资源的法律依据

#### 1.《联合国海洋法公约》

《联合国海洋法公约》（以下简称《公约》）的相关规定可以说是通过国际合作开发北极油气资源的最直接的法律依据。北极地区资源开发的障碍之一是主权争端，特别是大陆架争议，根据《公约》第76条规定，主权国家可将距其领海基线200海里的范围划为大陆架，并在此范围内行使主权；如果一个国家能够提供200海里以外的大陆架是其陆地领土的自然延伸的地理证据，则大陆架可以延伸至200海里以外。根据这一规定，2001～2009年，俄罗斯、挪威、冰岛和丹麦先后向联合国大陆架界限委员会提出了划定北极海域外大陆架的申请，但到目前为止，都还没有被正式批准。[①] 尽管如此，《公约》依然为争端的解决提供了重要法律基础。

此外，《联合国海洋法公约》是目前唯一一部规范共同开发的国际法文件。它主要在五个方面涉及共同开发，成为当前共同开发可遵循的国际条约

---

① Christopher C. Joyner, "The Legal Regime for the Arctic Ocean", 18 (2) *J. Transnat'l L. &Pol'y*. (2008～2009). p. 195.

依据。《公约》的这五个方面将共同开发分为跨界的共同开发和争议海域的共同开发;它不仅涉及海底矿物资源的开发,还包括生物资源及环保方面的合作开发。《公约》的第 74 条和第 83 条规定,在未达成划界协定之前,有关各国应基于谅解和合作的精神,尽一切努力做出实际性的临时安排,并在此过渡期间内,不危害或阻碍最后协议的达成。《公约》的这种规定,实际上是将共同开发制度纳入了国际法体系内。

2.《斯瓦尔巴条约》

1920 年,挪威与美国、英国、法国、意大利、日本、瑞典、荷兰、丹麦等 18 个国家在巴黎签订了《斯瓦尔巴条约》(又称《斯匹茨卑尔根条约》)。作为迄今为止北极为数不多的政府间条约之一,《斯瓦尔巴条约》的意义显得十分突出。在此条约签订之前,在北冰洋上,距挪威北海岸 657 千米处的斯瓦尔巴群岛(又称斯匹茨卑尔根群岛)是世界上一块"自由地"。第一次世界大战之后,由于斯瓦尔巴群岛上的两个主要势力——挪威和俄罗斯都因为一些原因无法完全控制整个群岛,欧美等国也不愿放弃在岛上的权益,于是各国经过协商,签订了《斯瓦尔巴条约》。《斯瓦尔巴条约》对各国在斯瓦尔巴群岛上的权利和义务做出了规定。该条约是平衡各方资源权属冲突的妥协方案,一方面承认挪威对该地区充分和完全的主权,另一方面明确了各缔约国国民自由进入、平等经营的权利,形成了一种独特的法律制度,对解决相关争端就有一定借鉴意义。[①]

《斯瓦尔巴条约》是目前为止北极地区为数不多的具有国际色彩的政府间多边条约。该条约使斯瓦尔巴群岛成为北极地区第一个非军事区。条约承认挪威"具有充分和完全的主权",该地区"永远不得为战争的目的所利用"。但各缔约国的公民可以自由进入,在遵守挪威法律的范围内从事正当的生产和经营活动。可以说《斯瓦尔巴条约》是解决国际海洋权益问题的一个典范,为冲突各方提供了解决问题的思路:搁置争议,共同

---

① 刘惠荣、董跃:《海洋法视角下的北极法律问题》,中国政法大学出版社,2012,第 40 页。

开发。① 这也表明该条约是国际合作开发北极油气资源的法律基础之一。尽管《斯瓦尔巴条约》与《联合国海洋法公约》在适用上存在一定的冲突，但是作为平衡各方资源权属冲突的妥协方案，对解决北极油气资源开发问题及各国之间的主权权属争端有一定的借鉴意义。《斯瓦尔巴条约》与《联合国海洋法公约》之间的不统一也是"国际法不成体系"的一种表现，应当通过条约的解释来协调。②

### 3. 国际双边、多边合作协定

国际合作开发油气资源，特别是在共同开发制度下开发油气资源时国家之间的双边、多边协定往往是其重要的法律基础。在大陆架划界实践中，有关国家在发现跨界区域存在丰富油气资源的同时，意识到了保护矿藏统一性以及避免不经济性开采的重要性，并受国际法院在北海大陆架案中指出的"矿藏的统一性问题是大陆架划界中应当考虑的因素"的影响，③在多个划界协议中规定了有关保护矿藏统一性的条款，即单一地质构造条款。

单一地质构造条款，这种条款大多出现在20世纪60年代末70年代初的大陆架划界协定中，先后出现在北海、波斯湾、地中海、波罗的海、红海、印度洋、东南亚和拉美地区，其中北大西洋地区最多，达12个。在跨界协议中规定这种条款已经成为世界各国海域划界的普遍做法。④ 单一地质构造条款的规定是原则性的，并没有为当事国规定具体的义务，仅要求有关国家应当尽一切努力谋求达成有关协议，只是一种程序上的义务。划界后，如果跨界海域的石油、天然气开采变为现实，两国就以该条款为依据协商谈判，最终达成的结果之一就是共同开发。

---

① 刘惠荣、董跃：《海洋法视角下的北极法律问题》，中国政法大学出版社，2012，第14页。
② 刘惠荣、张馨园：《斯瓦尔巴群岛海域的法律适用问题研究——以〈联合国海洋法公约〉为视角》，《中国海洋大学学报》（社会科学版）2009年第6期。
③ 国际海洋局政策研究室编《国际海底区域划界条约集》，海洋出版社，1989，第80页。
④ 常明霞：《论海洋油气资源的共同开发在国际法中的法律基础》，中国政法大学硕士学位论文，2005。

#### 4. 各国国内法律法规

除了主要的国际法基本原则、国际公约、条约以及国家间的双边、多边协定之外，各国的国内法律法规也是通过国际合作开发北极油气资源的法律基础之一。对于资源国而言，通过一系列的国际石油政策规范与其他国家及相关国际石油公司合作可以实现资源国国内的政治经济目标，而对于参与合作的国家及相关的国际石油公司而言，通过投资合作也可以取得经济上的收益。此时，资源国为了实现自身的利益往往通过矿产资源法或石油法规对国际合作开发资源进行规范。各资源国石油法规的内容一般包含矿产所有权、采矿权、财税制度及国际石油合作特许协议等。北极地区的特殊地理及政治环境决定了，通过国际合作开发北极油气资源将对各国国内投资法、相关资源政策及法律法规提出更高的要求。

目前，主要的环北极国家纷纷制定了自己的国内法，寻求自己在北极的国家利益。主要的几个环北极国家制定的关于北极的相关基本法律、政策规定在前文第一部分中已经简要介绍，此处不再罗列。

### （三）国际合作开发北极油气资源的意义

尽管当前北极油气资源开发尚未形成稳固的国际合作开发形式，但是国际合作开发北极油气资源对各国具有重要意义，值得进一步地探索和研究。国际合作开发北极油气资源的意义主要体现在以下几个方面。

#### 1. 降低开发难度

北极地理位置特殊，自然环境恶劣，油气资源开发难度大，技术要求高，成本高，风险大。这就使北极油气资源开发面临着更多的风险和挑战，主要表现在以下几个方面：①严酷的冬季天气条件要求设备能够承受极度低温；②北极陆上土壤条件极其恶劣，需要对厂站进行特殊处理，以防设备和建筑物下沉；③夏季在似沼泽的北极冻原地区作业非常困难；④在北极海域，流冰会损坏海上设施，而且一年中有很长一段时间无法进行人员、物资、设备和石油运输；⑤运输通道有限，而且运输路线很长，限制了运输方式的选择，增加了运输成本。这些自然条件问题使得北极油气资源开发困难大且成本高昂。

除以上五大主要障碍之外,北极油气资源开发同时也会对北极地区的生态环境造成损害。然而,迄今为止还没有专门调整北极地区生态环境保护的国际性公约。散见于不同国际文件的软法性规范不仅不全面,还存在着互冲突或与北极国家国内法不一致的地方,这些都增加了油气开发条件、环境保护标准、环境风险承担的不确定性,[①] 因而以国际合作的方式开发北极油气资源,由双方或者多方共同分担风险、分享收益,可以降低开发国的风险,有利于北极生态的保护。

2. 搁置争议,共同开发

长久以来,北极地区油气资源开发除了面临巨大的环境挑战之外,还同时面临着政治和环境问题。政治问题主要是周边各国对专属经济区的主张有重叠,争议地区的油气资源开发困难重重。

绝大部分国家希望通过确认本国的外大陆架从而达到分割北极海底的目的。这种状态势必产生两种后果,一是争议地区的资源在权属明确之前难以得到开发;此时,"搁置争议,共同开发"是实现争议地区资源开发的有效方式。二是域内国家除彼此间存在争议之外,还限制了域外国家参与北极活动。当前,主要北极国家仍存在一致排外,限制域外国家参与北极油气资源开发活动的倾向。

国际合作开发中的共同开发制度可以作为解决这种困境的一种机制。共同开发的定义中本就包括国家之间通过协议,在某个具体区域,对其中的资源进行联合开发的内容。

3. 经济效益

当前国际石油市场紧张,各国油价飞涨,绝大部分国家的石油资源供不应求。没有一个国家拥有世界上所有类型的自然资源,占有全部具有优势的生产要素,通过国际合作方式开发北极油气资源有利于提高生产要素的使用

---

[①] 李洁:《北极地区油气资源开发国际合作机制研究》,《武大国际法评论》2015 年第 1 期,第 88 页。

效率，实现各国在生产要素数量、质量和结构方面的互补，促进各国共同投资，提高生产力，给各国都带来巨大的经济效益。

就北极地区的经济特点来看，长期以来形成了以"开采自然资源为主"的经济类型。① 自然环境恶劣、劳动力缺乏和寒区工程技术能力不足等因素在一定程度上限制了北极地区经济发展，同时，矿藏、油气田离市场较远，运输比较困难和成本高昂也是制约因素。而以获取资源为目的的外来资本的进入一方面可以适当缓解上述问题，另一方面也可以推进北极地区经济的进一步发展。

### （四）国际合作开发北极油气资源的基本形式

#### 1. 北极许可证形式的油气资源开发国家实践

（1）许可证开发形式

自然资源许可证制度，是指在从事开发利用自然资源的活动之前，必须向有关管理机关提出申请，经审查批准，发给许可证后，方可进行开发活动的一整套管理措施。它是自然资源保护管理机关进行自然资源保护监督管理的重要手段。自然资源许可证包括资源开发许可证、资源利用许可证和资源进出口许可证。② 北极非生物资源开发许可证主要是资源开发许可证。

许可证开发形式主要具有如下法律特点。①明确的权利范围。限定资源开发区域、开发方法、开发期限、开发资源的种类、承担责任与义务范围等。②权利来源与主权国家的设定。相关国家对矿产资源的开发权基于相关主权国家的设定，并非以时效、习惯、占有等方式获得。③可灵活可转让。许可证开发形式的最大优点在于有些许可证是可转让的，因此给第三方参与开发提供了可能性。④可执行性强。可以通过许可证所指向的具体项目，落实合作协议中约定的双方在技术、人员等方面的合作，确保协议的执行。

---

① 北极问题研究组：《北极问题研究》，海洋出版社，2011，第18页。
② 江伟钰、陈方林：《资源环境法词典》，中国法制出版社，2005。

(2) 北极域内国家许可证开发实践

最典型的例子是俄罗斯与挪威于2010年签订《关于巴伦支海和北冰洋的海域划界与合作条约》，该条约的签订解决了两国在专属经济区和大陆架划分上的争议，明确了两国的海上分界线，并规定双方将继续在渔业方面进行双边合作，对北极大陆架的油气资源进行联合开采。

这一条约解决了两国在争议海域跨界油气资源的共同开发问题，首次明确指出两国同意将该争议海域的跨界油气田作为整体进行共同开发与利用。该条约第5条规定，本着依据俄、挪两国政府间条约确定的每一个跨界油气田作为一个统一整体的开发原则，应签订所谓的联合协定。条约特别增加了附件2"跨界石油和天然气蕴藏处理"。附件2详细规定了双方共同开发能源涉及的油气田信息交换、协议签署、油气田责任人的任命、监管和争议解决程序等内容。两国共同成立联合油气田开发委员会负责油气田的开发与分配（附件2第1条第13款）。两国政府分别颁发开发许可证，由两国许可证持有者协商组成一个独立法人进行开发（附件2第1条第6款）。条约表明划界后两国将进行合作，共同开发跨界油气田，俄、挪跨界矿产资源的共同开发协议为俄罗斯开发巴伦支海油气资源提供了现实途径，截至目前，巴伦支海上有100多处海上油井正在被开采，包括挪威的斯诺赫维特气田、戈里亚特油田和俄罗斯的什托克曼气田、普利拉兹洛姆诺耶油田。俄罗斯的共同开发政策是以积极开发争议地区自然资源为目的的国际合作政策，不仅涵盖争议地区的石油、天然气等矿物资源，还包括渔业等生物资源。①

2011年生效的俄、挪《巴伦支海跨界石油和天然气蕴藏处理协议》，被认为是共同开发跨界矿产资源的范例。其主要具有以下法律特点。

①明确规定共同开发政策的适用范围。共同开发制度应当明确划分开发自然资源的区域，这一区域通常以主权争议地区为主。在1978年俄、挪两国的"灰色地带"协议中，整个"灰色地带"面积高达6.75万平方千米，其中4.15万平方千米属于两国争议地区，2.3万平方千米为挪威无争议地

---

① 李连祺：《俄罗斯北极资源开发政策的新框架》，《东亚论坛》2012年第4期，第7页。

区，3000平方千米为俄罗斯无争议地区。此外，其他两处重要的争议海域不包括在该协议的"灰色地带"中，仍然属于俄罗斯司法管辖区，还有一处争议海域则归入国际水域。

②设立共同开发机构。在主权争议地区进行国际合作必须设立国际组织，该组织分为两种基本类型：独立法人和咨询组织。争议地区自然资源的有效开发与公平分配取决于一个有效运作的共同开发机构，该机构的组织宗旨、结构、职权、程序规则等都由双边条约予以明确规定，这是其成立和运作的法律基础。

③明确共同开发机制。共同开发机制是缔约国将自然资源交由共同开发机构开发，以资源利用人自治团体为基础的一种行动准则。

④设立跨界矿产开发机制。设立跨界矿产开发机制的目的是保持国家主权的统一性以及保持对该矿藏的开发权。

（3）北极域内企业间的许可证开发实践

挪威国家石油公司与俄罗斯石油公司于2012年签订了北极勘探协议。双方合意以成立一家合资企业的形式来进行勘探开发和经营管理，勘探开发的范围主要在巴伦支海和鄂霍次克海附近的海域。在经营管理和红利分配上，俄罗斯石油公司拥有65.7%的股权，挪威国家石油公司拥有33.3%的股权。在该北极勘探协议中两国设立了四个开发许可证，分别是Perseevsk许可证、Kashevarovsky许可证、Lisyansky许可证、Magadan许可证。四个许可证分别规定了适用的范围，并具体规定了勘探海域的宽度和深度；同时，四个许可证具体细化了钻井计划，根据许可证的规定，上述两家公司将分别在2016年、2017年、2019年及2020年完成不同的钻井计划。

挪威国家石油公司与俄罗斯石油公司的合作方式兼具合资合作经营形式和许可证形式。两国在确定以设立合资企业的形式勘探开发和经营管理的同时，设定了四个开发许可证。这四个开发许可证也成为该勘探协议的核心内容之一。该勘探协议的签订促进了两国进行联合技术的研究。挪威国家石油公司可以利用其开发挪威大陆架及西西伯利亚的经验和技术，而俄罗斯也可利用其从美国得到的非常规经验，共同勘探开发北极油气资源，这样既可以促进合资企业的技术革新，也可以降低勘探开采的难度。值得注意的是，俄罗斯与挪威的合作是建立在两国划界协议基础之上的。

2. 北极油气资源开发合资经营形式的实践

（1）域内国家间企业合资开发实践

比较典型的实例除在上文中已经提到过的挪威国家石油公司与俄罗斯石油公司采取的合资企业开采的形式之外，还有很多例子，又如，2011年俄罗斯石油公司和埃克森美孚公司签署合作协议，两家公司形成了合资勘探战略关系。[①] 合作协议签订后，俄罗斯石油公司和埃克森美孚公司确定将建立三个独立的合资公司，其中俄罗斯石油公司享有66.7%的股权，埃克森美孚公司享有33.3%的股权。这三个合资公司的主要目标是完成喀拉海和黑海的项目。双方还确定要成立一个新的北极研究设计中心（ARC）。此外，双方还将成立第四个合资公司，这个公司中俄罗斯石油公司拥有51%的股权，埃克森美孚公司拥有49%的股权，这个公司负责管理西伯利亚西部的致密油试验。俄罗斯石油公司和埃克森美孚公司的合作协议的另外一个重要议题是为北极勘探开发做准备。埃克森美孚公司有较丰富的北极勘探开发经验，可以直接将其运用到与俄罗斯石油公司的合作中。

（2）域内外企业间的合资开发实践

目前域外国家参与北极油气资源开发的主要方式为域外企业与域内企业合资开发。这种开发活动不同于域内企业的实践，主要是以"承担建设项目"以及股份、股权转让等形式实现的，即以具体的北极资源开发项目为合作对象。

在项目合作之中，最典型的形式是域外国家企业购买项目的部分权益，从而参与其中，比较典型的实例如2011年国营韩国天然气公司（Kogas）购买加拿大MGM能源公司位于北极Umiak地区的一个天然气项目20%的权

---

① 《俄石油公司和埃克森美孚签署系列合作协议》，http://news.xinhuanet.com/world/2012-04/17/c_122989319.htm，登录时间：2015年10月20日。

益。这项协议可帮助韩国天然气公司每年获得672亿立方米的天然气，相当于韩国2009年天然气进口量的5.6%。该项目的天然气将在2020年正式出产。①

此外，2013年中国石油天然气集团入股俄罗斯北极油气项目也是同样的实例。中国石油天然气集团与俄罗斯天然气生产商诺瓦泰克公司（Novatek）签署协议，获得诺瓦泰克公司主导的俄罗斯北极项目亚马尔液化天然气项目（Yamal LNG）的20%权益。2015年该项目全面实施。亚马尔液化天然气项目位于诺瓦泰克公司最重要的亚马尔－涅涅茨区块（Yamal-Nenets，位于亚马尔－涅涅茨自治区）。②亚马尔项目被称为全球最大、纬度最高的液化天然气项目，是世界特大型天然气勘探开发、液化、运输、销售一体化项目。俄罗斯诺瓦泰克公司、法国道达尔公司和中国石油天然气集团分别持有60%、20%、20%的股份。③亚马尔项目是中俄第一次在北极地区进行的能源合作，中国第一次与俄罗斯私人油气公司的合作，也是中国第一次与俄罗斯进行上、中、下游产供运销的合作，开创了中、俄两国能源合作新模式。

有些公司之间的合作除了购买油气矿产的权益份额外，还伴随着股份的转让和收购。例如2011年1月15日，俄罗斯石油公司和英国石油公司（BP）签署了一项开发亚马尔半岛和新地岛之间的East-Prinovozemelsk区域的石油的协议。作为交易的一部分，协议规定俄罗斯石油公司将接受英国石油公司5%的股份（截至2011年1月），英国石油公司将获得俄罗斯石油公司约9.5%的股票，以此作为交换。

从现在域内国家企业和域外国家企业合作的情况来看，其主要的法律特点如下。①从主体上看，参与者主要是企业且以国有企业为主。例

---

① 《韩国KOGA获得首个北极资源开发协议》，http://www.sinopecnews.com.cn/news/content/2011-01/21/content_923903.shtml，登录时间：2015年10月20日。
② 《中石油入股俄罗斯北极油气项目》，http://finance.ifeng.com/money/roll/20130622/8155891.shtml，登录时间：2015年10月20日。
③ 《亚马尔项目多方合作建设纪实》，http://news.cnpc.com.cn/system/2015/09/15/001559262.shtml，登录时间：2015年10月20日。

如韩国天然气公司和中国石油天然气集团，因为往往只有国有企业才具备投入大量资金在北极资源开发这种战略性投资项目之上的能力，也只有国有企业可以承受较长的收益等待期；②这些战略投资协议往往受两国关系的影响，是以国家间的能源合作协议或者自由贸易（投资）协定为基础的，例如中俄之间合作开发的项目就是以中俄两国的合作为基础的；③较之域内国家企业之间的合资经营形式，其稳定性较弱。就某个项目而言，项目的控制权仍然掌控在域内国家企业手中。域内国家企业之间的合作是技术、资金、人员等因素的全方面合作，而域内国家企业和域外国家企业之间的合作主要是为了吸引域外国家的资金和市场，即协议的性质实际是油气供应协议而非油气开发协议。即使有少量的股权转让，域外国家企业持有的域内国家企业的股权往往也是微乎其微的，只是一种战略性的股权互持，其目的在于加强合作的稳定性而不是允许域外国家企业全面参与开发，而域外国家企业也很难凭借手中股份在经营方面对域内国家企业产生实质性影响。

3. 其他形式的国家实践

除上述的许可证开发形式和合资经营形式两种资源开发形式之外，国际实践中还存在另外一些资源开发形式，主要是域内国家间依托划界协议形成油气资源开发协议。

最典型的例子是2008年挪威与冰岛签订的划界协议。该协议首先明确了1981年两国划界条约所规定的双方关于冰岛大陆架资源及其他主权权利的划分问题。新协议更好地解释了1981年的相关协议。其次，该协议明确了对新发现的大陆架及其之上的油气资源的开采问题的处理方法。协议约定挪威与冰岛将紧密合作以勘探大陆架油气资源，对于发现的油气资源的开采和利用双方将通过条约的形式予以明确。

这种协议的特点在于以划界为核心，即明确了资源的权属问题。然后在划界的基础上，确定双方在资源开采上的合作意愿。但在协议中只是表达了共同开发的意愿，对于具体问题须视具体情况而定。因此，这种协议从本质上说并不能完全被视为资源开发协议。

### 4. 北极油气资源双边合作形式的比较分析

上文分别对许可证开发形式和合资经营形式做了分析，可以看出两种开发形式的区别主要有以下两点。

① 两种法律关系的主体不同。[①] 在许可证开发形式下，参与的主体为国家、企业；而在合资经营形式下的主体主要为企业私主体。进一步比较，不难发现，许可证开发形式下的国家主体和企业主体目前的实践都局限于北极域内国家间的合作，域外国家并不在其合作范围中；在合资经营形式下域内企业的合作以直接成立合资企业形式为主，而域内外企业间的合作目前局限在项目合作的方式上。

② 两者的权利来源不同。在许可证开发形式下，权利来源于主权国家的设定，即便是域内企业之间的合作，许可证的设立也需要相应政府的批准；在合资经营形式下，实质上是由国家将权利授予某些企业，而其他企业只有通过与该企业的合作才享有相应的权利，特别是在项目合作形式下，域外国家企业很难凭借手中股份对域内国家企业的经营产生实质性影响。

尽管两种开发形式存在一定的区别，但两者也有明显的共性。两种形式的参与主体都以北极域内国家和域内企业为主，域外国家实质性地参与北极资源开发的路径受到限制。

### 5. 北极油气资源开发的多边合作

当前的国际实践中少有多边合作的实践，因此开展北极油气资源开发的多边合作模式还需要进一步研究。当前比较成功的多边合作模式为中、俄、法亚马尔项目。此项目将在下文第三部分进一步阐述。

综上，从当前北极油气资源开发的实践来看，不论是相对较多的双边合作实践，还是极为稀少的多边合作实践，都没有形成稳定的开发模式，与理论中的国际合作开发形式也有一定的差距。究其原因，除了北极特殊的地理政治环境之外，与当前国际及各国国内关于北极油气资源开发的法律法规的不完善也有密切联系。

---

[①] 胡建发：《国际石油合作协议研究》，西南政法大学硕士学位论文，2004，第2页。

## 三 我国参与国际合作开发北极油气资源的实践

我国是在地理位置上邻近北极、气候上受北极影响较大的近北极国家,北极地区事态的变化关涉到中国的国家利益。以务实和建设性的姿态参与北极地区的相关合作,是中国的一贯立场。中国已于2013年5月15日获得了北极理事会永久观察员资格,这也标志着中国在北极事务上迈出了正式的制度性参与的关键一步。除了科学考察和环境保护外,北极地区油气资源的合作开发也是中国北极活动的重点之一,对北极资源的合理分享是中国北极利益的核心所在。

### (一)我国参与国际合作开发北极油气资源的主要实践

作为域外近北极国家,我国参与北极油气资源开发的路径较窄,现行的主要国家实践有:2012年与冰岛签订了《中华人民共和国政府与冰岛共和国政府关于北极合作的框架协议》,尽管需要和其他协议配合起来发挥效用,但这一协议的签订对于我国参与北极非生物资源开发具有重要意义;2013年6月,中国石油天然气集团与诺瓦泰克公司签署协议,获得诺瓦泰克公司主导的俄罗斯北极项目(亚马尔液化天然气项目)20%的权益。2015年亚马尔项目全面运行。此外,2015年,中国私营企业俊安集团将全盘接手格陵兰岛上的项目。这是中国首次全资持有北极资源项目。

#### 1. 框架性协议

从目前的国际实践来看,域内外国家在北极油气资源开发上的合作更多的是靠企业法人来进行的,依托的也多是企业在国际法上基于属地原则订立的国家之间的双边合作协议。目前就强调北极特点而订立的域内外国家合作协议并不多。比较典型的有2012年《中华人民共和国政府与冰岛共和国政府关于北极合作的框架协议》。① 根据现有的材料可以看到中国有机会参与到

---

① 《中国与冰岛签北极合作框架协议携手开发北极资源》,http://news.hexun.com/2012-04-22/140658275.html,登录时间:2015年10月20日。

冰岛的北极非生物资源开发的过程中，中国与冰岛也将在极地资源开发、海洋、环境、航运等相关领域开展务实合作。并且，伴随这一协议的签订，2012年发生的中坤集团用10亿冰岛克朗购买冰岛300平方千米土地被否决事件也得到了较为圆满的解决，冰岛计划以租借形式将相应土地租借给中坤集团。

　　这种模式的主要法律特点如下。①双方以框架条约形式签署条约，即主要约定一些原则性的共识，这也符合签署北极资源开发协议难度大、面临情势复杂的特点；②双方主要约定的内容集中于研究领域，包括油气、地热、海洋能等，但是就研究而言，已经属于法律意义上的开发行为的先期环节，双方对有关资源研究合作的约定，实质上属于资源开发合作的合意；③这类协议往往需要和其他协议配合起来发挥效用，就在该协议签署的第二年，中国和冰岛又签署了自由贸易协定，从而为两国以投资和贸易的形式共同开发北极资源奠定了基础。

　　从目前的国际法律实践来看，围绕北极资源开发的专门条约并不多，因此，上述的实例及其蕴含的法律特点虽然有"样本"的意义，但是没有普遍的实践予以支撑。

　　2. 项目合作形式

　　亚马尔项目被称为全球最大、纬度最高的液化天然气项目，是世界特大型天然气勘探开发、液化、运输、销售一体化项目。该项目形成了由俄罗斯、法国和中国三方合作开发的模式，是多边合作开发北极天然气资源的新典范。

　　2011年，法国道尔公司花费4.25亿美元收购了亚马尔液化天然气公司20%的股份。2013年12月，俄罗斯通过了《LNG出口自由化法律草案》，规定除了俄气及其子公司以外的两类企业也可以获得液化天然气出口权：一类是持有2013年1月1日前颁发的联邦矿产资源开采许可证，并被允许建立液化天然气工厂，或将开采出的天然气用于生产液化天然气的企业；另一类是国家控股的能源企业及其控股子公司。① 2013年6月，中国石油天然气集团宣布收购俄

---

　　① 郭俊广、夏春燕、余伟：《亚马尔LNG项目开辟中俄能源合作蹊径》，《国际石油经济》2014年第10期，第5页。

罗斯第二大天然气生产商诺瓦泰克公司亚马尔液化天然气项目的部分权益，获得该项目20%的股份，2014年1月完成交割。2015年，诺瓦泰克公司与中国丝路基金达成协议，向丝路基金出售其亚马尔项目9.9%的股权。此次交易完成后，中方在亚马尔项目中的持股比例将上升至29.9%，成为第二大股东。丝路基金由中国国家主席习近平在2014年11月宣布成立，由中国外汇储备、中国投资有限责任公司、中国进出口银行、国家开发银行共同出资。丝路基金是按照市场化、国际化、专业化原则设立的中长期开发投资基金，重点是在"一带一路"发展进程中寻找投资机会并提供相应的投融资服务。

该合作项目对于推进在勘探和市场风险巨大的北极油气开发领域的合作有重要意义。俄罗斯将充分利用法国道尔公司先进的液化天然气工厂建造、运营经验和生产技术及中国石油天然气集团的巨额投资和中国的广阔市场。同时，该项目位于北极这个极具油气增长潜力的地区，对于积累北极地区项目运营经验、占领未来北极油气开发制高点也具有重要意义。

### （二）存在的主要问题

尽管我国已经有以上的北极油气资源开发的实践，但作为域外国家之一，我国目前的北极油气资源开发活动一方面会受到北极国家的政治排斥，另一方面在客观地理条件上也的确没有优势。同时，我国的相关国内法体系不够完善，也不利于北极投资的进行。现阶段我国参与国际合作开发北极油气资源活动仍存在一些问题。

1. 合作形式单一、范围有限

综上，目前我国已经有了一定北极油气资源开发的经验，但对当前实践的借鉴意义并不大。一方面，我国并没有实际地参与北极油气资源的开发过程，以中、冰框架性合作协议为例，这种协议本质上并不是资源开发合作协议。这种框架性的协议通常只具宏观的意义，并不具有可操作性，通常需要在其框架之下签订其他相关的具体可执行的协议，这种框架性协议才能发挥功效。也就是说，这种框架性协议仅是一种原则性的合作约定，并不具有实际的合作效益。

另一方面,我国目前参与北极油气资源开发的主体主要是企业私主体,国家主体参与北极合作仍然受到制约。我国企业私主体参与北极非生物资源开发以个别项目的合作或者部分股权、股份转让的方式进行,资源的开发管理权实际上掌握在外国企业手中,我国的企业私主体并不能发挥决定性作用。尽管中、俄亚马尔项目已经是我国参与国际合作开发北极油气资源的一大突破,但相对于域内国家间的合资经营形式仍存在明显的不足。

合资经营形式相对于其他开发形式更具有稳定性,是北极域内国家间油气资源开发的主要合作形式。以"承担建设项目"以及股份、股权的转让等方式合作开发资源,且参与企业通常是国有企业,大大降低了合作的风险。合资经营形式是北极域内国家的主要合作模式,域外国家少有机会参与其中。我国作为域外国家应当积极参与合资经营形式的开发,不论是通过项目合作还是股份、股权的转让。尽管这种方式也并非实质性参与北极油气资源开发,但对我国当前合作形式单一、范围有限的现状而言,不失为一条出路。

### 2. 国际法律基础利用不充分

尽管北极所有陆地(包括岛屿)分属 8 个环北极国家,但作为《斯瓦尔巴条约》的缔约国,我国仍有权进入地处北极的斯瓦尔巴群岛地区从事科研等活动,《斯瓦尔巴条约》为我国在该地区开展活动提供了法律依据,成为我国与北极的重要连接点。前文已经阐述过我国参与国际油气资源开发的主要国际法依据为《联合国海洋法公约》和《斯瓦尔巴条约》。就这两部国际法律而言,当前我国利用还不够充分,值得深入地学习和研究。

我们应重视《斯瓦尔巴条约》对我国能源战略发展的重要意义。依《斯瓦尔巴条约》第 3 条规定,我国公民有权自由进入群岛,并在遵守当地法律法规的情况下,在绝对平等的基础上毫无障碍地从事一切海事、工业、采矿和商业活动,同时我国享有对斯瓦尔巴群岛及其领海生物资源和非生物资源的开发权。而实际上,斯瓦尔巴群岛煤炭资源蕴藏丰富,北极地区迄今最重要的商业矿产资源就是斯瓦尔巴地区的煤矿(储量约 110 亿吨)。作为传统的北极国家,挪威和俄罗斯在斯瓦尔巴群岛各经营有两个煤矿,每年向本土输送煤炭十几万吨，是《斯瓦尔巴条约》框架下获取能源开发利益最多的两个国家。此外，在斯瓦尔巴群岛上，还发现磷灰石、铁等多种矿产资源，周边海域还有海象、海豹、鳕鱼、鲸等多种水生动物和其他渔业资源。作为《斯瓦尔巴条约》缔约国，我国也有权分享和开发这一区域的资源。我国是一个人口大国、一个资源消耗大国，同时也是一个人均资源量十分匮乏的国家，要使经济可持续发展，能源无疑是一个关键问题。

此外，《斯瓦尔巴条约》第3条规定，缔约国公民不论出于什么原因或目的，均应享有平等自由进出第1条所指地域的水域、峡湾和港口的权利。依该条款规定，我国公民有权自由进入该水域，毫无障碍地从事一切海事、工业、采矿和商业活动。这里的"缔约国公民"可以理解为拥有缔约国国籍的所有国民，包括海外属地和殖民地的人；"不论出于什么原因或目的"主要涉及海洋、工业、矿业和商业交往等目的，军事目的不包括其中。作为《联合国海洋法公约》缔约国，在北极包括斯瓦尔巴地区，我国除了有上述权利外，在斯瓦尔巴附近的领海，我国的船舶还享有"无害通过权"，显然这种"无害通过权"的权限小于《斯瓦尔巴条约》规定的在斯瓦尔巴及其水域（领海）、峡湾和港口的"自由进入权"，《斯瓦尔巴条约》赋予缔约国的这一权利是实现科考权和资源开发权的基础和前提。①

**3. 国内法基础薄弱**

我国虽然一直倡导"搁置争议，共同开发"，但是我国国内并没有关于北极的立法，也没有关于共同开发的国内立法。国内立法缺失将导致共同开发没有明确的法律依据，出现问题的时候也就没有明确的解决条款可以适用，② 因而不能有效地保护自身的利益。北极非生物资源开发，不论采用许可证开发形式还是合资经营形式，对国内法都有要求，而目前我国有限的参与方式也只有两种，因此，缺乏国内法依据也成为我国参与北极非生物资源开发面临的问题之一。

---

① D. H. Andersona, "The Status Under International Law of the Maritime Areas Around Svalbard", *Ocean Development & International Law*, 2009, 40 (4): 373 - 384.

② 吕亚楠：《北极资源开发的法律制度研究》，辽宁大学硕士学位论文，2012。

## 四 我国参与国际合作开发北极油气资源的可行性路径探析

我国应该高度重视对北极地区丰富油气资源的勘探与开发，清晰地认识到北极气候变化及北极航道开通带来的商业和战略机遇。政府需要着手制定开发利用北极油气资源的规划纲要，加大经费投入，加强国际合作，在开发和利用北冰洋的资源及构建北极新秩序方面承担应尽的国际责任。

### （一）制定我国的北极油气资源开发规划

近年来，中国积极参与北极科考活动，并与一些北极国家如俄罗斯、挪威和冰岛开展了双边交流，但到目前为止，中国尚未制定全面、具体的北极油气资源开发规划。北极油气资源开发规划的缺失，导致中国参与北极油气资源开发活动缺乏明确的开发方向和目标，缺乏专门的法律，进而使中国的北极油气资源开发活动不能有序展开，更无法得到常规化、系统化的发展。

具体而言，我国在制定北极油气资源开发规划时有以下问题值得注意。

首先，明确我国参与北极油气资源开发的基本目标。弥补国内资源短缺和提高我国油气公司的综合实力是当前我国参与北极油气资源开发的核心目标。一方面，资源、能源短缺已成为我国经济社会发展的主要制约因素之一，能源安全对我国具有重要意义。因而，积极加强国际合作，弥补国内资源短缺，形成多元化的资源能源供应渠道是我国参与北极油气资源开发的首要目标。另一方面，北极油气资源开发技术依赖性强，开发难度大，对开发企业的要求高。尽管短期内我国油气公司参与北极油气资源开发很难有大的收益，但从长远来看，这必将推动我国油气公司实现高新技术产业化，推动企业创新和技术进步，形成企业的核心竞争力，实现可持续发展。

其次，在制定北极油气资源开发规划时，出发点和落脚点应集中在国际合作领域，避免陷入争议海域及其资源开发的争端中，进而避免引起域内国家对我国的北极相关活动做出过度的"威胁"解释。尽管依据1982年《联合国海洋法公约》及《斯瓦尔巴条约》的相关规定，我国有权利进入北极区域进行资源开发活动，但就当前的国际形势而言，域内国家对域外国家的排斥依然存在，且北极区域的主权争端形势严峻，特别是近年来产生的"中国北极威胁论"的观念，对于我国参与北极活动十分不利。中国在北极地区的投资活动已经引起了北极域内国家的关注。北极域内国家并不希望看到中国有更多的相关活动，包括参与北极油气资源开发。因而，我国应以国际合作开发为基本的出发点，既要加强同主要的北极国家的合作，也要加强同域外国家的合作，全面参与国际合作开发北极油气资源。

### （二）拓展参与国际合作的形式

北极地区的油气资源潜力巨大。虽然我国不拥有北极资源主权，但在我国能源"走出去"战略中，政府应当对北极油气资源给予越来越多的重视。在与北极资源国积极开展多边、双边战略合作与对话的同时，中国政府也应当鼓励本国油气企业积极参与合作项目的联合招、投标，采取国际投资中的资源合作开发合同的形式来参与北极油气的开采，努力提高自身的国际化水平和能力。这些难得的合作机会也有利于我国油气企业培育自身在冰冻、寒冷地区开展作业的技术和经验，更加广泛地加强自身勘探开发的作业能力。

我国作为北极域外国家参与北极的路径是有限的，特别是当前北极域内国家"一致排外"的情形愈加明显，我国应当积极拓宽参与北极资源开发的路径。前文已经阐述许可证开发形式的国际实践及其特点。许可证开发形式的最大特点之一是其具有可转让性，应当充分把握这一点寻求与域内国家、企业之间更广泛的合作。而对于合资经营形式的开发，应当逐渐从少数的"项目合作"转变为与域外企业设立合资企业。当然，这一方面要求我国的国家政策稳定，另一方面也要求我国的企业有足够的能力参与到这种合作中来。

此外，加强同域外国家的国际合作。北极地区资源是全人类的宝贵资产，在北极冰层融化带来的航道、渔业发展和资源开发等问题上，其他域外国家也表现出了很大的兴趣，并开始积极参与北极活动。亚洲的日本、韩国和印度都非常重视北极地区的油气资源，而且都在努力通过各种途径参与这一地区的油气资源开发。韩国天然气公司收购了加拿大 MGM 能源公司在北极地区 Umiak 气田 20% 的股份。印度国营的 ONGC 公司于 2010 年 12 月参与了俄罗斯北极地区油田的竞标，与俄罗斯 Bashnefi 公司合作，开发北极地区石油储量估计为 2 亿吨的 Trebs 和 Tiotv 油田。北极气候变化带来的新机遇深化了域外国家特别是东亚国家间的合作。同为域外国家的中国、日本、韩国和朝鲜有着类似的利益诉求，每个国家都能从商业航运路线的缩短和新的渔场或其他自然资源中获益，一个多方合作的北极战略将是互利的。①

### （三）推动双边协议的形成和实施

参与北极油气资源开发除面临巨大的经济、技术挑战之外，还伴随着复杂的政治压力。目前，北极油气资源合作开发以双边合作为主，因而我国参与北极油气资源开发应积极推动双边协议的形成，加强同北极国家更广泛的双边合作，并推进油气资源合作开发的实施。

首先，双边协议是合作开发北极油气资源最基本的法律文件，它是双方整个合作开发的基础和前提，对合作开发的实施具有重要意义。因而，有必要进一步完善双边协议的形式。我国在与他国签订双边协议时除明确双方对合作开发的立场之外，还应进一步促成双方关于协议的履行以及争议解决等事项的合意。

其次，进一步推动当前已签订的双边协议的实施，并继续加强同相关国家的深度合作，寻找中国参与北极油气资源合作开发的突破口。长久以来中国与俄罗斯在政治、经济领域友好往来，双方在资源能源方面已经有一系列的合作；中国与冰岛也先后签订了北极合作框架协定以及自由贸易协定，冰岛政府也明确表示欢迎中国油气公司参与北极油气资源开发活动。俄罗斯、冰岛是目前我国实质性参与北极油气资源开发的两大突破口。

最后，积极推动同更多北极国家双边协议的形成。伴随北极航道的开通

---

① 李洁：《北极地区油气资源开发国际合作机制研究》，《武大国际法评论》2015 年第 1 期，第 88 页。

及全球资源日益紧张的形势,越来越多的国家开始关注北极油气资源的开发。我国应当加强同其他国家间的经济、政治往来,积极推动同美国、加拿大等北极大国间的双边协议的形成。坚持以巩固同重点个别国家合作开发为主,积极寻求新的合作机会的战略,拓宽北极油气资源合作的范围。

## 五　结语

近年来,随着油价的上涨、气候环境的变化以及技术的进步等,阻碍北极地区油气资源开发的因素正在逐渐消失,北极的油气资源开发越来越具有经济技术可行性,北极地区也日渐得到国际社会的关注。尽管北极地区的油气资源开发依然面临着开发难度大、争议区域存在划界争端及北极生态保护等诸多问题,但是,也正是北极地区的特殊性决定了北极问题是一个全球性的问题,而不是一个单纯的区域问题,因而,需要通过国际合作的方式来解决相关问题,通过有效的法律手段来维持北极油气资源开发的秩序,减轻北极油气资源开发对该区域生态环境的影响。现有的国际公约、条约及区域性条约的不完善也是相关北极事务不能得到妥善处理的原因之一,解决这个问题也需要各国致力于共同发展的目标,积极参与国际合作,共同推进北极地区法律制度的完善,实现北极地区油气资源的有序开发。

我国虽然不是北极国家,但是积极参与北极地区的国际合作及油气资源开发等活动符合我国的国家利益。我国的外向型经济和巨大的能源需求始终是联系在一起的,因而,我国应该高度重视北极地区油气资源的勘探与开发,完善相关的法律法规,积极制定有利于参与北极油气资源开发的北极政策和北极战略,加强国际合作,拓展海外的能源市场。值得注意的是,在参与国际合作开发北极油气资源的过程中,我国企业也应当遵守相关法律法规的规定,努力维护北极油气资源稳定有序的开发局面。

# 附录　北极地区发展大事记（2015）

**2015 年 1 月**　奥巴马签署总统令，成立北极事务行政指导委员会（Arctic Executive Steering Committee），负责加强涉北极行政部门之间的交流、协调与合作。

**2015 年 4 月**　日本设立国际北极环境研究中心，旨在推进日本北极研究在国际舞台上的领先地位。

**2015 年 4 月**　美国接替加拿大二度担任北极理事会轮值主席国，担任主席国期间的主题定为"同一个北极：共享机遇、共迎挑战、共担责任"。北极理事会 2015~2017 年工作计划的重点包括改善北极地区的经济和生活条件、加强海洋安全和管理以及应对气候变化的影响。

**2015 年 4 月**　由中华人民共和国交通运输部海事局组织编撰的中文版《北极航行指南（西北航道）2015》发行，该指南将为计划航行北极西北航线的中国籍船舶提供海图、航线、海冰、气象等全方位航海保障信息服务。

**2015 年 5 月**　国际海事组织海洋环境保护委员会第 68 次会议上通过极地规则中的环保规定及相应的《防止船舶造成污染国际公约》修正案，此前海上安全委员会已经通过了纳入极地规则安全规定的《国际海上人命安全公约》修正案，极地规则预计于 2017 年 1 月 1 日正式生效。

**2015 年 7 月 16 日**　北极沿岸五国在奥斯陆举行大使级会谈，就北极海洋生态系统和渔业可持续发展等问题进行讨论，会后发布联合声明，制定一系列临时性措施管制其渔船在北冰洋中部公海海域的捕捞活动。

**2015 年 7 月**　俄罗斯批准了经修订的《俄罗斯联邦海洋学说》，这是确定俄罗斯国家海洋战略及其实施机制的纲领性文件。新版海洋学说涵盖四大职能和六大地区发展方向，增加了大西洋和北极的战略分量，规定了俄罗斯在北极地区的任务。

**2015 年 8 月** 俄罗斯向联合国大陆架界限委员会提交关于北冰洋 200 海里以外大陆架界限的修订申请，这一申请建立在 2001 年申请案基础上，补充了近年来获得的新的科学证据，主张包含北极点在内的罗蒙诺索夫海岭和门捷列夫海岭区域为其大陆架自然延伸。

**2015 年 8 月底** 美国在阿拉斯加主办北极全球领导力大会，包括北极国家和北极理事会观察员国在内的 20 个国家及欧盟代表参加，讨论主要围绕北极地区气候变化议题，部分与会国家和欧盟在会后就气候变化和北极问题发表了联合声明。奥巴马参会并发言，成为第一个到访阿拉斯加北极地区的在任美国总统。

**2015 年 10 月** 美国作为北极理事会主席国召集 8 个北极国家、原住民组织以及相关观察员代表在安克雷奇召开高官会议，对黑炭和甲烷问题、适应气候变化、北极生物多样性、石油泄漏预防等议题进行了讨论，推进北极理事会的议程和工作。

**2015 年 10 月** 第三届北极圈论坛大会在冰岛雷克雅未克举行，中国外交部部长王毅提出中国参与北极事务秉持尊重、合作和共赢三大政策理念，中国代表团还主办中国国别专题会议，介绍中国的北极活动和具体政策主张。

**2015 年 10 月底** 北极八国发布联合声明，建立北极海岸警卫队论坛，旨在协调共有资源，促进北极地区安全、有保障及对环境负责任的海事活动。论坛实行轮值主席国制度，海岸警卫队领导人定期举行会议，目前设立了秘书处和联合行动工作小组。

**2015 年 11 月** 北方论坛第 12 届大会在俄罗斯雅库茨克召开，主要讨论在变化的世界局势中开展地区合作面临的挑战。

**2015 年 12 月** 加拿大与瑞典达成新的北极科学合作协议，旨在通过海洋测绘、科学数据交换和研究成果推广等途径加强两国在北极的科学合作。

**2015 年 12 月** 《中俄总理第二十次定期会晤联合公报》明确提出，加强北方海航道开发利用合作，开展北极航运研究。北极航道合作被纳入中俄两国全面战略协作伙伴关系中,对于北极治理、北极开发和北极保护具有重要意义。

**2015 年 12 月** 在巴黎举行的联合国气候大会上,195 个国家达成应对气候变化问题的全球减排新协议,为 2020 年后全球应对气候变化行动做出安排,目标是把全球平均气温升幅控制在 2 摄氏度以内,并朝着不超过 1.5 摄氏度的目标努力。

**2015 年 12 月** 意大利外交部公布了意大利的北极战略,调整相关政策和向公众介绍其北极政策是其目标。

**2015 年 12 月** 美国国家海洋与大气管理局(NCAA)发表报告称,北极今年的年度平均气温上升了 1.3 摄氏度,是自 1900 年以来的最高纪录,北极海冰和格陵兰岛冰架正在加速融化。

**2015 年 12 月** 俄罗斯国防部已经基本完成了在北冰洋岛屿上的多个军事基地建设工程,逐步开始部署导弹和派遣部队,负责保障北极地区的国家利益。

## 图书在版编目(CIP)数据

北极地区发展报告.2015/刘惠荣主编.——北京：
社会科学文献出版社，2016.8
 ISBN 978 - 7 - 5097 - 9629 - 0

Ⅰ.①北… Ⅱ.①刘… Ⅲ.①北极 - 区域发展 - 研究
报告 Ⅳ.①P941.62

中国版本图书馆 CIP 数据核字（2016）第 205480 号

## 北极地区发展报告（2015）

主　　编 / 刘惠荣
副 主 编 / 孙　凯　董　跃

出 版 人 / 谢寿光
项目统筹 / 王　绯
责任编辑 / 单远举　常　远

出　　版 / 社会科学文献出版社·社会政法分社（010）59367156
　　　　　　地址：北京市北三环中路甲29号院华龙大厦　邮编：100029
　　　　　　网址：www.ssap.com.cn
发　　行 / 市场营销中心（010）59367081　59367018
印　　装 / 北京季蜂印刷有限公司
规　　格 / 开　本：787mm×1092mm　1/16
　　　　　　印　张：19　字　数：291千字
版　　次 / 2016年8月第1版　2016年8月第1次印刷
书　　号 / ISBN 978 - 7 - 5097 - 9629 - 0
定　　价 / 79.00元

本书如有印装质量问题，请与读者服务中心（010 - 59367028）联系

版权所有 翻印必究